Konrad Peter (Hrsg.)

Fortschritte in Psychiatrie und Psychotherapie

Interdisziplinäre und integrative Aspekte

Springer-Verlag Wien GmbH

Priv.-Doz. Dr. med. habil. Konrad Peter
Klinik für Psychiatrie und Psychotherapie, HELIOS Klinikum Erfurt, Deutschland

© 2002 Springer-Verlag Wien
Ursprünglich erschienen bei Springer-Verlag Wien New York 2002

Die Wiedergabe von Gebrauchsnamen, Handelsnamen, Warenbezeichnungen usw. in
diesem Buch berechtigt auch ohne besondere Kennzeichnung nicht zu der Annahme,
daß solche Namen im Sinne der Warenzeichen- und Markenschutz-Gesetzgebung als
frei zu betrachten wären und daher von jedermann benutzt werden dürfen.

Produkthaftung: Sämtliche Angaben in diesem Fachbuch/wissenschaftlichen Werk
erfolgen trotz sorgfältiger Bearbeitung und Kontrolle ohne Gewähr. Insbesondere
Angaben über Dosierungsanweisungen und Applikationsformen müssen vom
jeweiligen Anwender im Einzelfall anhand anderer Literaturstellen auf ihre Richtigkeit
überprüft werden. Eine Haftung des Autors oder des Verlages aus dem Inhalt dieses
Werkes ist ausgeschlossen.

Satz: Vogel Medien GmbH, A-2102 Bisamberg

Gedruckt auf säurefreiem, chlorfrei gebleichtem Papier – TCF
SPIN: 10782117

Mit 35 Abbildungen

Die Deutsche Bibliothek – CIP Einheitsaufnahme
Ein Titeldatensatz für diese Publikation ist bei
Der Deutschen Bibliothek erhältlich

ISBN 978-3-211-83557-9   ISBN 978-3-7091-6169-2 (eBook)
DOI 10.1007/978-3-7091-6169-2

Vorwort

Das psychiatrisch-psychotherapeutische Fachgebiet ist gerade in den letzten Jahren ständigen Wandlungprozessen unterworfen. Viele neue Erkenntnisse der Neurowissenschaften haben Eingang gefunden und zur Ablösung von veralteten strukturellen und funktionellen Modellvorstellungen geführt. Die neuen Handlungsanweisungen, in Leitlinien und Leitideen für die Praxis formuliert, spiegeln einerseits hoch differenzierte Ergebnisse der Grundlagenforschung wider und integrieren andererseits die Resultate aus den verschiedenen klinisch orientierten Forschungsbereichen. In der klinischen Praxis sind damit wesentlich bessere Bedingungen gegeben, die Behandlung von Erkrankungen und Störsyndromen bestmöglich zu gestalten. Dennoch bleibt es eine Tatsache, daß gegenwärtig ein großer Teil von psychiatrisch Erkrankten noch nicht zufriedenstellend versorgt werden kann. Verschiedene Formen von chronischem Kranksein mit Symptompersistenz, neuen Chronifizierungen, fehlenden sozialen Anpassungen und unangemessener Inanspruchnahme von Behandlungsressourcen prägen das Bild bei nicht wenigen von psychiatrischen Leiden Betroffenen. In der Konsequenz der Umsetzung von neuen Diagnostik- und Therapiekonzepten sollen hier weitere Verbesserungen erreicht werden. Die Krankenhauspsychiatrie muß dabei insbesondere ihrer Aufgabe gerecht werden, initial den Weg aus diesen problematischen Entwicklungen zu bahnen. Dies gelingt jedoch nicht nur durch die Nutzung eigener Entwicklungspotenzen, sondern auch durch die Einbeziehung interdisziplinärer und integrativer Aspekte. Das vorliegende Buch ist durch Einzelbeiträge aus den verschiedenen Teilbereichen der Fachgebiete Psychiatrie und Psychotherapie geprägt, mit dem Anliegen, Wissenschaftsfortschritt und moderne klinische Anwendungspraxis zu verdeutlichen, Handlungsanleitungen zu gewinnen und den skizzierten Anliegen zu entsprechen.

Zu Beginn des Buches wird die grundsätzliche Problematik des psychischen Krankseins auch von ihren historischen Wurzeln her erläutert. Anschließend werden einige Facetten des Spektrums der schizophrenen Erkrankung dargestellt. Neben epidemiologischen und klinischen Fragen wird zur Problematik der atypischen Neuroleptika wie auch zu modernen Behandlungsverfahren in der Schizophrenietherapie Stellung genommen.

Wichtige Fragen der Mortalität von Alkoholkranken stehen im Mittelpunkt des ersten Beitrages zur Sucht. Anschließend werden Vorschläge zur Klassifikation von Alkoholabhängigen und davon abzuleitenden Therapiemaßnahmen erörtert und schließlich die Problematik von

Komorbidität und Streßreaktionen insbesondere unter rückfallpräventiven Gesichtspunkten behandelt.

Der Beitrag zur Neurodegeneration zeigt die differentiellen Verhältnisse in diesem immer bedeutsamer werdenden Teilgebiet der klinischen Psychiatrie. Einzeldarstellungen ausgewählter klinischer Probleme finden sich im Mittelteil des Buches. Hier werden Exazerbationen von Borderline-Patienten dargestellt und die Problematik von organischen und psychogenen Amnesien behandelt. Die sehr komplizierten und immer schwieriger werdenden Probleme internistischer Begleiterkrankungen in der psychiatrischen Krankenversorgung wie auch die der Vielfachnutzer sind Schwerpunkt des Versorgungsteils.

Schließlich wird ein Überblick über die Labordiagnostik in der Psychiatrie mit dem Akzent Demenzen gegeben.

Der Beitrag über psychiatrische Lehr-, Lern- und Studienbücher soll nicht nur eine Orientierungshilfe für Interessierte sein, sondern auch Fachvertretern bessere Bewertungen ermöglichen. Auch auf diesem Gebiet zeichnen sich erhebliche Umbrüche ab. Das Buch schließt mit einem kulturellen Quantum ab, welches das Agieren zweier bedeutender Persönlichkeiten im Umfeld der Stadt Erfurt zeigt und damit als Beitrag zum Goethejahr angesehen werden kann.

Die Ideen und Anregungen zur Herausgabe des Bandes gehen auf die Erfurter Psychiatrischen Weihnachtssymposien zurück, die als Aus- und Weiterbildungsveranstaltungen im Verbund der Thüringer Kliniken konzipiert wurden.

Wie immer war die Durchführung der wissenschaftlichen Veranstaltungen nur mit kompetenter Unterstützung möglich.

Die Herausgabe des vorliegenden Bandes wurde durch die Geschäftsführung der HELIOS Klinikum Erfurt GmbH unterstützt. Dafür sei ganz herzlich gedankt. Weiterhin gilt der Dank auch allen Autorinnen und Autoren für ihre Mühe bei der Gestaltung der Weiterbildungsveranstaltungen und Erarbeitung der Manuskripte sowie Herrn Oberarzt Dr. R. Siegmund für sein Engagement bei den Symposien.

Hervorgehoben werden sollen die Mitarbeiter/-innen der Klinik für Psychiatrie und Psychotherapie und besonders Frau Kayser vom Sekretariat der Klinik für die ständige Unterstützung bei den vorangegangenen Veranstaltungen und ihre Hilfe bei der Erarbeitung und Durchsicht der persönlichen Manuskripte.

Nicht zuletzt gilt auch der Dank dem Springer-Verlag für die Geduld und Mühe bei der Herausgabe.

Erfurt, Juli 2002   *K. Peter*

Inhaltsverzeichnis

Autorenverzeichnis

Dr. P. Danos, Otto-von-Guericke-Universität Magdeburg, Universitätsklinik für Psychiatrie, Psychotherapie und Psychosomatische Medizin, Leipziger Straße 44, D-39120 Magdeburg

Prof. Dr. H. Förstl, Klinik und Poliklinik für Psychiatrie und Psychotherapie, Technische Universität München, Ismaninger Straße 22, D-81675 München

PD Dr. A. Genz, Fachkrankenhaus Haldensleben für Psychiatrie, Psychotherapie und Neurologie, Kiefholzstraße 4, D-39340 Haldensleben

PD Dr. H. Gündel, Institut und Poliklinik für Psychosomatische Medizin, Technische Universität München, Ismaninger Straße 22, D-81675 München

Dr. L. Haesler, Sulzbacher Weg 5, D-65719 Hofheim am Taunus

Dr. med. C. Hain, Klinik für Psychiatrie und Psychotherapie, HELIOS Klinikum Erfurt GmbH, Nordhäuser Straße 74, D-99089 Erfurt

Dr. W. Hewer, Vinzenz von Paul Hospital GmbH, Rottenmünster, Klinik für Psychiatrie, Psychotherapie, Gerontopsychiatrie und Neurologie, Abteilung Gerontopsychiatrie und -psychotherapie, Schwenninger Straße 55, D-78628 Rottweil

Dr. U. M. Junghan, Universitäre Psychiatrische Dienste Bern, Direktion Mitte/West, Laupenstraße 48, CH-3010 Bern

Dr. K. Junghanns, Klinik für Psychiatrie und Psychotherapie, Universitätsklinikum Lübeck, Ratzeburger Allee 160, D-23538 Lübeck

Dr. F. Kulhanek, Stieglitzgasse 10, D-85551 Kirchheim

PD Dr. M. Lasar, Allgemeine Psychiatrie II, Westfälisches Zentrum für Psychiatrie, Psychotherapie und Psychosomatik, Akademisches Lehrkrankenhaus der Ruhr-Universität Bochum, Marsbruchstraße 179, D-44287 Dortmund

Dr. sc. hum. W. Löffler, Waldstraße 9, D-67454 Haßloch

PD Dr. K. Peter, Klinik für Psychiatrie und Psychotherapie, HELIOS Klinikum Erfurt GmbH, Nordhäuser Straße 74, D-99089 Erfurt

Dr. K. Petereit, Klinik für Psychiatrie und Psychotherapie, HELIOS Klinikum Erfurt GmbH, Nordhäuser Straße 74, D-99089 Erfurt

A. Riegler, Universitätsklinik für Psychiatrie, Währinger Gürtel 18–20, A-1090 Wien

PD Dr. J. Schröder, Psychiatrische Universitätsklinik Heidelberg, Voßstraße 4, D-69115 Heidelberg

PD Dr. W. Vollmoeller, Westfälisches Zentrum für Psychiatrie und Psychotherapie Bochum, Universitätsklinik, Alexandrinenstraße 1, D-44791 Bochum

Was heißt „psychisch krank"?

W. Vollmoeller

Westfälisches Zentrum für Psychiatrie und Psychotherapie Bochum,
Universitätsklinik, Bochum, Deutschland

Die Frage nach dem, was psychisches Kranksein im Kern ausmacht, hat nicht nur die Medizin, sondern viele gesellschaftlichen Kreise schon immer sehr beschäftigt, bis hin zu völlig absurden Vorstellungen über den psychisch Kranken in der Allgemeinbevölkerung (vgl. Faust 1981). Sachlich betrachtet, begegnen wir in der Beantwortung dieser Frage insbesondere folgenden Problembereichen:

1. Begriffs- und Definitionsproblemen
2. Normen- und Wertsetzungsproblemen
3. Klassifikations- und Diagnoseproblemen
4. Umsetzungs- und Praxisproblemen

1. Jede ernsthafte Frage vom Typ „Was heißt ...?" sollte zunächst die Gegenfrage aufwerfen, ob hier denn ein Terminus, ein Wort, ein Name geklärt werden soll, oder das, was die Sache real darstellt und sachlich ausmacht. Begriffstheoretisch bedeutet das erste die Frage nach der nominalen Definition, das zweite die nach der realen.

„Psychisch krank" als zu klärender Terminus führt uns dann einerseits zu seinen möglichen Inhalten und deren jeweiliger Bedeutung, z. B. zu einzelnen Symptomen, wie sie als Zeichen einer primär organischen Ursache vor kommen könnten, andererseits zu möglichen Zuordnungsregeln, was üblicherweise auch als die semantische bzw. die syntaktische Definitionsart von Begriffen auseinandergehalten wird. Auf diesem Hintergrund wäre „psychisch krank" analytisch definiert, wenn wir eine vorgegebene Bedeutung (z. B. aus der Fachliteratur) einfach übernehmen würden. Wir könnten diese aber auch selbst in synthetischer Weise „schöpfen", was analog nicht nur in außermedizinischen Bereichen (z. B. Rechtsprechung, Politik oder Kunst) ständig geschieht, sondern gerade auch in ärztlich besetzten Gremien der Weltgesundheitsorganisation (WHO) oder eigenen Fachverbänden für Psychiatrie. Entsprechend entstanden nach dem Zweiten Weltkrieg nicht nur fünf weltweite Ausgaben der „Internationalen Klassifikation Psychischer

Tabelle 1. Psychiatrische Klassifikationssysteme im historischen Überblick (teilweise mit der Zahl diagnostischer Haupt-/Unterkategorien/Einzelstörungen); *Internationales Statistisches Institut, **Titel „Internationales Verzeichnis der Krankheiten und Todesursachen", ***erstmals alphanumerische Codierung

	International (WHO/UN-Länder)	National (USA)
1853	erstes Todesursachenverzeichnis (England/Schweiz)	
1880		amerikan. Volkszählung: 7
1893	erste internationale Liste von Todesursachen*	
1917		AMPA-Klassifikation: 22 Kat
1921	versch. Revisionen von	APA-Gründung
1933	Todesursachen und Krankheiten	1. SCND-Auflage
1934	durch den Völkerbund	APA-Klassifikation: 24/82
1948	WHO-Gründung u. ICD-6: 26 Kat.**	
1952		DSM-I: ../106
1955	ICD-7	
1959	sog. „Stengel-Report" (WHO-Auftrag)	
1967	ICD-8: 3/26	
1968		DSM-II
1971	ICD-8 (BRD)	
1972		Feighner-Kriterien (St. Louis)
1975	ICD-9: 4/30	Research Diagnostic Criteria (RDC)
1978		ICD-9-Clinical Modification
1979	ICD-9 (BRD)	
1980		DSM-III: 16/292
1984	Entwurf Kap. V ICD-10	DSM-III (BRD)
1987	ICD-10-Fassung für Feldstudien	DSM-III-R: 16/311
1989	intern. ICD-Revision in Genf	DSM-III-R (BRD)
1991	ICD-10 10/100 (auch BRD)***	
1994		DSM-IV: 16/395
1996		DSM-IV (BRD

Störungen (ICD)", sondern zudem mehrere Ausgaben des forschungsorientierten „Diagnostischen und Statistischen Manuals Psychischer Störungen (DSM)" in Nordamerika (vgl. Tabelle 1). Beide Klassifikationen enthalten zahlreiche neue Krankheitsbegriffe auf syndromalem Niveau.

Auch die vom Bundesausschuss für Ärzte und Krankenkassen beschlossene Definition von „seelischer Krankheit" in unseren Psychotherapie-Richtlinien (vgl. Faber et al. 1999) würde hierher gehören, wobei dort noch wenig konkret eine „... Störung der Wahrnehmung, des Verhaltens, der Erlebnisverarbeitung, der sozialen Beziehungen und der Körperfunktionen" gemeint ist, zu deren „Wesen" es aber gehören muß, daß „sie der willentlichen Steuerung durch den Patienten nicht mehr oder nur zum Teil zugänglich" ist. Festsetzende Definitionen dieser Art können im weiteren nicht wahr oder falsch sein, allenfalls sehr unpraktisch oder ohne größere klinische Relevanz. Erkenntnisse über das tatsächliche „Wesen der Geistesstörungen" (Kraepelin 1903) sind darin jedenfalls nicht erhalten. Realdefinitionen, d. h. feststellende Begriffsklärungen, sind dagegen am ehesten als Ergebnis wissenschaftlicher Forschungen denkbar, wobei sich deren Zutreffen an objektivierbaren Variablen im Sinne der Validität des Begriffsinhalts herausstellen müsste (Buchsbaum und Hajer 1983).

Hiervon sind wir aber bei vielen psychiatrischen Krankheiten, die wir deshalb eher als theoretische Konstrukte ansehen, noch weit entfernt, d. h., es muß für uns hinsichtlich vieler diagnostischer Grundlagen weiterhin bei reinen „Festsetzungen" und damit einer noch weitgehend „nominalistischen Psychiatrie" bleiben (Vollmoeller 2001).

2. In den Psychofächern wie in der sonstigen Medizin hat sich die statistische Durchschnittsnorm letztlich als die geeignetste Größe dafür erwiesen, was als „normal" angesehen werden sollte, man spricht hier deshalb auch von einer statistischen Gesundheitsnorm. Die Idee, menschliches Erleben und Verhalten am mathematischen Durchschnitt zu messen, wurde allerdings wegen ihres im Prinzip eher vordergründen, d. h. letztlich fraglichen Anspruchs auf Wertfreiheit und Objektivität heftig kritisiert, insbesondere da unter dieser Vorgabe jede mögliche individuelle Werdensnorm in unangemessener Weise auf einen kollektiven Normbegriff verkürzt werde, ohne dass Wertfreiheit überhaupt je erreicht werden könne (Müller-Suur 1950). Zudem würden dadurch positiv zu wertende Abnormitäten, wie z. B. das möglicherweise ungewöhnliche Verhalten genialer Persönlichkeiten, allzu schnell pathologisiert. Ähnliches wird auch bei der Beschreibung und Darstellung von Normen durch etablierte Maßzahlen deutlich. So verändert sich z. B. das gleichmäßige Bild jeder normal verteilten Verhaltensgröße, die sog. Gaußsche Glockenkurve, unter sozialem Druck, d. h. unter kulturellen oder institutionellen Zwängen, sehr schnell in Richtung einer ausgeprägten Schieflage, in der dann das am häufigsten vorkommende Verhalten, statistisch als Modalwert bezeichnet, weit über dem arithmetischen Mittel der betroffenen Personengruppe zu liegen kommt (vgl. Abb. 1, 2).

Was „psychisch krank" in einer bestimmten Gesellschaft sein soll oder in einer bestimmten Forschungsgemeinschaft darunter wissenschaftlich zu verstehen ist, hängt auch wesentlich damit zusammen, wie konkret die Grenze zur Normalität, d. h. zum psychisch Gesunden, gezogen wird.

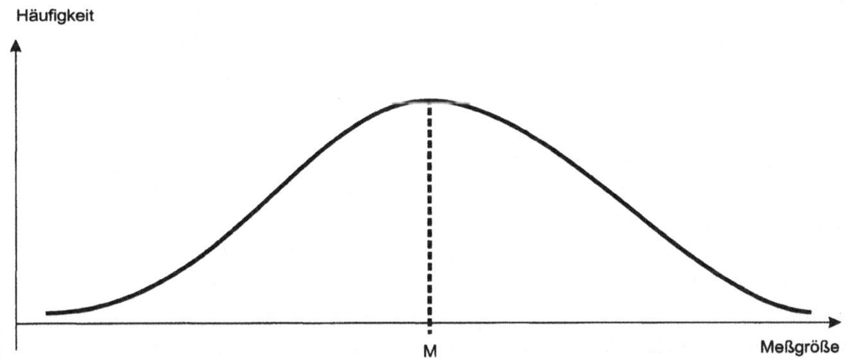

Abb. 1. Glockenförmiger Verteilungstyp mit einem Modalwert (M) als von außen *ungesteuerter* Größe (z. B. bei natürlichen Variablen)

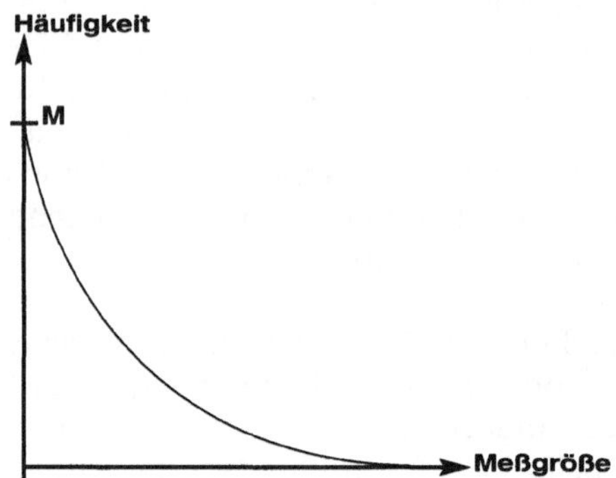

Abb. 2. J-förmiger Verteilungstyp mit einem Modalwert (M) als von außen *gesteuerter* Größe (z. B. bei sozial erwünschtem Verhalten)

Solchen sog. Cut-off-Werten entspricht in Krankheitsklassifikationen jeweils eine hypothetische Größe, die als Eingangs- oder Schwellenkriterium bezeichnet wird und viele noch zu schwach oder zu kurz ausgeprägte Besonderheiten gezielt unberücksichtigt läßt (Angst 1998). So hält z. B. das DSM-IV zu fast allen Störungen ein sog. psychosoziales Eingangskriterium, das beim Betroffenen „in klinisch bedeutsamer Weise" Leiden oder Beeinträchtigungen in sozialen, beruflichen oder anderen wichtigen Funktionsbereichen fordert (vgl. Saß und Houben 1998). An den dann weiterhin zu milden psychischen Störungsbildern („subthreshold disorders"), die dennoch oft zur Inanspruchnahme von Beratungsstellen oder Gesundheitsdiensten führen und Beeinträchtigungen der Arbeitsfähigkeit darstellen können, leiden nach groben Schätzungen aber immerhin 5 bis 15 Prozent unserer Bevölkerung, z. B. in Form leichterer ängstlichdepressiver Gemütszustände, noch schwach ausgeprägter Merkfähigkeitsschwächen, abnehmenden Interesses an der gewohnten Umwelt, unregelmäßiger Appetit- oder Schlafstörungen oder dem Gefühl ständig reduzierter körperlicher Belastbarkeit.

3. Innerhalb psychiatrischer Krankheitsklassifikationen können entsprechend unscharf oder allgemein anmutende Beeinträchtigungen der Gesundheit wiederum stark unterschiedliche Wertigkeiten bekommen. Zum Beispiel stellen in der ICD-10, also nach Einschätzung der WHO, typische Beeinträchtigungen der *sozialen Rolle*, wie vielfältige Schwierigkeiten am Arbeitsplatz, ein auffällig reduziertes Freizeitverhalten oder permanent unerledigte familiäre Verpflichtungen, keine charakteristischen Merkmale für eine bestimmte Diagnose, sondern höchstens für einen besonderen Schweregrad von Krankheiten dar (z. B. im Falle der Schwere einer depressiven Episode). Beeinträchtigungen in einzelnen *psychischen Funktionen*, z. B. bestimmte kognitive Leistungseinbußen, oder das Nachlassen *individueller Fertigkeiten*, z. B. zunehmende Probleme beim Ankleiden, Waschen, Essen etc., weisen dagegen schon früh auf eine speziellere Diagnose wie eine dementielle Entwicklung hin.

Diese unterschiedliche Bedeutung möglicher Einzelbausteine in der Entstehung psychiatrischer Diagnosen verkörpert das Problem der „Heterogenität" psychiatrischer Klassifikationen. Der damit verbundene „polythetische Zugang" zu den meisten Krankheiten ist und bleibt aber ein diagnostisches Grundprinzip unseres Faches. Ähnliche grundlegende Prinzipien sind heute die operationale Diagnostik, die Multiaxialität, die Komorbidität und die Polydiagnostik.

Die operationale Diagnostik beinhaltet, daß für jede Krankheitskategorie exakt definierte Ein- und Ausschlußkriterien, die eigentlichen diagnostischen Merkmale, vorgegeben werden, die zudem durch eindeutige Verknüpfungsregeln (sog. Algorithmen) miteinander verbunden sein müssen.

Multiaxialität meint die gleichzeitige Beurteilung ein und desselben Patienten auf verschiedenen diagnostischen „Achsen", d. h. Dimensionen oder Funktionsbereichen, wobei davon ausgegangen wird, daß es sich dabei um unabhängig voneinander auftretende Gesichtspunkte bzw. Betrachtungsebenen handelt, wie z. B. ein aktuelles klinisches Syndrom und eine zusätzliche (dauerhafte) intellektuelle Minderbegabung.

Komorbidität bedeutet das simultane oder sukzessive (horizontale bzw. polysyndromale) Vorkommen verschiedener Störungen, sog. Morbi, bei ein und demselben Patienten, z. B. Angst und Depression, wobei man wegen der hierbei oft fehlenden kausalen Betrachtung oder Verknüpfung dieser Störungen sinnvollerweise nur von einer „Assoziation" derselben sprechen sollte. Eine ätiopathogenetische (vertikale bzw. hierarchische) Zuordnung der Beschwerden steht damit weiter aus.

Die gleichzeitige Anwendung miteinander konkurrierender Diagnosesysteme und -regeln bei ein und demselben Patienten wird schließlich als Poly- oder Multidiagnostik bezeichnet (z. B. Befunderhebungen nach ICD-10 und DSM-IV).

Die vielfältigen Übertragungsmöglichkeiten krankheitsrelevanter Phänomene auf diagnostische Ebenen erlauben des weiteren, ganz unterschiedliche Arten von Diagnosen stellen zu können. Jede „klinisch-symptomatische Diagnose" orientiert sich z. B. an den phänomenologischen Einzelheiten einer bestimmten klinischen Syndromlehre und beschreibt sie im Rahmen entsprechender psychiatrischer Klassifikationen. Im DSM-System würden ihr z. B. die Achsen I (klinische Syndrome), II (Entwicklungs- und Persönlichkeitsstörungen) und III (körperliche Störungen und Zustände) entsprechen. Die „dynamisch-strukturelle Diagnose" ist dagegen der Versuch, ein evtl. weiterhin wirksames Entwicklungsproblem (den „psychogenetischen Konflikt"), dessen heutige Verarbeitungsform (seine „Hauptabwehr") und dabei zugrunde liegende seelische Eigenarten der Person (die „Persönlichkeitsstruktur") in einer eigenen neurosenpsychologischen Terminologie zu beschreiben. Unter der „sozialen Diagnose" versteht man im allgemeinen eine Aussage über gestörte soziale Beziehungen eines Patienten unter besonderer Betonung seines Sozialverhaltens und seines sozialen Status. Ihr ähnelt im DSM-System die Diagnostik auf den Achsen IV (Schweregrad psychosozialer Belastungsfaktoren) und V (Beurteilung des psychosozialen Funktionsniveaus). Schließlich stellt die „forensische

Diagnose" eine Kategorisierung der klinisch-symptomatischen Diagnose nach bestimmten gesetzlichen Vorgaben dar, z. B. nach den Kategorien der §§ 20 und 21 im Strafgesetzbuch, wenn es um psychisch kranke Straftäter und deren eventuelle Schuldunfähigkeit geht.

4. Die tatsächliche Umsetzungsfähigkeit von vorhandenen Krankheitsdefinitionen, bestimmten Normgrenzen oder diagnostischen Kategorien ist in Abhängigkeit vom jeweiligen Konstruktniveau und dessen anzugebenden Gültigkeitsbereich sehr unterschiedlich, bestimmt aber letztlich deren praktischen Wert. Ob „psychisch krank" immer nur als Folge eines Organprozesses gesehen wird, wie dies K. Schneider (1967) postulierte, oder man es im Sinne von Weizsäckers (1975) schon dann ist, wenn man sich an einen Arzt wendet, beides ist nicht frei von mehr oder weniger willkürlichen Vorentscheidungen. So hat man bei uns in der forensischen Psychiatrie nach dem Zweiten Weltkrieg zunächst insbesondere auf einen an K. Schneider und der Heidelberger Psychiatrieschule orientierten organmedizinischen Krankheitsbegriff zurückgegriffen. Dieser ließ im Strafrecht zwischen den verschiedenen Formen seelischer Abnormität dann keine fließenden Übergänge und keine differenziertere Schweregradbeurteilung mehr zu, vielmehr ging er beim psychisch kranken Täter von einer kategorialen Grunderkrankungsdiagnostik aus, die im Prinzip keine Exkulpierungsmöglichkeiten für nicht psychotisch oder nicht organisch Gestörte beinhaltete. Damit entfiel bis zu einer zunehmenden Umorientierung anläßlich der zweiten Strafrechtsreform 1975 in foro jede Beurteilbarkeit innerer Freiheitsgrade beim Täter, jede psychologische Zusatzdiagnostik und damit im Prinzip auch jede sachverständige Beurteilungsmöglichkeit des psychisch Gesunden.

Um bei der Beurteilung von Rechtsbrechern den Übergangsbereich zwischen „psychisch krank" und gesund, d. h. seelisch normal, wenigstens einigermaßen berücksichtigen zu können, wurde in der weiteren Gerichtspraxis ein besonderer Begriff entwickelt, dessen Definition allerdings nirgends zu finden ist, schon gar nicht in irgendwelchen Gesetzestexten. Es handelt sich um den Begriff des „Krankheitswerts". Er ist seither anwendbar auf die nicht schon von vornherein aufgrund einer vorhandenen seelischen Störung „krankhaft" genannten Fallgruppen der Schuldfähigkeit und soll der graduellen Vergleichbarkeit mit den eigentlichen (echten) Beeinträchtigungen der Einsichts- und Handlungsfähigkeit dienen. Er läßt sich inhaltlich zwar auf klinische Auffälligkeiten in allen Persönlichkeits- oder Funktionsbereichen des Menschen beziehen, ist seiner Bedeutung nach aber „nur" für die quantitativen, d. h. graduell abweichenden (mehr oder weniger dimensionalen) abnormen Erlebens- und Verhaltensweisen geeignet. Seelische Störungen eigenständiger Qualität im Sinne einer abgrenzbaren (klassifizierbaren) Krankheitskategorie erscheinen dagegen per se krankhaft und damit potentiell forensisch relevant.

Der Begriff „Krankheit", auf den in vielen Gesetzen ausdrücklich Bezug genommen wird und der dadurch mit zahlreichen Rechtsfolgen behaftet ist, bleibt im übrigen weiter undefiniert. Als unbestimmter Rechtsbegriff ist er

Tabelle 2. Unterschiede von „Krankheit" als Rechtsbegriff in verschiedenen Rechtsgebieten (Beispiele)

Rechtsgebiet	Charakteristik	Rechtsfolgen
Strafrecht	Tatbestandsmerkmal	z. B. Schuldunfähigkeit, verminderte Schuldfähigkeit
Sozialrecht	Leistungsvoraussetzung	z. B. Krankengeld, Gehaltsfortzahlung
Zivilrecht	Anspruchsvoraussetzung	z. B. Schadenersatz, Schmerzensgeld

somit jeweils auslegungsbedürftig, was in verschiedenen Rechtsgebieten zu höchst unterschiedlichen Ergebnissen geführt hat (vgl. Tabelle 2).

Was speziell „psychisch krank" heißt, ist insofern nie pauschal zu beantworten. Zum einen wären jeweils diejenigen Gesichtspunkte zu berücksichtigen, die Krankheit in einem übergeordneten Sinne von Nichtkrankheit bzw. Gesundheit abgrenzen können. Innerhalb einer dadurch entstehenden allgemeinen Krankheitskategorie bekommen dann die speziellen Begriffe, denen wir in der Medizin die Bezeichnung „Diagnosen" geben, eine zusätzliche Ordnungsfunktion. Ohne sie ist Forschung und Praxis nicht denkbar.

Literatur

1. Angst J (1998) Subdiagnostische psychiatrische Syndrome. In: Gross G, Huber G, Saß H (Hrsg) Moderne psychiatrische Klassifikationssysteme. Schattauer: Stuttgart, New York, S 45–54
2. Buchsbaum M S, Hajer R J (1983) Psychopathology: Biological Approaches. Ann Rev Psychol 34: 401–430
3. Faber F R, Dahm A, Kallinke D (1999) Kommentar Psychotherapie-Richtlinien. 5. Aufl. Urban & Fischer: München, Jena
4. Faust V (1981) Der psychisch Kranke in unserer Gesellschaft. Hippokrates: Stuttgart
5. Kraepelin E (1903) Psychiatrie. Ein Lehrbuch für Studierende und Ärzte. Bd. I. Klinische Psychiatrie. 7. Aufl. Barth: Leipzig
6. Müller-Suur H (1950) Das psychisch Abnorme. Untersuchungen zur allgemeinen Psychiatrie. Springer: Berlin, Heidelberg, Göttingen
7. Saß H, Houben I (1998) Zukunftsperspektiven psychiatrischer Klassifikationssysteme. In: Gross G, Huber G, Saß H (Hrsg) Moderne psychiatrische Klassifikationssysteme. Schattauer: Stuttgart, New York, S 239–252
8. Schneider K (1967) Klinische Psychopathologie. 8. Aufl. Thieme: Stuttgart
9. Vollmoeller W (2001) Was heißt psychisch krank? Der Krankheitsbegriff in Psychiatrie, Psychotherapie und Forensik. 2. Aufl. Kohlhammer: Stuttgart, Berlin, Köln
10. Weizsäcker V von (1975) Der Arzt und der Kranke (1927). In: Rothschuh K E (Hrsg) Was ist Krankheit? Wissenschaftl. Buchgesellschaft: Darmstadt, S 214–232

Umwelt oder Krankheit: Wann und wie entsteht die ökologische Ungleichverteilung Schizophrener?

W. Löffler und H. Häfner

Arbeitsgruppe Schizophrenieforschung, Zentralinstitut für Seelische Gesundheit, Mannheim (Leitung: Prof. Dr. Dr. Dres. h. c. H. Häfner)

Einleitung

Thema unseres Vortrages ist zum einen die Häufung schizophrener Patienten in kleinräumlichen Gebieten und mögliche Erklärungsmuster und zum anderen der frühe Verlauf schizophrener Erkrankungen. Auf den ersten Blick haben beide Themen anscheinend wenig miteinander zu tun, wir hoffen aber, mit den folgenden Ausführungen die enge Verzahnung beider Themen sowie deren Bedeutung für die Therapie zeigen zu können.

Eines der eindeutigsten Ergebnisse der epidemiologischen Psychiatrie der letzten Jahrzehnte ist die empirische Tatsache, daß die Erstaufnahmeraten, das heißt die Neuerkrankungsrate schizophrener Erkrankungen über Kulturen und Länder hinweg, eine in der Höhe in etwa gleiche Verteilung aufweisen (Jablensky et al. 1992, Häfner und an der Heiden 1997). Bei enger Definition liegen die Inzidenzwerte in der „Determinants of Outcome of Severe Mental Disorders"-Studie der WHO zwischen 7 pro 100.000 Einwohner und 14 pro 100.000 Einwohner mit einem mittleren Wert von 10 pro 100.000 Einwohner (Jablensky et al. 1992). In kleinräumlichen Gebieten finden sich demgegenüber ungleiche Verteilungen: höhere Raten in den Innenstädten gegenüber niedrigen Raten in der Peripherie (z.B. Faris und Dunham 1939, Häfner et al. 1969, Raha et al. 1986, Weyerer et al. 1988, Giggs und Cooper 1987, Maylath et. al. 1989, Weyerer und Häfner 1992, Dauncey et al. 1993, Löffler und Häfner 1994, Löffler 1998, Löffler und Häfner 1999) und höhere Raten in städtischen Gebieten gegenüber niedrigen in ländlichen Regionen (z. B. Lee et al. 1990, Sytema 1991, Widerlöv et al. 1997, Löffler 1998, Mortensen et al. 1998, Marcelis et al. 1998).

Was sind mögliche Erklärungen für diese ungleichen Verteilungen in den Raten? Die verschiedenen Erklärungen oder Erklärungsmuster lassen sich zwei generellen Hypothesen zuordnen: „Soziale Verursachung und soziale Selektion". Nach der Hypothese sozialer Verursachung sind die höheren Raten in bestimmten Lebensräumen durch die dort herrschenden widrigen sozialen und ökonomischen Verhältnisse bedingt. Ökologische Verteilungsunterschiede schizophrener Erkrankungen sind demnach ausschließlich durch das städtische bzw. stadtteilspezifische Milieu per se bedingt bzw. durch mit dem städtischen und ländlichen Leben eng verknüpften Lebensweisen erklärbar (ätiologischer Aspekt). Sozialer Streß (Pollock 1926), soziale Desorganisation und Anomie (Leighton 1959), soziale Isolation (Faris und Dunham 1939, Jaco 1954), niedrige Kohäsion (Giggs 1973), soziale Unterstützung und soziale Netzwerke, Lebensumstände der Unterschicht etc. sind die begrifflichen Konstrukte, mit denen die sozialen Unterschiede zwischen verschiedenen städtischen Umwelten bzw. zwischen Stadt und Land umschrieben werden.

Nach dem Konzept sozialer Selektion ist die ungleiche ökologische Verteilung der Schizophrenieraten Folge der unterschiedlichen Wirkung verschiedener sozialer Einflußfaktoren auf schizophrene Personen, die aufgrund ihrer Erkrankung gehandikapt und sozial beeinträchtigt sind und damit nicht mehr oder nur noch teilweise den an sie gestellten gesellschaftlichen Forderungen gerecht werden können. Die sozialen Folgen sind behinderte Auf- und verursachte Abstiegsprozesse, Wanderungsbewegungen und in Extremfällen Obdachlosigkeit. Als selektiv wirkende Faktoren werden soziale Unterstützungformen der Familie und soziales Netzwerk, Unterschiede in der individuellen Krankheitseinsicht und im Inanspruchnahmeverhalten (Eaton 1974, Malzberg 1955), Unterschiede in der sozialen Akzeptanz bzw. Toleranz gegenüber sozial abweichendem Verhalten (Eaton 1974, Löffler 1998), Unterschiede in der Versorgungsstruktur (Keatinge 1988), räumliche Distanz zu psychiatrischen Einrichtungen (Jarvis 1851) und überregionale Wanderungen und Migrationsprozesse diskutiert.

In neueren Untersuchungen wurde die umweltbezogene Perspektive um nichtsoziale Faktoren ergänzt. So haben Machón et al. (1983) die Virus-Hypothese als eine Möglichkeit des Einflusses der Umwelt in frühen Entwicklungsstadien für eine Verursachung schizophrener Erkrankungen an einer High-Risk-Stichprobe überprüft, und Lewis et al. (1992) ziehen als mögliche Ursachen neurologische Veränderungen auf Grund von Virusinfektionen, kindlichen Hirntraumata oder Lebensereignisse in Betracht.

In Abb. 1 haben wir soziale und nicht-soziale Faktoren aufgelistet, die immer wieder im Zusammenhang mit der Erklärung höherer Raten in bestimmten Gebieten diskutiert wurden und werden. In dieser Abbildung sind diese Faktoren in Form einer Rangskala von sozialer Selektion nach sozialer Verursachung angeordnet. Die Erklärungsfaktoren reichen von Zu- und Abwanderungsbewegungen und sozialer Mobilität über Unterschiede im psychiatrischen Versorgungssystem hin zu individuellen Unterschieden im Krankheitsverhalten und zu Gebietsmerkmalen wie soziales Netz, Disorganisation, Anomie etc.

Im Rahmen der ABC-Schizophrenie-Studie (Häfner et al. 1989, 1992a,b, 1993a,b, 1995a,b, 1998a,b,c) haben wir den Einfluß einiger dieser Faktoren

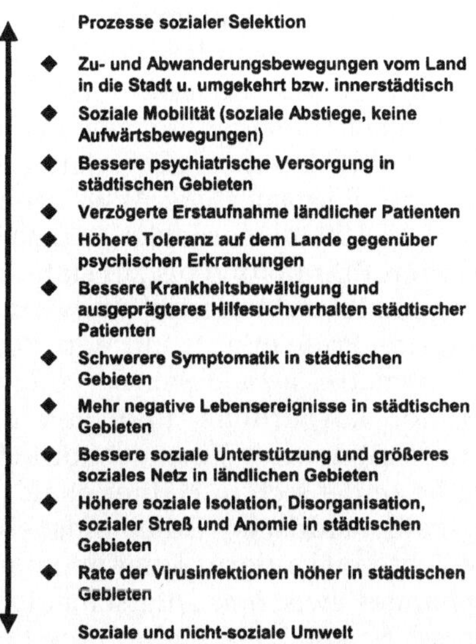

Abb. 1. Erklärungsmuster für innerstädtische und Stadt-Land-Unterschiede in den Erstaufnahmeraten

am Zustandekommen der ungleichen Verteilung der Raten innerhalb städtischer Gebiete und in einem Stadt-Land-Vergleich untersucht (Löffler und Häfner 1994, Löffler 1998, Löffler und Häfner 1999). Die Ersterhebung der ABC-Studie erfolgte in den Jahren 1987–1989 in einem Erhebungsgebiet mit ca. 1,5 Millionen Bewohnern (Abb. 2). Eingeschlossen wurden in die ABC-Schizophrenie-Studie alle Patienten mit einer weiten Schizophrenie-

Abb. 2. Das Erhebungsgebiet der ABC-Schizophrenie-Studie

diagnose, die erstmalig stationär aufgenommen wurden und zwischen 12 und 59 Jahren alt waren. Insgesamt wurden 276 Patienten mit der Present State Examination (PSE) auf dem Höhepunkt ihrer Psychose befragt. Zur Vermeidung von Gedächtniseffekten wurde erst nach Abklingen dieser Phase unter Anwendung des IRAOS der Frühverlauf retrospektiv erhoben. Mit dem „Interview of the Retrospective Assessment of the Onset of Schizophrenia" (Häfner et al. 1992b) wurde der Frühverlauf von den ersten Anzeichen einer psychischen Erkrankung bis zur stationären Erstaufnahme erhoben. Das IRAOS ist ein halbstrukturiertes Interview, mit dem neben der retrospektiven Erhebung des Frühverlaufs auf den Ebenen unspezifische Anzeichen, positive Symptomatik, soziale Behinderung und biographischer Verlauf auch die soziale, körperliche und Familienanamnese zum Interviewzeitpunkt eingeschätzt wird. Eine ausführliche Darstellung der ABC-Schizophrenie-Studie findet sich in Häfner et al. (1998a).

Das halb ländliche, halb städtische Erhebungsgebiet der ABC-Schizophrenie-Studie ermöglichte uns aufgrund der geographischen Lage eine Analyse des Zusammenhanges zwischen unterschiedlichen Lebensräumen und Schizophrenieraten am Beispiel der Städte Mannheim und Heidelberg und den ländlichen Regionen.

Ökologische Verteilungen

Ausgehend von den Hypothesen „Soziale Verursachung" vs. „Soziale Selektion" lassen sich unterschiedliche Verteilungsmuster in der Höhe der Raten vorhersagen. Unter einer sozialen Selektionshypothese erwartet man bei Krankheitsausbruch, definiert mit erster stationärer Aufnahme, eine Zufallsverteilung der Wohnsitze und erst im weiteren Krankheitsverlauf eine Akkumulation der Patienten in Gebiete mit schlechter Wohnqualität und widrigen sozioökonomischen Bedingungen. Unter der Gültigkeit einer sozialen Verursachung dagegen erwartet man bereits bei Krankheitsausbruch eine geographische Konzentration der Wohnorte Schizophrener in diesen speziellen Gebieten. Die nach der ersten Studie von Faris and Dunham 1939 in Chicago durchgeführten Studien bestätigen mit wenigen Ausnahmen die Konzentration schizophrener Patienten in städtischen Gebieten mit schlechten sozialen und ökonomischen Verhältnissen bereits zum Zeitpunkt ihrer ersten stationären Aufnahme, was von einigen Autoren in Sinne einer sozialen Verursachung interpretiert wurde.

Faßt man für die Stadt Mannheim die 23 Stadtgebiete unabhängig von ihrer geographischen Lage nach Gemeinsamkeiten hinsichtlich sozioökonomischer und demographischer Indikatoren zusammen, lassen sich für Mannheim diese 23 Stadtgebiete zu fünf homogenen Gebieten zusammenfassen (Weyerer und Häfner 1992). Eine hohe Segregation und hohe Dichte – durch ein Pluszeichen markiert – bedeuten schlechte ökonomische und soziale Lebensbedingungen in diesen Wohngebieten, niedrige Werte bessere Lebensbedingungen – durch ein Minuszeichen markiert. Wie Abb. 3 zeigt, weisen für beide Zeitpunkte die Gebiete mit den schlechtesten

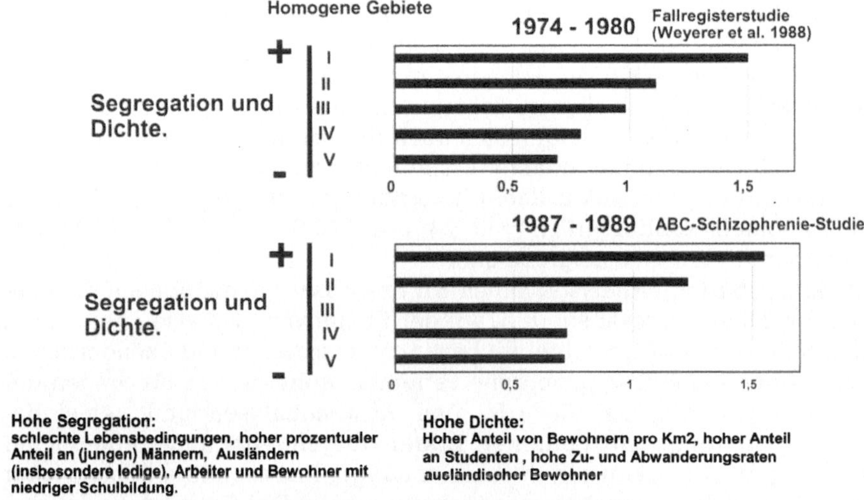

Abb. 3. Schizophrenieraten in Mannheim zu zwei Querschnitten – Konzentrationsindex

sozialen und ökonomischen Lebensbedingungen die höchsten Erkrankungsraten auf, mit einer fast linearen Abnahme der Raten hin zu Gebieten mit besseren Lebensbedingungen. Damit finden sich die höchsten Erstaufnahmeraten in Gebieten mit sozioökonomischen Benachteiligungen und unstabilen Lebensverhältnissen über einen Zeitraum von ca. 15 Jahren in Mannheim.

Bereits für das Jahr 1880 hatte White (1903) höhere Raten psychischer Störungen in Städten verglichen mit ländlichen Regionen in den USA nachweisen können. Die in den folgenden Jahren durchgeführten Studien,

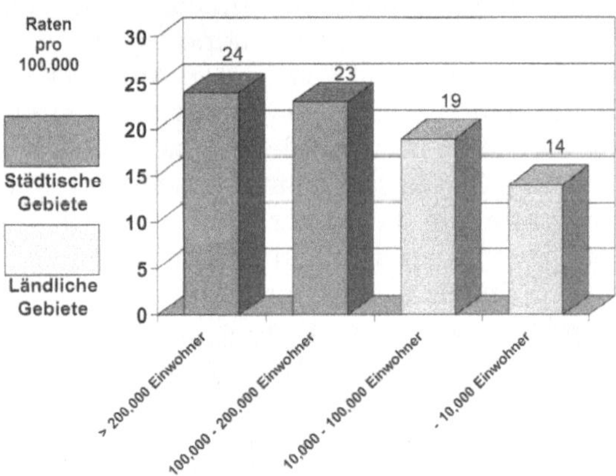

Abb. 4. Stadt-Land-Vergleich: Erstaufnahmeraten schizophrener Erkrankungen – ABC-Schizophrenie-Studie

welche einen direkten Vergleich in der Ratenverteilung schizophrener Erstaufnahmen von Stadt und Land vornahmen, zeigen durchgängig höhere Inzidenzraten für die städtischen Gebiete.

Abbildung 4 zeigt den Vergleich in den Erstaufnahmeraten zwischen den städtischen und den ländlichen Gebieten des Erhebungsgebietes der ABC-Studie. Wie zu erwarten, zeigen sich auch in unserer Studie bei einer vierfachen Gebietsabstufung höhere Erstaufnahmeraten in den städtischen Gebieten mit abnehmenden Raten, je ländlicher die Gebiete werden. Die Raten nehmen kontinuierlich von 24 pro 100.000 auf 14 pro 100.000 Einwohner mit der Gebietsgröße ab.

In den bisherigen Analysen haben wir uns Zusammenhänge auf der ökologischen Ebene angesehen, d. h. auf der Ebene von Gebietseinheiten, die uns mitteilen, daß in Gebieten mit bestimmten sozialen und ökonomischen Bedingungen gehäuft schizophrene Patienten wohnen, was für Fragen der Versorgungsstruktur, der Bedarfs- und Kostenanalysen und gemeindenahen Versorgung schizophrener Erkrankungen von außerordentlicher Bedeutung ist. Über kausale Zusammenhänge, insbesondere ätiologischer Art, sagen uns diese Ergebnisse jedoch nur wenig. Der Grund dafür ist, daß eine Übertragung der gefundenen ökologischen Zusammenhänge auf betroffene Personen nur unter bestimmten statistischen Annahmen möglich ist. Aus dem hohen Zusammenhang zwischen schlechten Lebensbedingungen und hohen Raten auf Gebietsebene kann nicht gefolgert werden, daß Personen unter widrigen Lebensbedingungen eine hohe Wahrscheinlichkeit für Schizophrenie aufweisen. Eine naive Übertragung wird als ökologischer Fehlschluß bezeichnet (Robinson 1944, Hummel 1972, Dunham 1953, Clausen und Kohn 1954, Welz 1975). Der ökologische Fehlschluß hat die Konsequenz, daß zur Erklärung des Zustandekommens einer Konzentration Schizophrener in bestimmten räumlichen Gebieten und zum Nachweis von Faktoren mit ätiologischer Bedeutung auf die individuelle Ebene gewechselt werden muß. Aus diesem Grund haben wir uns bei den Stadt-Land-Analysen Unterschiede zwischen den städtischen und ländlichen Patienten auf der individuellen Ebene angesehen (Löffler 1998). Diese Analysen auf einer individuellen Ebene zeigen, daß Patienten der ländlichen Regionen nach Ausbruch der ersten Anzeichen und Symptome verglichen mit städtischen Patienten später zur stationären Erstaufnahme kamen. Auch verfügen sie über ein größeres soziales Netz und eine bessere soziale Unterstützung. Die Tatsache einer verspäteten Inanspruchnahme psychiatrischer Einrichtungen haben wir wie Eaton (1974) im Sinne einer größeren Toleranz gegenüber schizophrenem Verhalten in ländlichen Gebieten interpretiert. Für den längeren Verbleib in der Gemeinde ländlicher Patienten spricht auch der stärkere soziale Rückzug in jungen Jahren, das weniger aktive Bewältigungsverhalten und die längere Dauer in den ambulanten Vorbehandlungen unter einer anderen Diagnose als Schizophrenie bei den Patienten. Das längere Verbleiben in der Gemeinde hatte bei den ländlichen Patienten höhere Werte in der negativen Symptomatik, in der sozialen Behinderung und in der psychologischen Beeinträchtigung zu Folge (Löffler 1998).

Frühverlauf

Das längere Verbleiben in der Gemeinde gibt bereits einen ersten Hinweis darauf, daß der Verlauf vor erster Aufnahme für unsere Fragestellung von Wichtigkeit ist. Seit Beginn der ABC-Schizophrenie-Studie haben wir uns ausführlich mit dem der ersten stationären Aufnahme vorausgehenden Verlauf der Schizophrenie gewidmet (Häfner et al. 1989, 1995b). Wie Abb. 5 zeigt, tritt das erste Zeichen der Krankheit im Mittel zwischen 22 Jahren bei Männern und 25 Jahren bei Frauen auf. Zwischen Männern und Frauen findet sich der gut bekannte Unterschied im Erkrankungsalter von 3 bis 4 Jahren wieder. An den Ausbruch des ersten Zeichens schließt sich parallel bei Männern und Frauen das Auftreten des ersten negativen Symptoms und im Mittel 6 Jahre danach das erste positive Symptom an. Danach kommt es zu einem steilen Anstieg der positiven, aber auch der unspezifischen und negativen Symptomatik bis zum Höhepunkt der ersten Episode im mittleren Alter von ca. 28 Jahren bei Männern und ca. 32 Jahren bei Frauen. Die Darstellung der Abfolge des erstmaligen Auftretens der unspezifischen Anzeichen und negativen Symptomatik, der positiven Symptome und des Maximums positiver Symptomatik vor stationärer Erstaufnahme läßt dabei drei zeitliche Abschnitte erkennen. Anhand dieser drei Erkrankungsdefinitionen lassen sich eine prodromale Phase und eine psychotische Vorphase im Frühverlauf schizophrener Erkrankungen unterscheiden (Häfner et al. 1995a). Damit zeigt sich, daß der Beginn schizophrener Erkrankungen bei einer beträchtlichen Anzahl von Patienten bereits Jahre vor ihrer stationären Aufnahme beginnt.

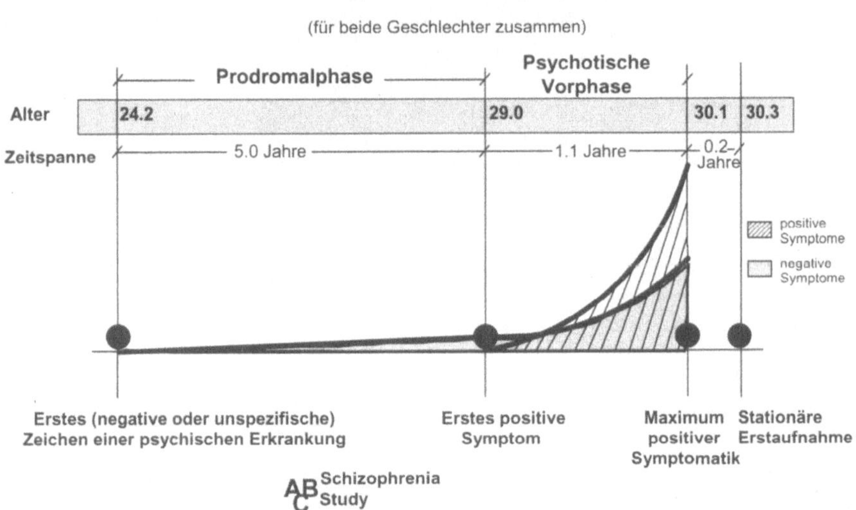

Abb. 5. Die Vorphasen der Schizophrenie vom ersten Anzeichen der Erkrankung bis zur Erstaufnahme

                    W. Löffler und H. Häfner

Tabelle 1. Die 10 häufigsten ersten Zeichen einer schizophrenen Erkrankung (unabhängig vom Verlauf) nach Patientenangaben[1]

	Gesamt (n=232)	Männer (n=108)	Frauen (n=124)	p
	%	%	%	
Unruhe	19	15	22	
Depression	19	15	22	
Angst	18	17	19	
Denk- und Konzentrations-störungen	16	19	14	
Sorgen	15	9	20	
Mangelndes Selbstvertrauen	13	10	15	
Energieverlust, Verlangsamung	12	8	15	
Verschlechterung des Arbeitsverhaltens	11	12	10	
Sozialer Rückzug, Mißtrauen	10	8	12	
Sozialer Rückzug, Kommunikation	10	8	12	

[1] Beruhend auf geschlossenen Fragen, Mehrfachzählungen möglich; alle Items wurden auf Geschlechtsunterschiede hin geprüft
* p £ 0,05
Aus: Häfner et al. 1995b, modifiziert

Betrachtet man die 10 häufigsten Initialsymptome, so treten zwei Symptomdimensionen klar hervor (Tabelle 1): *affektive* Symptome wie depressive Verstimmung, mangelndes Selbstvertrauen und Angst (grau unterlegt) – und *negative* Symptome wie Denk- und Konzentrationsstörungen, Energieverlust, Verlangsamung, schlechte Arbeitsleistungen, sozialer Rückzug (unterstrichen) (Häfner et al. 1995a).

Diese Hinweise auf funktionell beeinträchtigende Negativsymptome zu Beginn der Schizophrenie veranlaßten uns zu untersuchen, wann es im

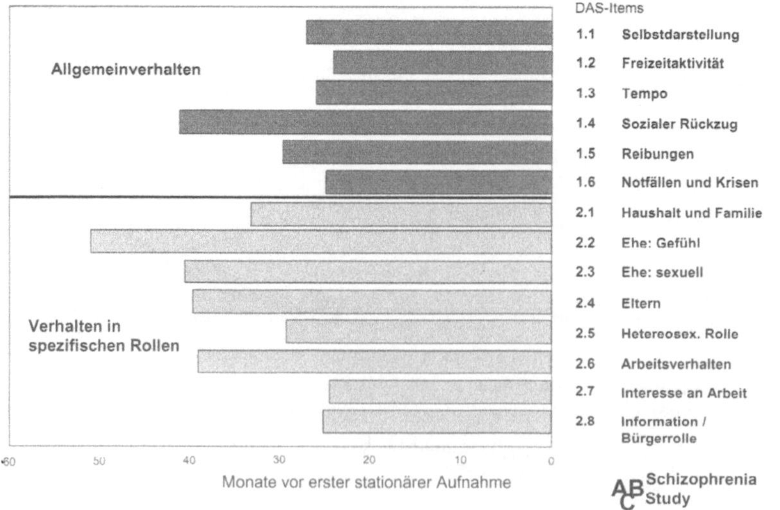

Abb. 6. Beginn sozialer Behinderungen (Monate vor erster stationärer Aufnahme)

Frühverlauf erstmals zu sozialer Behinderung kommt (Häfner et al. 1996). Wie Abb. 6 zeigt, treten Defizite in verschiedenen sozialen Rollenbereichen im Durchschnitt bereits zwischen 2 und 5 Jahre vor der Erstaufnahme ein. Insbesondere das Arbeitsverhalten, das Tempo bei der Bewältigung alltäglicher Aufgaben und die Funktionsbereiche Kommunikation und Freizeitaktivität waren bei mehr als der Hälfte der Patienten schon während der Prodromalphase beeinträchtigt. Dieser Befund läßt vermuten, daß das Risiko sozialer Folgen der Schizophrenie bereits in dieser frühen Krankheitsphase hoch ist, lange vor dem Einsetzen von Therapie und Rehabilitationsbemühungen.

Welche Konsequenzen hat dieser lang dauernde Frühverlauf für unsere Erklärung höherer Erstaufnahmeraten in bestimmten geographischen Gebieten oder Regionen? Eine erste Konsequenz ist, daß für die Überprüfung der Hypothesen soziale Verursachung und soziale Selektion als Bezugspunkt für den Zeitpunkt des Ausbruchs der Krankheit das Auftreten der ersten unspezifischen Anzeichen oder Symptome oder das erste psychotische Symptom gewählt werden muß und nicht, wie in bisherigen Studien der Fall – auch in unserer eigenen –, die erste stationäre Aufnahme. Derzeit haben wir noch keine Informationen über Verteilungsmuster der Wohnorte der Patienten zum Zeitpunkt des Krankheitsausbruchs (Ersterkrankungsraten) für die Patienten der ABC-Schizophrenie-Studie, so daß Aussagen über mögliche geographische Veränderungen im frühen Verlauf derzeit noch nicht möglich sind. Als zweite Konsequenz haben wir uns zur Erklärung der höheren Erstaufnahmeraten den biographischen Verlauf in dieser Frühphase und damit über vertikale soziale Veränderungen genauer angesehen. Die Annahme ist, daß Veränderungen in der sozialen Biographie und damit auch Veränderungen auf einer vertikalen sozialen Ebene mögliche Hinweise auf die Gültigkeit sozialer Verursachungen und/oder selektiver Prozesse geben können.

Um das Ausmaß der sozialen Veränderungen und möglicher Defizite im Frühverlauf Schizophrener ab Krankheitsbeginn bis zur Erstaufnahme nachzuweisen, bedarf es eines Vergleichs des sozialen Verlaufs der Patienten gegenüber der Norm in der Bevölkerung. Dazu verglichen wir 57 Patienten unserer Stichprobe (Mannheimer Patienten) mit einer nach Alter und Geschlecht gematchten Kontrollstichprobe aus der Bevölkerung anhand von sechs Rollen: Schul- und Berufsausbildung, Beschäftigung, eigenes Einkommen, selbständiges Wohnen und Partnerschaft (Häfner et al. 1996, Häfner et al. 1999a).

Im Alter bei Krankheitsausbruch, d. h. bei erstem Anzeichen einer psychischen Erkrankung, fanden wir zwischen Schizophrenen und Kontrollen keine signifikanten Unterschiede in der Erfüllung dieser sechs sozialen Rollen (linke Seite in Tabelle 2). Dieses Bild ändert sich aber, betrachtet man den Vergleich zum Zeitpunkt der ersten stationären Aufnahme (rechte Seite in Tabelle 2). Zu diesem Zeitpunkt sind die Schizophrenen gegenüber den Kontrollen in Beschäftigung, eigenem Einkommen, selbständigem Wohnen und Partnerschaft deutlich zurückgefallen. Vom Ende der Prodromalphase an verharren mit wenigen Ausnahmen die Kranken weit-

                     W. Löffler und H. Häfner

Tabelle 2. Soziale Rollenerfüllung zum Zeitpunkt ...

	... des ersten Anzeichens einer psychischen Erkrankung			... der erstmaligen stationären Aufnahme		
	Schizophrene (n=57)	Kontrollpers. (n=57)	p^1	Schizophrene (n=57)	Kontrollpers. (n=57)	p^1
Alter (in Jahren)	24,0	24,0		30,0	30,0	
Schulausbildung	65%	61%	n.s.	93%	95%	n.s.
Berufsausbildung	37%	44%	n.s.	63%	65%	n.s.
Beschäftigung	33%	42%	n.s.	44%	58%	t
Eigenes Einkommen	37%	42%	n.s.	49%	74%	**
Selbstständiges Wohnen	46%	51%	n.s.	63%	75%	n.s.
Verheiratet oder stabile Partnerschaft	47%	58%	n.s.	25%	68%	***

[1] n.s.: nicht signifikant; t: p < 0,1; **: p < 0,01; ***: p < 0,001
Aus: Häfner et al. 1999a, modifiziert

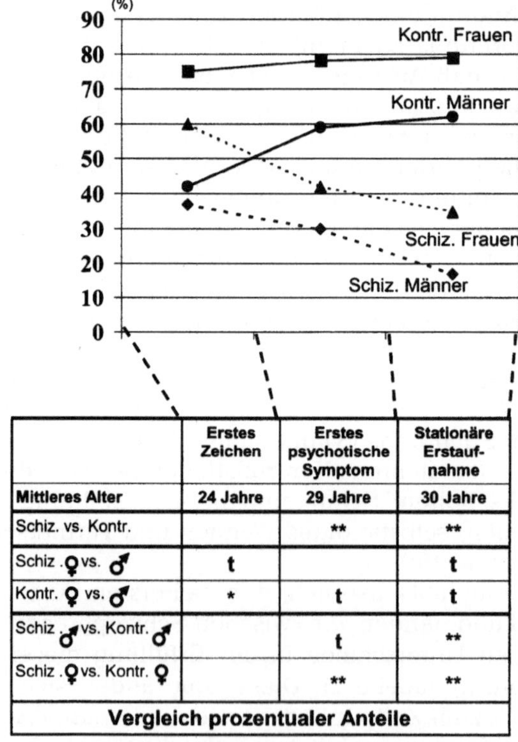

	Erstes Zeichen	Erstes psychotische Symptom	Stationäre Erstaufnahme
Mittleres Alter	24 Jahre	29 Jahre	30 Jahre
Schiz. vs. Kontr.		**	**
Schiz. ♀ vs. ♂	t		t
Kontr. ♀ vs. ♂	*	t	t
Schiz. ♂ vs. Kontr. ♂		t	**
Schiz. ♀ vs. Kontr. ♀		**	**
Vergleich prozentualer Anteile			

Ohne Angaben = nicht signifikant; ** = p < 0.01; * = p < 0.05; t = p < 0.1;

Aus: Häfner et al. 1998b

Abb. 7. Heirat und stabile Partnerschaft im Frühverlauf

gehend auf dem erreichten Status, während die altersgleichen Kontrollen einen stetigen Aufstieg erfahren.

Den ungünstigsten Trend zeigt dabei die Rolle Ehe und stabile Partnerschaft (Abb. 7). Bei fast gleichen Anfangswerten der gesunden und der schizophrenen Frauen und ebenso der Männer, geht der Anteil Verheirateter bei den Kranken beiderlei Geschlechts kontinuierlich zurück, während er vor allem bei den gesunden Männern noch ansteigt. Zur Erklärung des Einflusses der Krankheit nach Ausbruch auf den weiteren sozialen Verlauf gibt es zwei klassische Hypothesen: die Non-Starter-Hypothese von Dunham (1965) bzw. die Soziale-Stagnation-Hypothese von Freeman und Alpert (1986) nimmt an, daß es durch den Einbruch der Krankheit zum Abbruch der sozialen Entwicklung kommt. Die Kraepelinsche (1896) Hypothese sozialer Abstiege nimmt an, daß die Krankheit zum Abstieg vom erreichten sozialen Status bei Krankheitsausbruch führt. Durch die eben gezeigten sozialen Verläufe im Frühverlauf wird, mit Ausnahme für die Rolle Partnerschaft, die Hypothese einer sozialen Stagnation unterstützt.

Unterteilt man die gesamte Stichprobe jedoch in drei Altersgruppen, wird der stabile Verlauf vom Ausbruch der Psychose bei den Früherkrankten bestätigt, während die Späterkrankten dagegen von ihrem hohen sozialen Status bei Psychoseausbruch an einen erheblichen sozialen Abstieg erfahren. Die Hypothese sozialer Abstiege hat damit ihre optimale Gültigkeit bei Späterkankten, die Hypothese sozialer Stagnation bei Früherkrankten. Das mittlere Erkrankungsalter verteilt sich zwischen diesen beiden Extremen, bzw. hier deutet sich noch eine leichte Besserung im Verlauf an (Häfner et al. 1999b).

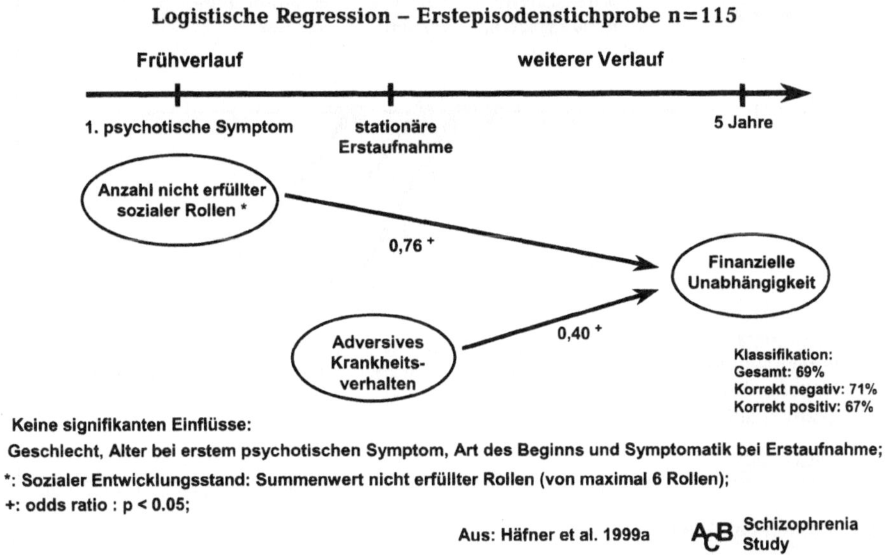

Abb. 8. Prädiktion der sozialen Entwicklung im Fünf-Jahres-Verlauf

Welche Konsequenzen hat dieser frühe soziale Verlauf für den weiteren Verlauf bei schizophrenen Patienten? Für den individuellen Verlauf zeigt sich anhand einer schrittweisen logistischen Regression, daß dieser frühe Einbruch in die Entwicklung und damit der soziale Entwicklungsstand bei erstem psychotischem Symptom zusammen mit sozial adversivem Verhalten den sozialen Outcome, gemessen anhand der finanziellen Unabhängigkeit 5 Jahre nach Erstaufnahme, erklären kann (Abb. 8). Dagegen haben Alter, Geschlecht und Symptomatik zum Zeitpunkt der Erstaufnahme keinen unabhängigen signifikanten Einfluß mehr auf den objektiven sozialen Status. Die Vorhersagewahrscheinlichkeit ist mit etwa 70 % richtig klassifizierter Fälle nur mäßig hoch, was darauf verweist, daß noch weitere Variablen, möglicherweise Umwelt- und Persönlichkeitsfaktoren, den sozialen Verlauf beeinflussen (Häfner et al. 1999b).

Eine weitere Prüfung der Hypothesen soziale Verursachung und soziale Selektion ist die Analyse von Einbrüchen in die soziale Biographie und deren zeitliche Abfolge zu den verschiedenen Krankheitszeitpunkten (Häfner et al. 1992a, Fätkenheuer et al. 1992). Nach der Hypothese sozialer Verursachung sollten Einbrüche in den sozialen Verlauf der Erkrankung vorangehen, nach der Hypothese sozialer Selektion ihnen nachfolgen. Aus Abb. 9 ist zu erkennen, daß soziale Einbrüche wie der Verlust des Partners und des Arbeitsplatzes im Mittel nach dem Auftreten der ersten Anzeichen erfolgen, der Einkommensverlust im Mittel nach dem ersten psychotischen Symptom. Diese Ergebnisse unterstützen ebenfalls Prozesse sozialer Selektion wie Abstiege und Stagnation nach Krankheitsausbruch.

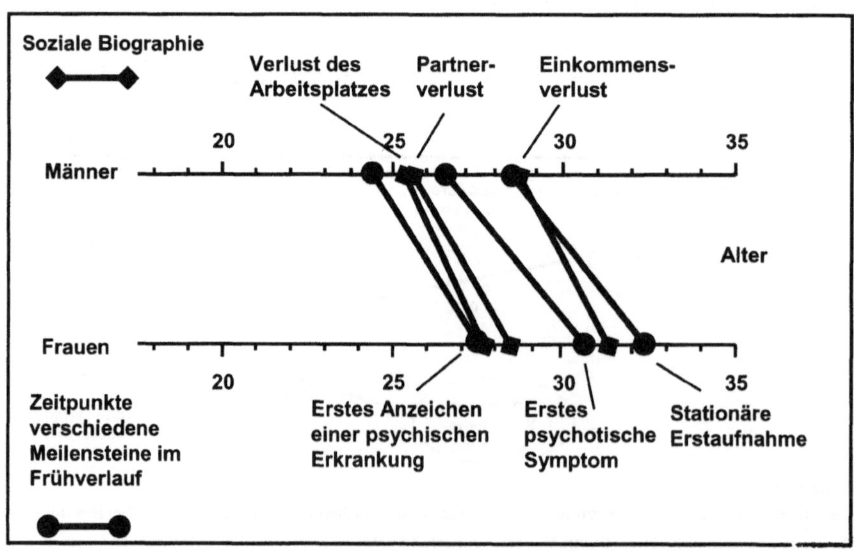

Abb. 9. Soziale Biographie und Schizophrenie

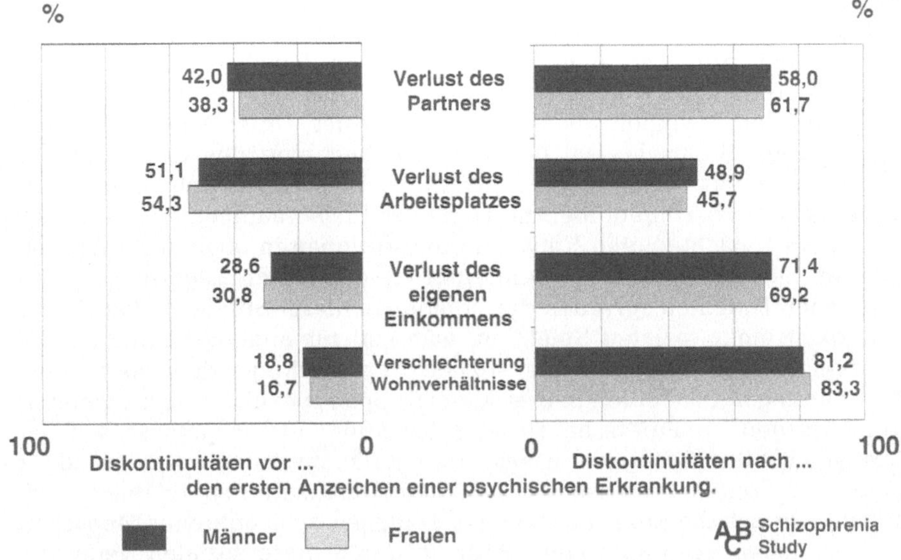

Abb. 10. Prozentuale Anteile sozialer Diskontinuitäten vor und nach den ersten
Anzeichen einer psychischen Erkrankung

Zwar unterstützt die zeitliche Abfolge im Mittel die Hypothese sozialer
Selektion, doch finden Einbrüche prozentual gesehen auch bereits vor den
ersten Anzeichen einer psychischen Erkrankung statt. Ein Ergebnis, welches die soziale Verursachung unterstützen würde. Dies ist in Abb. 10
anhand der prozentualen Anteile in den Einbrüchen vor den ersten
Anzeichen zu erkennen (linke Spalte). Aber die überwiegende Mehrheit
der Einbrüche findet nach den ersten Anzeichen statt (rechte Spalte).
Beispielsweise verschlechtern sich bei über 80% der Patienten die
Lebensverhältnisse nach den ersten Anzeichen. Insgesamt dominieren
damit Prozesse sozialer Selektion das Bild sozialer Verläufe vor erster stationärer Aufnahme (Häfner et al. 1992a, Fätkenheuer et al. 1992).

Diskussion

Auf der ökologischen Ebene finden sich korrelative Zusammenhänge zwischen widrigen Lebensumständen und hohen Schizophrenieraten.
Aufgrund des ökologischen Fehlschlusses können daraus keine kausalen
Zusammenhänge abgeleitet werden. Die Analyse der sozialen Biographie
im Frühverlauf unterstützt die Hypothesen sozialer Abstiege bzw. nicht
erfolgter oder mißglückter Aufstiege. Keine soziale Benachteiligung der
später an Schizophrenie Erkrankenden zum Zeitpunkt ihrer Geburt zeigten auch die Geburtskohortenstudien etwa von Jones et al. (1998). Die
soziogenetischen Theorien der Schizophrenie werden durch unsere
Analysen zur zeitlichen Abfolge von Krankheit und sozialen Ereignissen

nicht unterstützt. Zur Diskussion „soziale Verursachung vs. soziale Selektion" haben Dohrenwend et al. (1992) in einer methodisch elaborierten Untersuchung an einer Stichprobe von 5.000 Bewohnern bzw. Einwanderern Israels die Hypothesen einer sozialen Verursachung und einer sozialen Selektion gegeneinander getestet. Unter Konstanthaltung des sozialen Status lassen sich aus der Annahme der Gültigkeit der Hypothese einer sozialen Verursachung bzw. sozialen Selektion unterschiedliche Vorhersagen über die Höhe der Erstaufnahmeraten bei unterschiedlich benachteiligten Einwanderungsgruppen in offenen städtischen und am beruflichen Erfolg orientierten Gesellschaften folgern. Bei schizophrenen Patienten sprechen die Ergebnisse dieser Studie stärker für die Gültigkeit einer sozialen Selektion, während für andere Störungen wie depressive Erkrankungen die soziale Verursachung dominiert. Eine Auftrennung der Patienten in drei Altersgruppen spezifiziert diese generellen Aussagen zu Prozessen sozialer Selektion: die Hypothese sozialer Abstiege hat ihre Gültigkeit insbesondere für ältere Patienten, während für jüngere Patienten Prozesse sozialer Stagnation zutreffen (Häfner et al. 1999b). Ob sich die Konzentration der Wohnsitze schizophrener Menschen in bestimmten geographischen Räumen durch diese sozialen Veränderungen erklären lassen, bleibt vorerst offen, da uns die Daten zu räumlichen Bewegungen noch fehlen. Die Zuwanderung Schizophrener in Gebiete mit schlechten sozialen und ökonomischen Bedingungen hat unseres Wissens bisher noch keine Studie eindeutig belegen können. Die Untersuchungen zur geographischen Mobilität Schizophrener vor Krankheitsausbruch (Dunham 1965, Hollingshead und Redlich 1958, Clausen und Kohn 1959, Stein 1957, Dauncey et al. 1993) zeigen hierzu kein eindeutiges Bild. Damit ist die Frage noch offen, ob es, wie es die Hypothese soziale Selektion prädiziert, in Folge vertikaler Veränderungen auch zu geographischen Bewegungen in bestimmte Stadtgebiete bzw. vom Land in die Stadt kommt. Finden sich für diese frühen Zeitpunkte aber bereits Konzentrationen, wird die Sache kompliziert. Dies, da nach der Hypothese sozialer Verursachung eine bereits bei Krankheitsausbruch bestehende Konzentration in Gebieten mit widrigen Lebensumständen diese unterstützen würde. Andererseits muß eine Hypothese sozialer Verursachung dann die sozialen Abstiege und nicht vorhandenen Aufstiege nach Ausbruch der Erkrankung erklären und sich damit auf vorhergehende andere soziale Ursachen beziehen. Damit würde sich der Fokus noch weiter in den Frühverlauf verschieben und möglicherweise auch Dysfunktionen im Sinne von Präkursoren in verschiedenen funktionellen Bereichen wie der motorischen, interpersonellen und kognitiven Entwicklung in der Kindheit miteinbeziehen, welche bei Kindern mit einer späteren Schizophrenie gehäuft zu finden sind (Watt et al. 1984, Walker et al. 1995, Crow et al. 1995, Jones et al. 1996, Jones und van Os 1998). Die Frage bleibt auch insofern offen, als neuere Arbeiten über Risikofaktoren neben hohen Effekten familiärer Belastung einen Effekt der in der Stadt Geborenen und Aufgewachsenen auf die Schizophrenieraten zeigen konnten, während die Stadtzugehörigkeit zum Zeitpunkt der Erkrankung keinen Effekt auf die

Raten hatte (Mortensen et al. 1998). Hier würde von seiten der Vertreter selektiver Prozesse mit der über Generationen erfolgten Zuwanderung in bestimmte Gebiete argumentiert werden. Was uns fehlt, ist die Untersuchung der Beziehung zwischen ökologischer Ebene, sozialer Biographie und deren Zusammenwirken im Frühverlauf mit Konsequenz für den langfristigen Verlauf. Nur, ein eindeutiger Untersuchungsplan, mit dem eine einfache und klare Entscheidung zwischen beiden Hypothesen getroffen werden kann, ist auch in Zukunft nicht zu erwarten.

Der weit vor der ersten stationären Aufnahme liegende Beginn schizophrener Erkrankungen mit bereits eingetretenen sozialen und behinderungsmäßigen Folgen (Häfner et al. 1999a) verweist auf die Dringlichkeit des Aufbaus von Früherkennungsprogrammen und Strategien der Frühintervention (Häfner et al. 1995a, Beiser et al. 1993, McGorry 1998). Vor allem die Entwicklung entsprechender Checklisten und Inventare mit der Erhebung früher Verhaltensauffälligkeiten und weiterer Risikofaktoren von späteren Schizophrenen dürfte hier der geeignete Weg sein (Chapman und Chapman 1996, Herz und Melville 1980, McGorry 1997). Idee ist hierbei, daß durch frühe Interventionen bereits mehrere Jahre vor Beginn der positiven Symptomatik langfristig ein besserer Outcome hinsichtlich Gesundung und Wiedereingliederung erreicht werden kann als durch neuroleptische Therapie zum Zeitpunkt der erstmaligen stationären Aufnahme und/oder durch rehabilitative Maßnahmen im weiteren Krankheitsverlauf (McGorry 1998). Diese Interventionen sollten neben der medikamentösen und psychotherapeutischen Ebene auch soziale Maßnahmen, insbesondere unterstützender Art, umfassen. Letztere gerade im Hinblick auf die frühen Behinderungen bei vielen Patienten in ihren alltäglichen Aufgaben und Rollen. Wie die Analysen zeigen, bedeutet der frühe Einbruch der Krankheit in einem Alter der beruflichen und familiären Konsolidierung, insbesondere bei Männern, eine Stagnation mit lebenslanger Konsequenz (Häfner et al. 1999b). Hier muß rechtzeitig mit Maßnahmen angesetzt werden, um soziale Konsequenzen abzumildern.

Literatur

1. Beiser M, Erickson D, Flemming J A E, Iacono W G (1993) Establishing the onset of psychotic illness. Am J Psychiatry 150: 1349–1354
2. Chapman J P, Chapman L J (1996) The psychometric assessment of schizophrenia proneness. In: Mathysse S, Levy D L, Kagan J, Benes F M (eds) Psychopathology. The evolving science of mental disorder. Cambridge University Press. Chap. 14. pp 313–333
3. Clausen J A, Kohn M L (1954) The ecological approach in social psychiatry. Am J Sociology 60: 140–151
4. Clausen J A, Kohn M L (1959) Relation of schizophrenia to the social structure of a small city. In: Pasamanick B (ed) Epidemiology of mental disorder. AAAS Publisher: Washington, pp 69–86
5. Crow T J, Done D J, Sacker A (1995) Birth cohort study of the antecedents of psychosis: Ontogeny as witness to phylogenetic origins. In: Häfner H, Gattaz W F (eds) Search for the causes of schizophrenia, Vol. III. Springer: Berlin, Heidelberg
6. Dauncey K, Giggs J, Baker K, Harrison G (1993) Schizophrenia in Nottingham:

Lifelong residential mobility of a cohort. Br J Psychiatry 163: 613–619
 7. Dohrenwend B P, Levav I, Shrout P E, Schwartz S, Naveh G, Link BG, Skodol AE, Stueve A (1992) Socioeconomic status and psychiatric disorders: The causation-selection issue. Science 255: 946–952
 8. Dunham H W (1953) Some persistent problems in the epidemiology of mental disorders. Am J Psychiatry CIX: 567–575
 9. Dunham H W (1965) Community and schizophrenia. An epidemiological analysis. Wayne State University Press: Detroit.
10. Eaton W W (1974) Residence, social class and schizophrenia. J Health Soc Behav 15: 289–299
11. Faris R E L, Dunham H W (1939) Mental disorders in urban areas. University of Chicago Press: Chicago
12. Fätkenheuer B, Riecher-Rössler A, Löffler W, Häfner H (1991) Social biography in schizophrenic patients. Poster presented at the AEP Section Committee Meeting in Zürich, 8–10th April 1991
13. Freeman H, Alpert M (1986) Prevalence of schizophrenia in urban environment. Br J Psychiatry 33: 213–239
14. Giggs J A (1973) The distribution of schizophrenics in Nottingham. Trns Inst Br Geographers 59: 55–76
15. Giggs J A, Cooper J E (1987) Ecological structure and the distribution of schizophrenia and affective psychoses in Nottingham. Br J Psychiatry 151: 627–633
16. Häfner H, an der Heiden W (1997) Epidemiology of schizophrenia. Can J Psychiatry 42: 139–151
17. Häfner H, Reimann H, Immich H, Martini H (1969) Inzidenz seelischer Erkrankungen in Mannheim 1965. Social Psychiatry 4: 127–135
18. Häfner H, Riecher A, Maurer K, Löffler W, Munk-Jørgensen P, Strömgren P (1989) How does gender influence age at first hospitalization for schizophrenia? A transnational case register study. Psychological Medicine 19: 903–918
19. Häfner H, Riecher-Rössler A, Maurer K, Fätkenheuer B, Löffler W (1992a) First onset and early symptomatology of schizophrenia – A chapter of epidemiological and neurobiological research into age and sex differences. Eur Arch Psychiatry Clin Neurosci 242: 109–118
20. Häfner H, Riecher-Rössler A, Hambrecht M, Maurer K, Meissner S, Schmidtke A, Fätkenheuer B, Löffler W, an der Heiden W (1992b) IRAOS: an instrument for the assessment of onset and early course of schizophrenia. Schizophrenia Research 6: 209–223
21. Häfner H, Riecher-Rössler A, an der Heiden W, Maurer K, Fätkenheuer B, Löffler W (1992c) Generating and testing a causal explanation of the gender difference in age at first onset of schizophrenia. Psychological Medicine 23: 925–940
22. Häfner H, Maurer K, Löffler W, Bustamante S, an der Heiden W, Nowotny B (1993a) Onset and early course of schizophrenia. Presented at the Symposium: „Search for the Causes of Schizophrenia III", Heidelberg, September 15–17
23. Häfner H, Maurer K, Löffler W, Riecher-Rössler A (1993b) The influence of age and sex on the onset and early course of schizophrenia. Br J Psychiatry 162: 80–86
24. Häfner H, Maurer K, Löffler W, Bustamante S, an der Heiden W, Riecher-Rössler A, Nowotny B (1995a) Onset and early course of schizophrenia. In: Häfner H, Gattaz W F (eds) Search for the causes of schizophrenia. Springer: New York, pp 43–66
25. Häfner H, Nowotny B, Löffler W, an der Heiden W, Maurer K (1995b) When and how does schizophrenia produce social deficits? Eur Arch Psychiatry Clin Neurosci 246: 17–28
26. Häfner H (1996) When, how and with what does shizophrenia begin. Jornal Brasileiro de Psiquiatria janeiro 45: 7–21
27. Häfner H, Maurer K, Löffler W, an der Heiden W, Munk-Jørgensen P, Hambrecht M, Riecher-Rössler A (1998a) The ABC schizophrenia study: a preliminary overview of the results. Soc Psychiatry Psychiatr Epidemiol 33: 380–386

28. Häfner H, an der Heiden W, Behrens S, Gattaz W F, Hambrecht M, Löffler W, Maurer K, Munk-Jørgensen P, Nowotny B, Riecher-Rössler A, Stein A (1998b) Causes and consequences of the gender difference in age at onset of schizophrenia. Schizophrenia Bulletin 24: 99–113

29. Häfner H, Hambrecht M, Löffler W, Munk-Jørgensen P, Riecher-Rössler A (1998c) Is schizophrenia a disorder of all ages? A comparison of first episodes and early course across the life-cycle. Psychological Medicine 28: 351–365

30. Häfner H, Löffler W, an der Heiden W, Maurer K, Hambrecht M (1999a) Depression, negative symptoms, social stagnation and social decline in the early course of schizophrenia. Acta Psychiatrica Scandinavica 100: 105–118

31. Häfner H, Maurer K, Löffer W, an der Heiden W, Stein A, Könnecke R, Hambrecht M (1999b) Onset and prodromal phase as determinants of the course. In: Gattaz WF, Häfner H (eds) Search for the causes of schizophrenia, Vol. IV: Balance of the century. Steinkopff: Darmstadt; Springer: Berlin, Heidelberg, New York, pp 35–58

32. Herz M, Melville C (1980) Relapse in schizophrenia. Am J Psychiatry 137: 801–805.

33. Hollinghead A B, Redlich F C (1958) Social class and mental illness. Wiley: New York

34. Hummel H J (1972) Probleme der Mehrebenenanalyse. Teubner: Stuttgart

35. Jablensky A, Sartorius N, Ernberg G, Anker M, Korten A, Cooper J E, Day R, Bertelsen A (1992) Schizophrenia: manifestations, incidence and course in different cultures. A World Health Organization ten-country study. Psychological Medicine Monograph Suppl. 20. Cambridge University Press: Cambridge

36. Jaco E G (1954) The social isolation hypothesis and schizophrenia. American Sociological Review 19: 567–577

37. Jarvis E (1851) On the supposed increase of insanity. Am J Insanity 8: 333–364

38. Jones P, Rantakallio P, Hartikainen A-L, Isohanni M, Sipilä P (1996) Does schizophrenia result from pregnancy, delivery and perinatal complications? A 28 year study in the 1966 North Finland birth cohort. European Psychiatry 11 (Suppl 4): 242

39. Jones P, van Os J (1998) Predicting schizophrenia in teenagers: Pessimistic results from the British 1946 Birth Cohort. Abstracts of the Ninth Biennial Winter Workshops on Schizophrenia, Davos 1998, Schizophrenia Research 29: 11

40. Keatinge C (1988) Psychiatric admissions for alcoholism, neuroses and schizophrenia in rural and urban Ireland. Int J Soc Psychiatry 34: 58–69

41. Kraepelin E (1896) Psychiatrie, 5. Aufl. Barth: Leipzig

42. Lee C K, Kwak Y S, Yamamoto J, Rhee H, Kim Y S, Han J H, et al (1990) Psychiatric epidemiology in Korea, part II: urban and rural differences. J Nerv Ment Dis 178: 247–252

43. Leighton A H (1959) My name is legion: Foundations for a theory of a man in relation to culture. Basic Books: New York

44. Lewis G, David A, Andréasson S, Allebeck P (1992) Schizophrenia and city life. The Lancet 340: 137–140

45. Löffler W (1998) Differenzen in der sozialräumlichen Verteilung erstaufgenommener schizophrener und paranoider Patienten. Verlag Dr. Kovač: Hamburg

46. Löffler W, Häfner H (1994) Die ökologische Verteilung schizophrener Ersterkrankungen in zwei deutschen Großstädten (Mannheim und Heidelberg). Fundamenta Psychiatrica 8: 103–115

47. Löffler W, Häfner H (1999) Ecological pattern of first admitted schizophrenics in two German cities over 25 years. Social Science & Medicine 49: 93–108

48. McGorry P D, Edwards J (1997) Early Psychosis Training Pack, module 2: strategies for early assistance. Cheshire: Gardiner-Caldwell Communications Ltd

49. McGorry P D (1998) „A stitch in time" ... the scope for preventive strategies in early psychosis. Eur Arch Psychiatry Clin Neurosci 248: 22–31

50. Machón R A, Mednick S A, Schulsinger F (1983) The Interaction of Seasonality, Place of Birth, Genetic Risk and Subsequent Schizophrenia in a High Risk Sample. Br J Psychiatry 143: 383–388

51. Malzberg B (1955) The distribution of mental disease in New York State, 1949–1951. Psychiatric Quarterly 29 (Suppl 2): 209–238
52. Marcelis M, Navarro-Mateu F, Murray R, Selten J-P, van Os J (1998) Urbanization and psychosis: a study of 1942–1978 birth cohorts in The Netherlands. Psychological Medicine 28: 871–879
53. Maylath E, Weyerer S, Häfner H (1989) Spatial concentration of the incidence of treated psychiatric disorders in Mannheim. Acta Psychiatr Scand 80: 650–656
54. Mortensen P B, Pedersen C B, Westergaard T, Wohlfahrt J, Ewald H, Mors O, Andersen P K, Melbye M (1998) Familial and non-familial risk factors for schizophrenia: a population-based study. Schizophrenia Research 29: 13
55. Pollock H M (1926) Frequencies of dementia praecox in relation to sex, age, environment, nativity and race. Mental Hygiene 10: 596–611
56. Rahav M, Goodman A B, Popper M, Lin Sh P (1986) Distribution of treated mental illness in the neighborhoods of Jerusalem. Am J Psychiatry 143: 1249–1254
57. Robinson W S (1944) Ecological Correlations and the Behavior of Individuals. American Sociology Review 15: 351–357
58. Stein L (1957) „Social class" gradient in schizophrenia. British Journal Prev Soc Med 11: 181–195
59. Sytema S (1991) Social indicators and psychiatry admission rates: a case-register study in the Netherlands. Psychological Medicine 21: 177–184
60. Welz R (1975) Probleme der Verwendung von Kollektiv- und Individualdaten im Rahmen der psychiatrisch-epidemiologischen Forschung. Social Psychiatry 10: 189–198
61. Weyerer S, Häfner H, Mayllath E, Pfeifer-Kurda E (1988) Die ökologische Verteilung erstbehandelter Schizophrener. Fundamenta Psychiatrica 3: 197–202
62. Weyerer S, Häfner H (1992) The high incidence of psychiatrically treated disorders in the inner city of Mannheim. Susceptibility of German and foreign residents. Soc Psychiatry Psychiatr Epidemiol 27: 142–146
63. Walker E F, Weinstein K, Baum K, Neumann C S (1995) Antecedents of Schizophrenia: Moderating effects of development and biological sex. In: Häfner H, Gattaz W F (eds) Search for the causes of schizophrenia, Vol. III. Springer: Berlin, Heidelberg
64. Watt N F, Anthony E J, Wynne L, Rolf T E (1984) Children at risk for schizophrenia. University Press: London
65. White W A (1903) The geographical distribution of insanity in the United States. J Nerv Ment Dis 30: 257–279
66. Widerlöv B, Lindström E, von Knorring L (1997) One-year prevalence of long-term functional psychosis in three different areas of Uppsala. Acta Psychiatrica Scandinavica 96: 452–458

Subsyndrome der chronischen Schizophrenie

J. Schröder

Psychiatrische Universitätsklinik Heidelberg, Deutschland

Zusammenfassung

In zahlreichen psychopathologischen Studien werden drei Subsyndrome der chronischen Schizophrenie unterschieden: das wahnhafte Subsyndrom ist durch ein persistierendes wahnhaft-halluzinatorisches Erleben, das asthenische durch eine ausgeprägte Negativsymptomatik und das desorganisierte Subsyndrom durch formale Denkstörungen mit Antriebssteigerung charakterisiert. Diese Subsyndrome wurden im Hinblick auf neuropsychologische Defizite sowie morphologische und funktionelle cerebrale Veränderungen untersucht. Demnach ist das wahnhafte Subsyndrom mit Störungen des deklarativen Gedächtnisses und einer herabgesetzten Aktivierung im Temporallappen assoziiert. Für das asthenische Subsyndrom sind Defizite im Bereich des prozeduralen Gedächtnisses und eine herabgesetzte frontale Aktivität („Hypofrontalität") charakteristisch. Beim desorganisierten Subsyndrom bestehen Störungen des Arbeitsgedächtnisses, diskrete motorische und sensorische Störungen sowie eine veränderte Aktivierung im sensomotorischen Kortex. Eine durchgehende „typologische" Trennung zwischen den einzelnen Subsyndromen ist anhand der beschriebenen neuropsychologischen Defizite und funktionellen cerebralen Störungen jedoch kaum möglich. Die Subsyndrome sind demnach weniger als Subtypen schizophrener Psychosen denn als psychopathologische Dimensionen anzusehen, die sich in der individuellen Symptomatik überschneiden.

Einleitung

Schizophrene Psychosen sind heterogene Erkrankungen, die sich klinisch in einer vielgestaltigen Symptomatik und unterschiedlichen Verläufen äußern. Diese Position ist auf E. Bleuler zurückzuverfolgen, der 1911 feststellte: *„So fassen wir unter dem Namen Dementia praecox oder Schizophrenie eine ganze Gruppe von Krankheiten zusammen, die sich scharf von vielen anderen Formen des Kraepelin'schen Systems unterscheiden lassen; sie haben viele gemeinsame Symptome und eine gemeinsame Richtungsprognose, ihre Zustandsbilder aber können äußerst verschieden sein."* Diese Feststellung E.

Bleulers hat auch heute nicht an Aktualität verloren. Vielmehr stellt die Heterogenität der Erkrankung gerade die biologisch orientierte Forschung vor die Aufgabe, Subgruppen von Patienten zu identifizieren, die hinsichtlich wichtiger klinischer Merkmale tatsächlich vergleichbar sind.

Exemplarisch haben Buchsbaum und Rieder (1979) die Bedeutung der klinischen Heterogenität schizophrener Psychosen für die biologische Forschung untersucht. In einem Simulationsexperiment wurde der Nachweis einer fiktiven Veränderung („Enzym-M-Defizit" bei schizophrenen Psychosen) in Abhängigkeit von der Größe der Untersuchungsgruppe und der Häufigkeit des hypothetischen Merkmales analysiert: Liegt ein Merkmal bei 20% der Patienten vor, würde erst in Stichproben von mehr als 200 Patienten mit 95%iger Wahrscheinlichkeit tatsächlich der fiktive Befund nachweisbar sein! Schon der Nachweis einer bei 50% der Patienten auftretenden Störung würde eine Stichprobengröße von 40 Patienten erfordern, erst Veränderungen, die bei 70 bis 80% der Patienten vorliegen, könnten mit klinisch „gängigen" Stichprobengrößen von etwa 20 Patienten sicher nachgewiesen werden. Mit Buchsbaum und Rieder (1979) wird deshalb der einfache Vergleich biologischer Parameter zwischen schizophren Erkrankten und gesunden Probanden kaum der Heterogenität schizophrener Psychosen gerecht. Selbst mit großen Untersuchungsgruppen oder einer verbesserten Meßmethodik sei dem Problem der Heterogenität nur bedingt zu begegnen. Vielmehr seien neue methodische Ansätze – etwa die Bildung klinischer Subgruppen – erforderlich.

Psychopathologische Studien (Übersicht in Tabelle 1) unterscheiden drei Subsyndrome der chronischen Schizophrenie: Das wahnhafte Subsyndrom mit ausgeprägter wahnhafter und halluzinatorischer Symptomatik, das asthenische mit prononcierter Negativsymptomatik und das desorganisierte Subsyndrom mit persistierenden formalen Denkstörungen und Antriebssteigerung. Im folgenden werden zunächst die einschlägigen psychopathologischen Studien referiert, im 2. Teil werden dann die Subsyndrome im Hinblick auf neuropsychologische Defizite und cerebrale Veränderungen diskutiert.

Psychopathologie der Subsyndrome

In Tabelle 1 ist eine Auswahl einschlägiger psychopathologischer Studien zusammengefasst, in denen die psychopathologische Symptomatik schizophrener Psychosen auf mögliche Subdimensionen oder Subsyndrome untersucht wurde. Hierzu wurden multivariate statistische Verfahren, meist Faktorenanalysen, herangezogen.

Die Stichproben umfaßten zwischen 30 und 630 Patienten. Die Diagnose erfolgte zumeist nach dem DSM-III (APA, 1980) bzw. DSM-III-R (APA, 1987); teilweise wurden auch ICD-9- oder RDC-Kriterien (Endicott und Spitzer 1978) angewandt. Zur standardisierten Untersuchung der psychopathologischen Symptomatik wurden die „Scale for the Assessment of Negative Symptoms" (SANS/Andreasen 1983a) und die „Scale for the Assessment of Positive Symptoms" (SAPS/Andreasen 1984) eingesetzt,

Tabelle 1. Ergebnisse faktoranalytischer Studien. Übereinstimmend identifizierten alle Studien drei Subsyndrome der chronischen Schizophrenie; weitere Faktoren wurden lediglich in einem Teil der Untersuchungen nachgewiesen (nach Schröder, 1998a)

Studie	Patienten N/Diag.	Unter.-instrumente	Rotation	Abbruch-Kriterien	Anzahl Faktoren
Arndt et al., 1991	207/DSM	SANS/SAPS	keine Angabe	Eigenwert	3
Aubin et al., 1991	104/DSM	SANS	keine Angabe	keine Angabe	3
Bilder et al., 1985	32/RDC	SANS/SADS	VARIMAX	Eigenwert	3
Brown und White, 1992	139/DSM	SANS, Mancester	VARIMAX	Eigenwert	3
Cuesta und Peralta, 1995	100/DSM	PANSS	konfirmatorische Faktorenanalyse		3 oder 4
Gur et al., 1991	47/DSM	SANS/SAPS	keine Angabe	keine Angabe	3
Kay und Sevy, 1990	240/DSM	PANSS	equimax	Eigenwert	4
Klimidis et al., 1993	Metaanalyse	SANS/SAPS	multidimensionale Skalierung	–	3
Kulhara et al., 1986	98/ICD9	SANS/SAPS	VARIMAX	Eigenwert	3
Kulhara et al., 1990	79/ICD9	SANS/SAPS	VARIMAX	Eigenwert	3
Liddle, 1987a	40/DSM	1. CASH 2. PSE	oblique oblique	keine Angabe	3
Liddle und Barnes, 1990	57/DSM	SANS, Mancester	oblique	keine Angabe	3
Liddle et al., 1992	30 DSM	CASH	VARIMAX	keine Angabe	3
Lindenmayer et al., 1995	240/DSM	PANSS	equimax	Screetest	5
Malla et al., 1993	155/DSM	SANS/SAPS	oblique	Screetest	3
Mundt, 1989	257/RDC	InSka	Orderanalyse	–	3
Peralta et al., 1992	115/DSM	SANS/SAPS	VARIMAX	Eigenwert	4
Peralta und Cuesta, 1994	115/DSM	PANSS	konfirmatorische Faktorenanalyse		3 oder 4
Peralta et al., 1994	253/DSM	PANSS	konfirmatorische Faktorenanalyse		3 oder 4
Phillips et al., 1991	466/DSM	SANS/SAPS	VARIMAX	Eigenwert	3
Schröder et al., 1992a	50/DSM	BPRS	VARIMAX	Eigenwert	4
Schröder, 1998a	50/DSM	BPRS	VARIMAX	Eigenwert	4

Legende: BPRS=brief psychiatric rating scale (Overal und Gorham, 1962), CASH= comprehensive assessment of symptoms and history (Andreasen, 1983), DSM=DSM-III; Mancester=Mancester scale (Krawiecka et al., 1997); PANSS=positive and negative symptoms scale; PSE=present state examination (Wing et al., 1974); RDC=research diagnostic criteria; SADS=schedule of affective disorders and schizophrenia (Endicott und Spitzer, 1978); SANS=scale for the assessment of negative symptoms; SAPS=scale for assessment of positive symptoms; InSka=Intentionalitätsskala

daneben kamen auch andere gebräuchliche psychometrische Instrumente, wie die „Brief Psychiatric Rating Scale" (BPRS/Overall und Gorham 1962) zur Anwendung.

Ungeachtet einer divergierenden Nomenklatur erbrachten die zitierten Studien regelmäßig eine Unterscheidung zwischen drei Subsyndromen mit wahnhafter, asthenischer und desorganisierter Symptomatik. Unterschiede zwischen den Studien betreffen vor allem die Anzahl der identifizierten Faktoren: Unterscheidet die Mehrzahl der Autoren (Arndt et al. 1991, Aubin et al. 1991, Bilder et al. 1985, Brown und White 1992, Kulhara et al. 1986, Liddle 1987a, Liddle et al. 1992, Mundt et al. 1989) drei Faktoren, nennen Cuesta und Peralta (1995), Peralta et al. (1992), Lindenmayer et al. (1995) und Schröder et al. (1992a) neben den drei Subsyndromen zusätzlich die Faktoren „bizarres Verhalten", „Erregung" bzw. „Depression". Für diese divergierenden Ergebnisse sind zwei mögliche Ursachen zu diskutieren:

Erstens methodische Fragen, vor allem die „doppelte Stichprobenabhängigkeit" (Geider et al. 1982) der Faktorenanalyse. Sowohl die Zusammensetzung der Patientenstichprobe, als auch die eingesetzten psychometrischen Instrumente beeinflussen die Ergebnisse der Analyse: Untersuchte die eigene Arbeitsgruppe (Schröder et al. 1992a und 1995) sowohl Patienten mit remittierenden als auch chronischen Verläufen, beschränkten sich andere Untersuchungen (Liddle 1987a, Liddle et al. 1992, Lindenmayer et al. 1995) auf chronisch schizophren Erkrankte; wurde hier (Schröder et al. 1992a und 1995) die Symptomatik auf der BPRS erfaßt, kamen in der Mehrzahl der Studien SANS, SAPS oder die „Positive and Negative Symptoms Scale" (PANSS/Kay et al. 1987) zur Anwendung. Weitere methodische Unterschiede zwischen den Studien betreffen die diagnostischen Kriterien und statistische Verfahren (Rotationstechniken und Abbruchkriterien). Dennoch bleiben Unterschiede zwischen den Studien weitgehend auf die Frage beschränkt, ob Antriebssteigerung, Erregung, bizarres Ausdrucksverhalten oder Hinweise auf Aufmerksamkeitsstörungen anderen Faktoren untergeordnet sind oder eigene Faktoren konstituieren.

Damit können die drei Subsyndrome trotz unterschiedlicher diagnostischer Kriterien, psychopathologischer Instrumente und statistischer Verfahren in verschiedenen Patientengruppen reproduziert werden. Oder, umgekehrt formuliert: Während sich die schizophrene Kernsymptomatik regelmäßig in die beschriebenen Subsyndrome kristallisiert, verhält sich die schizophrene Ausdrucks- und Begleitsymptomatik variabel und erscheint wechselnd auf eigenen oder gemeinsam mit den schizophrenen Kernsymptomen auf anderen Faktoren.

Die Stabilität der Subsyndrome wird durch Verlaufsuntersuchungen bestätigt, die von Kulhara et al. (1990), Arndt et al. (1995) und Phillips et al. (1991) vorgelegt wurden. Faktorenanalytisch konnten die Arbeitsgruppen die drei Subsyndrome im Katamnesezeitraum von bis zu 30 Monaten konsistent identifizieren. Arndt et al. (1995) analysierten die Veränderung der psychopathologischen Symptomatik bei 39 schizophren

Erkrankten, die über zwei Jahre in sechsmonatigen Abständen untersucht wurden. Die methodisch aufwendige Studie weist Befundänderungen entlang der drei Subsyndrome nach und bestätigt damit deren Unabhängigkeit. Vergleichbare Ergebnisse wurden von Gupta et al. (1997) mitgeteilt. Diese Ergebnisse stützen die zeitliche Stabilität der drei Subsyndrome. Dennoch interpretiert die Mehrzahl der Autoren die Subsyndrome nicht als unabhängige Subtypen schizophrener Psychosen. Aus den signifikanten Korrelationen zwischen den Subsyndromen leitet Liddle (1987a) ab, daß sie psychopathologische Dimensionen konstituieren, die beim einzelnen Patienten nebeneinander bestehen können. Arndt et al. (1995), Kay (1990), Kay und Sevy (1990), Lindenmayer et al. (1995a) und Schröder et al. (1992a) schreiben diese Definition fort, indem sie von unabhängigen, aber koexistenten psychopathologischen Dimensionen sprechen, an deren Extrempolen die Prägnanztypen schizophrener Psychosen der klassischen Psychopathologie stünden. Die Subsyndrome der chronischen Schizophrenie sind deshalb weniger als einzelne, scharf umgrenzte Subtypen der Erkrankung denn als psychopathologische Dimensionen, die sich im individuellen Patienten überschneiden können, aufzufassen.

Neuropsychologische und Neuroimaging-Studien

In weiteren Studien wurden die Subsyndrome im Hinblick auf neuropsychologische Defizite sowie cerebrale Veränderungen untersucht. Diese Studien sind nicht nur für das Verständnis der Subsyndrome, sondern auch das der psychopathologischen Charakteristika schizophrener Psychosen überhaupt wichtig.

In der Mehrzahl der Studien wurden hierzu Korrelationskoeffizienten zwischen den psychopathologischen Subsyndromen, neuropsychologischen Defiziten bzw. cerebralen Veränderungen berechnet. Psychopathologische Symptome sind jedoch bei gesunden Probanden weder definiert noch meßbar, die so erhaltenen Befunde konnten deshalb nicht unmittelbar mit denen einer gesunden Kontrollgruppe verglichen werden. Dies ist deshalb von entscheidender Bedeutung, da aus Korrelationen allein die Richtung eines Zusammenhanges nicht sicher abgeleitet werden kann. Von der eigenen Arbeitsgruppe (Schröder et al. 1992a, 1996a und 1996b) wurde dagegen zunächst die Patientengruppe anhand der Subsyndrome in korrespondierende Subgruppen mit wahnhafter, asthenischer, desorganisierter bzw. remittierter Symptomatik eingeteilt. Diese Subgruppen wurden dann sowohl miteinander als auch gegenüber einer gesunden Kontrollgruppe verglichen („sequentielle Datenanalyse"; Übersicht bei Geider 1995).

Neuropsychologische Studien

Kognitive Defizite und „Frontalhirnleistungen"

Liddle (1987b) untersuchte die möglichen Zusammenhänge zwischen kognitiven Defiziten und Subsyndromen bei 47 chronisch schizophren Erkrankten. Die Testbatterie umfasste Untersuchungen zur Aufmerksamkeit, zur Konzeptbildung, zum Langzeitgedächtnis, zum Gesichtererkennen und zum logischen Urteilsvermögen. Signifikante Korrelationen bestanden zwischen dem asthenischen Subsyndrom, Störungen des Langzeitgedächtnisses, Wortfindungsstörungen sowie Einschränkungen des logischen Urteilsvermögens. Für das desorganisierte Subsyndrom wurden Korrelationen mit Aufmerksamkeitsdefiziten nachgewiesen, dagegen ging das wahnhafte Subsyndrom keine statistisch bedeutsamen Zusammenhänge mit den erfaßten neuropsychologischen Leistungen ein.

In einer Folgestudie untersuchten Liddle und Morris (1991) die möglichen Zusammenhänge zwischen Subsyndromen und „frontalen" neuropsychologischen Defiziten bei 43 chronisch schizophren Erkrankten. Signifikante Korrelationen bestanden zwischen dem asthenischen Subsyndrom, einer herabgesetzten Wortflüssigkeit sowie reduzierten Leistungen in Farb-/Wortinterferenzaufgaben. Auch das desorganisierte Subsyndrom korrelierte mit Defiziten in Farb-, Wortinterferenzaufgaben. Darüber hinaus war das desorganisierte Subsyndrom signifikant mit Defiziten im Wisconsin Card Sorting Test (Milner 1963) korreliert. Wiederum waren für das wahnhafte Subsyndrom keine korrelativen Zusammenhänge zu den neuropsychologischen Defiziten nachweisbar. Vergleichbare Befunde wurden von Norman et al. (1997) in einer Untersuchung von 87 chronisch schizophren Erkrankten mitgeteilt. Darüber hinaus beschreibt diese Studie auch einen Zusammenhang zwischen dem wahnhaften Subsyndrom und Gedächtnisdefiziten, die Veränderungen im Bereich der Temporallappen erwarten lassen.

Mnestische Defizite

Die eigene Arbeitsgruppe (Schröder et al. 1996b) untersuchte die Subsyndrome im Hinblick auf Defizite des deklarativen, prozeduralen und des Arbeitsgedächtnisses. 50 schizophren Erkrankte und 12 gesunde Probanden wurden eingeschlossen.

Die Ergebnisse der Studie sind in Abb. 1 zusammengefaßt. Die chronisch wahnhaften Patienten zeigten die geringste Leistung im Syndrom-Kurztest (Erzigkeit 1986) „mittelbares Wiedererkennen". Dieser Befund erreichte gegenüber allen anderen Untersuchungsgruppen Signifikanzniveau und verweist auf eine Beeinträchtigung der Merkfähigkeit im Langzeitbereich. Die asthenischen Patienten waren im Vergleich zu den gesunden Probanden und den Patienten mit remittierenden Verläufen durch eine signifikant herabgesetzte Leistung im Tower of Toronto Test

(Saint-Cyr et al. 1988) charakterisiert, wobei die Werte der chronisch wahnhaften Patienten denen des asthenischen Patientenclusters am nächsten
kamen. Dieser Befund entspricht den Ergebnissen von Goldberg et al.
(1993), die Negativsymptome mit Einschränkungen des prozeduralen

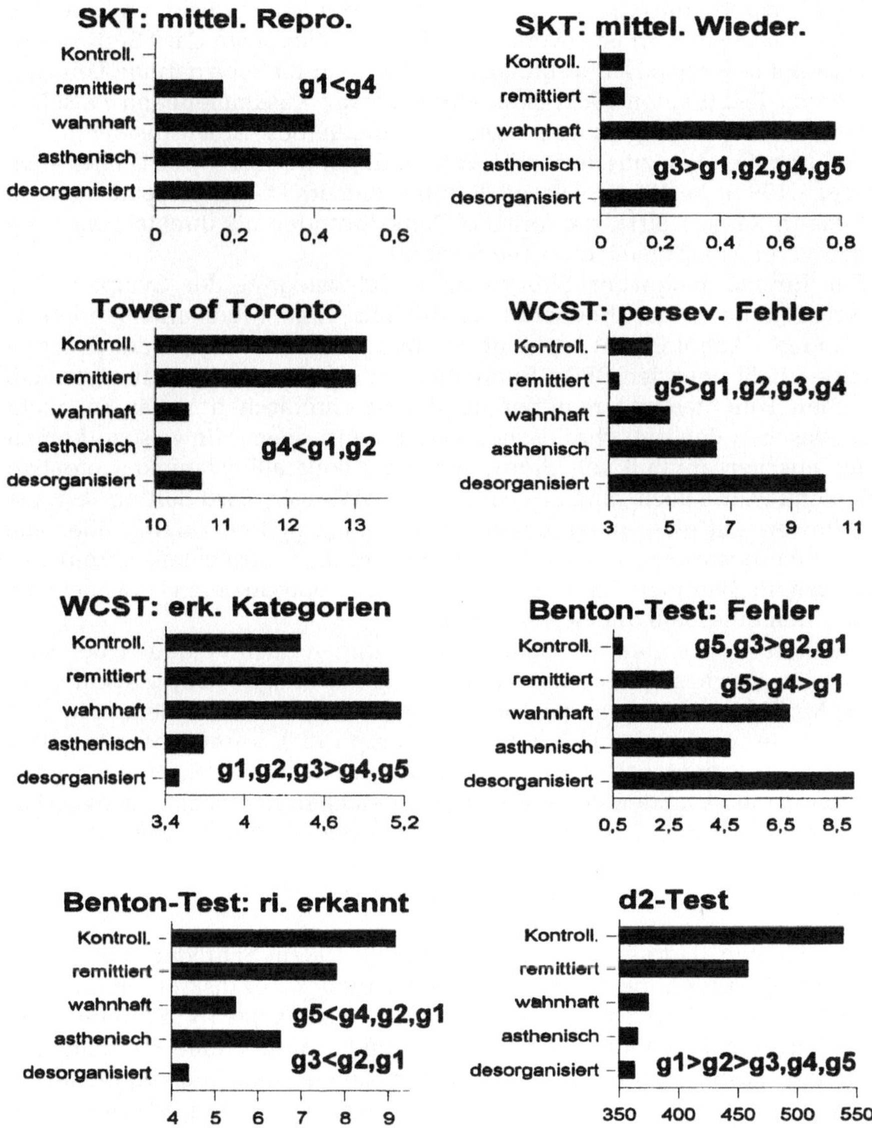

Abb. 1. Gedächtnis- und Aufmerksamkeitsleistungen bei gesunden Probanden und
Patienten mit remittierenden Verläufen chronisch wahnhafter, chronisch asthenischer bzw.
chronisch desorganisierter Symptomatik mit den Ergebnissen eines Ducan-Tests auf dem
5%-Niveau (gesunde Probanden = g1, remittert = g2, wahnhaft = g3, asthenisch = g4,
desorganisiert = g5)(nach: Schröder et al. 1996b)

Gedächtnisses korreliert fanden. Wie auch in der Studie von Liddle (1987b) zeigten die asthenischen Patienten eine gestörte Reproduktion zuvor visuell dargebotener Gegenstände (Syndrom-Kurztest „mittelbares Reproduzieren") und wiesen mit den desorganisierten Patienten die geringste Zahl „erkannter Kategorien" im Wisconsin Card Sorting Test auf.

Vor allen anderen Patientengruppen waren die desorganisierten Patienten durch die höchste Zahl perseverativer Fehler im Wisconsin Card Sorting Test sowie – mit den chronisch wahnhaft Patienten – durch eine geringe Leistung im Benton-Test (Benton 1981) charakterisiert. Ein Zusammenhang zwischen desorganisierter Symptomatik und Störungen des Arbeitsgedächtnisses wird durch die oben zitierte Studie von Liddle und Morris (1991) aber auch Spitzer (1993) bestätigt. Dieser Befund entspricht der Hypothese von Goldmann-Rakic (1991), die formale Denkstörungen als direkte Folge von Defiziten im Arbeitsgedächtnis interpretiert.

Ein Einfluß möglicher Störgrößen – Schweregrad der Symptomatik, Einschränkungen der Kooperationsfähigkeit oder Medikamentennebenwirkungen – konnte nicht bestätigt werden. Der Schweregrad der Symptomatik – erfaßt über den BPRS-Summenscore – differierte erwartungsgemäß zwischen Patienten mit remittierenden und chronischen Verläufen, nicht aber zwischen den drei chronischen Patientengruppen. Hinweise auf einen systematischen Einfluß von Störungen der Kooperationsfähigkeit ergaben sich nicht, waren doch „unklare Fehler" im Wisconsin Card Sorting Test, die als Hinweis auf eine ungenügende Kooperation gelten, zufällig über alle Untersuchungsgruppen verteilt. Darüber hinaus erreichten chronische Patienten im Syndrom-Kurztest „unmittelbares Reproduzieren" die höchsten Leistungen innerhalb der Gesamtgruppe.

Andererseits könnten die Gedächtnisstörungen auch Folge der bei schizophrenen Psychosen häufigen Aufmerksamkeitsdefizite sein (Saykin et al. 1991, McGhie und Chapmann 1962). Aufmerksamkeitsstörungen, d. h. eine verminderte Leistung im d2-Test (Brickenkamp 1981), waren jedoch bei allen chronischen Patientenclustern gegenüber den Patienten mit remittierenden Verläufen und gesunden Probanden in vergleichbarem Ausmaß nachweisbar und deshalb zur Erklärung der Gruppenunterschiede kaum geeignet.

Neurologische soft signs (NSS)

In vier Studien (Hornstein et al. 1998, Liddle 1987b, Schröder et al. 1992a und 1996b) wurden die Subsyndrome im Hinblick auf diskrete motorische und sensorische Störungen oder neurologische soft signs (NSS) untersucht. Hornstein et al. (1998) und Liddle (1987b) fanden signifikante Korrelationen zwischen NSS und dem asthenischen sowie dem desorganisierten Subsyndrom. Auch eigene Untersuchungen erbrachten vergleichbare Befunde (Schröder et al. 1992a und 1996b). Diese Ergebnisse entsprechen den hohen Korrelationen zwischen formalen Denkstörungen, Negativsymptomen und NSS, wie sie weithin in der Literatur (Übersicht in: Jahn 1999) angegeben werden. Dennoch sind spezifische Zusammenhänge zwischen dem asthenischen bzw. desorganisierten Subsyndrom und den NSS zu

Medialer Frontallappen/ant. Cingulum: desorganisiertes Subsyn.
Liddle et al., 1992

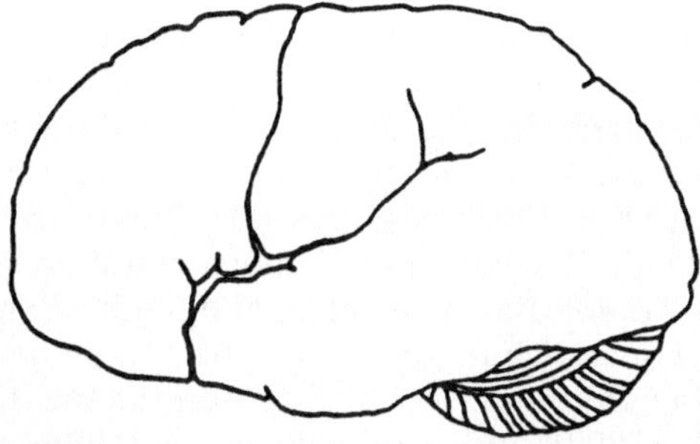

Frontaler Kortex: asthenisches Subsyn.
Liddle et al., 1992
Ebmaier et al., 1993
Kaplan et al., 1993
Kawasaki et al., 1996

Temporaler Kortex: desorganisiertes Subsyn.
Ebmaier et al., 1993
Kaplan et al., 1993

Orbitofrontaler Kortex: wahnhaftes Subsyn.
Kawasaki et al., 1996

Basalganglien: asthenisches Subsyn.
Liddle et al.,1992

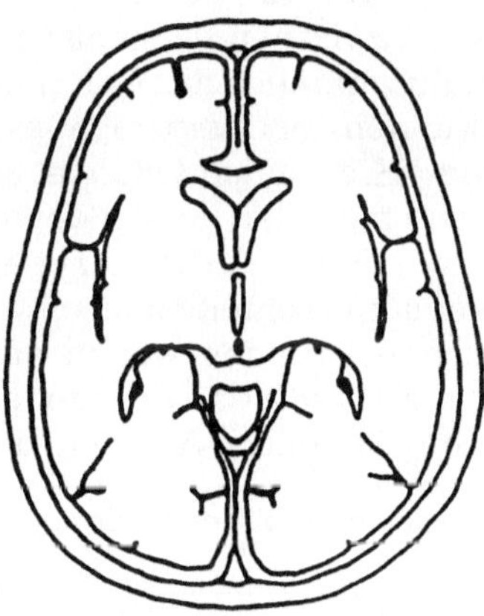

Basalganglien: asthenisches Subsyn.
Liddle et al., 1992

Li. Temporallappen: wahnhaftes Subsyn.
Liddle et al., 1992
Ebmaier et al., 1993
Kaplan et al., 1993

Abb. 2. Subsyndrome und regionale Hirnaktivität. Schematische Darstellung bisher vorliegender Studien

verneinen, da erhöhte NSS-Scores – in absteigender Reihenfolge – auch bei Patienten mit chronisch wahnhafter bzw. Patienten mit remittierter Symptomatik in Vergleich zu gesunden Probanden bestehen (Schröder 1998a).

Studien mit funktionellen bildgebenden Verfahren

Bisher wurde der Zusammenhang zwischen den Subsyndromen der chronischen Schizophrenie und funktionellen cerebralen Veränderungen in fünf Studien untersucht (Tabelle 2). Eine erste Untersuchung wurde von Liddle und Mitarbeitern 1992 vorgelegt. Die Arbeitsgruppe untersuchte 30 chronisch schizophren Erkrankte mit der Positronen-Emissions-Tomographie (PET) und ^{15}O als Tracer. Weitere Untersuchungen von Ebmaier et al. (1993), Kaplan et al. (1993), Kawasaki et al. (1996) und Schröder et al. (1996a) folgten. In den Untersuchungen wurde die regionale Hirndurchblutung bzw. der regionale Glukoseumsatz als Maß für die cerebrale Aktivität gemessen. Liddle et al. (1992) und Kawasaki et al. (1996) untersuchten medizierte Patienten, während in den übrigen Untersuchungen unbehandelte Patienten eingeschlossen wurden. Die untersuchten Stichproben umfaßten zwischen 20 und 79 Patienten, zusätzlich wurden bis zu 47 gesunde Probanden eingeschlossen. Die Studien von Liddle et al. (1992), Ebmaier et al. (1993), Kaplan et al. (1993) und Kawasaki et al. (1996) sind aus methodischer Sicht unmittelbar vergleichbar. In diesen Studien wurden die Patienten unter Ruhebedingungen untersucht und zur Auswertung Korrelationen zwischen psychopathologischer Symptomatik und regionaler Hirnaktivierung berechnet.

Die Ergebnisse dieser vier Studien sind in Abb. 2 skizziert: Für das asthenische Subsyndrom beschreiben alle Autoren übereinstimmend einen Zusammenhang mit Veränderungen im frontalen Kortex. Ferner geben Liddle et al. (1992) umgekehrte Korrelationen zwischen asthenischer Symptomatik und der Aktivität im Nucleus caudatus an. Auch das wahnhafte Subsyndrom wird recht einheitlich auf Störungen im Temporallappen bezogen. Anders das desorganisierte Subsyndrom: Hier finden Liddle et al. (1992) Korrelationen mit einer erhöhten Aktivität im medialen Frontallappen und anterioren Cingulum, während Ebmaier et al. (1993) und Kaplan et al. (1993) inverse Korrelationen zur temporalen Aktivität beschreiben.

Aus den bereits oben diskutierten methodischen Gründen war in den zitierten Studien ein direkter Vergleich der Ergebnisse mit einer gesunden Kontrollgruppe nicht möglich. Zudem wurde die kognitive Aktivität der

Tabelle 2. Subsyndrome und regionale Hirnaktivität. Methodik bisher vorliegender Untersuchungen

Studie	Methode	Untersuchungsgruppe	Status
Ebmaier et al. 1993	SPECT	20 Pat./20 ges. Prob.	neuroleptikafrei
Kaplan et al. 1993	FDG-PET	20 Pat.	neuroleptikafrei
Kawasaki et al. 1996	SPECT	38 Pat.	neuroleptisch behandelt
Liddle et al. 1992	^{15}O-PET	30 Pat.	neuroleptisch behandelt
Schröder et al. 1996a	FDG-PET	79 Pat./47 ges. Prob.	neuroleptikafrei

Legende: SPECT = Single-Photon-Emission-Computed-Tomographie;
FDG = Fluordesoxyglukose;
PET = Positronenemissionstomographie

Patienten unter der Untersuchung nicht durch eine einheitliche neuropsychologische Aufgabe kontrolliert.

An der eigenen PET-Studie mit 18 Fluordesoxyglucose als Tracer nahmen 79 neuroleptikafreie schizophren Erkrankte und 47 gesunde Probanden teil (Schröder et al. 1996a). Zur Kontrolle der kognitiven Aktivität wurde eine Aufmerksamkeitsaufgabe, der Continous-performance-Test (Nuechterlein et al. 1983) eingesetzt. Für den Einsatz des Continous-performance-Tests sprachen zwei Gründe: Erstens, eine Leistungsminderung in diesem Testverfahren wird sowohl bei schizophren Erkrankten als auch ihren gesunden Angehörigen beobachtet (Cornblatt et al. 1988 und 1989); und zweitens, Aufmerksamkeitsdefizite sind – wie bereits oben diskutiert – relativ einheitlich bei allen drei Subsyndromen nachweisbar (Schröder et al. 1996b). Zur Auswertung der Ergebnisse wurde eine sequentielle Datenanalyse gerechnet.

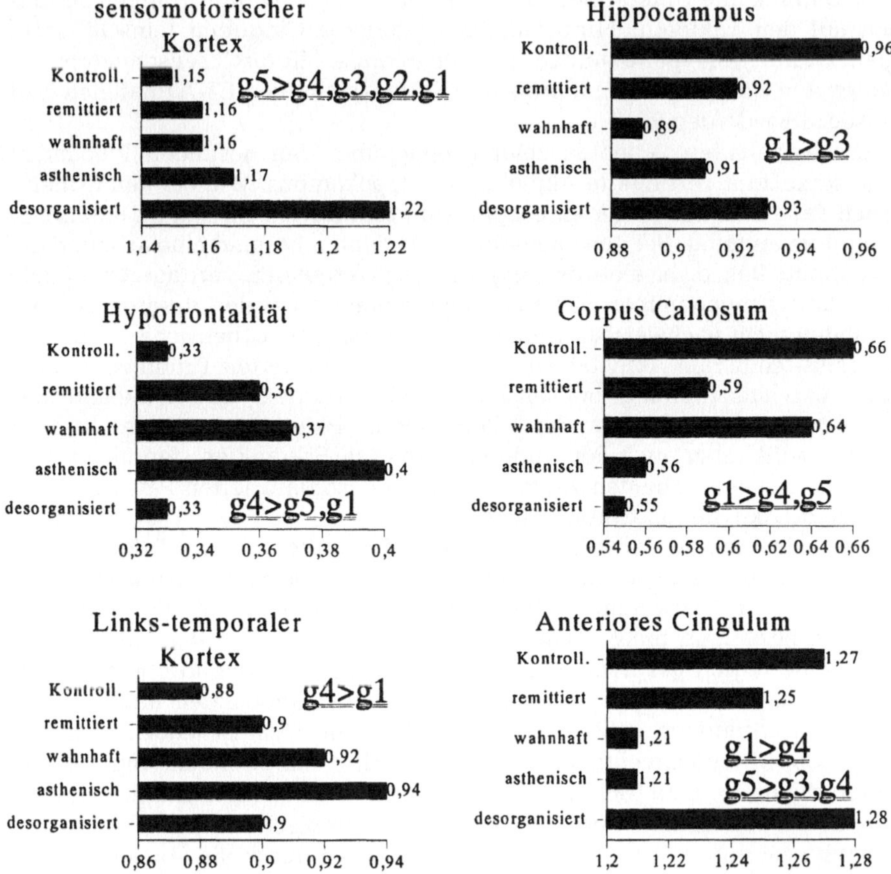

Abb. 3. Regionale Hirnaktivität im Vergleich zwischen gesunden Probanden und schizophren Erkrankten mit den Ergebnissen eines Duncan-Tests auf dem 5%-Niveau (gesunde Probanden = g1, remittiert = g2, wahnhaft = g3, asthenisch = g4, desorganisiert = g5) (nach: Schröder et al. 1996a)

Zur Auswertung wurde die cerebrale Aktivität in 16 kortikalen und 27 sub-kortikalen „regions of interest" bestimmt. Für die weitere Analyse war es not-wendig, einzelne regions of interest zusammenzufassen, um die Zahl der Variablen zu begrenzen. Hierzu boten sich zwei Alternativen: regions of inte-rest können anhand a priori gefaßter Hypothesen zusammengefaßt werden. Dieses Vorgehen läßt jedoch mögliche, aber noch unbekannte funktionelle Verbindungen unberücksichtigt. Nach Horwitz et al. (1987) können funktio-nelle Verbindungen zwischen einzelnen Hirnarealen durch ihre Inter-korrelationen ausgedrückt werden. In der eigenen Studie wurde deshalb die kortikale und die subkortikale Aktivität faktorenanalytisch auf ihre Interkorrelationsmuster untersucht (Schröder et al. 1994). Anhand der so iden-tifizierten Faktoren wurden in einem zweiten Schritt die Subgruppen ver-glichen.

Insgesamt wurden sechs kortikale und acht subkortikale Faktoren identifi-ziert. Signifikante Unterschiede zwischen den Untersuchungsgruppen bestan-den auf den Faktoren: Hippokampus, anteriores Cingulum (einschl. med. front. Kortex), Hypofrontalität, links-temporaler Kortex, sensomotorischer Kortex und Corpus Callosum (Abb. 3). Drei beispielhafte PET-Aufnahmen sind in Abb. 4 wiedergegeben.

Die wahnhaften Patienten zeigten gegenüber den gesunden Probanden eine signifikant verringerte Aktivität im Hippokampus. Wie bei den astheni-schen Patienten war ferner eine signifikant reduzierte Aktivität im anterioren Cingulum auffällig. Bei den asthenischen Patienten bestand eine ausgeprägte Hypofrontalität, d. h. eine im Vergleich zur okzipitalen verringerte frontale Aktivität. Demgegenüber war eine Hypofrontalität bei den desorganisierten Patienten nicht nachweisbar. Gleichzeitig war bei den asthenischen Patienten die links-temporale Aktivität erhöht. Die desorganisierten Patienten zeigten eine Aktivitätserhöhung im sensomotorischen Kortex. Dieser Befund war sowohl gegenüber gesunden Probanden, Patienten mit remittierter Symptomatik, aber auch den anderen chronisch Erkrankten signifikant. Wie die asthenischen Patienten zeigten auch die desorganisierten Patienten eine reduzierte Aktivität im Corpus callosum.

Der Schweregrad der Erkrankung, das Lebensalter und die Erkrankungs-dauer sind als mögliche Störfaktoren zu nennen: Signifikante Korrelationen zwischen dem Schweregrad der Symptomatik und einem der Aktivitäts-faktoren bestanden nicht. Zudem ließe eine Abhängigkeit der Hirnaktivität vom Schweregrad der Symptomatik erwarten, daß das remittierte Patienten-cluster eine feste Position zwischen den gesunden Probanden und den drei chronisch erkrankten Patientenclustern einnimmt. Dies ist jedoch nicht der Fall (Abb. 3). Entsprechendes ist auf das Alter anzuwenden. Signifikante Unterschiede im Durchschnittsalter zwischen den Patientengruppen bestan-den nicht. Allerdings waren Patienten mit chronisch asthenischer Symp-tomatik gegenüber den übrigen Patientengruppen durch die längste Erkran-kungsdauer und das niedrigste Ersterkrankungsalter ausgewiesen. Ferner war die Erkrankungsdauer mit den Faktoren „Thalamus" und „Hypofrontalität" signifikant korreliert.

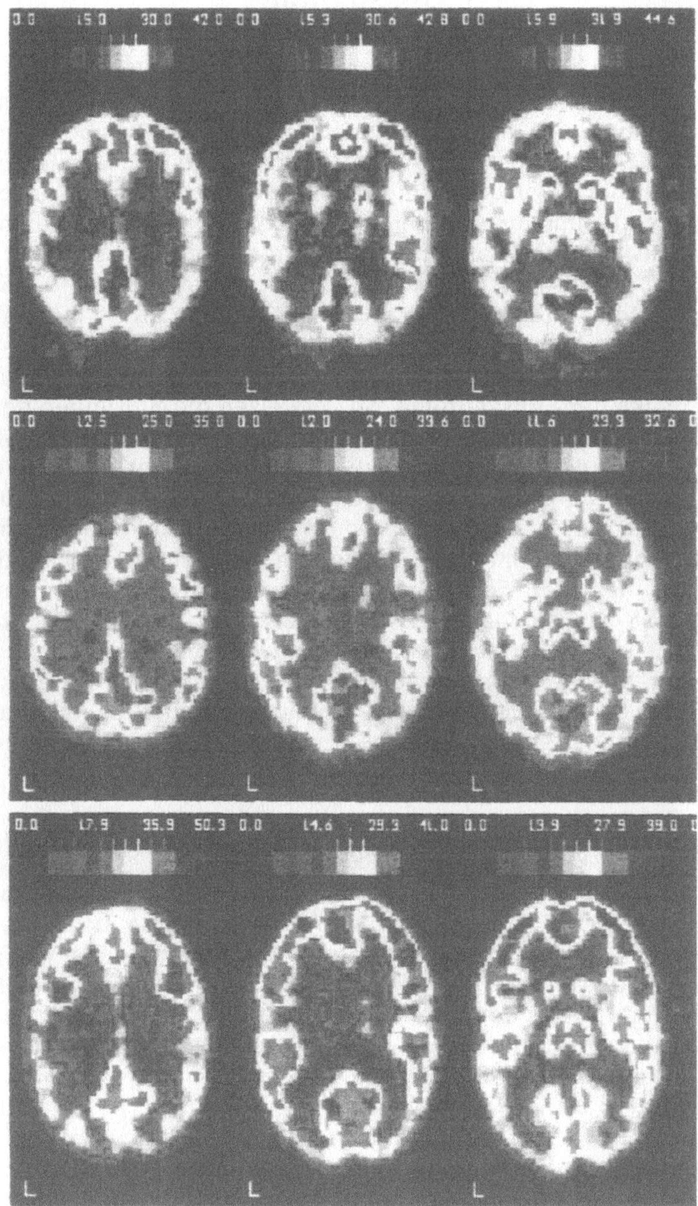

Abb. 4. Charakteristische PET-Befunde. Die Bildserien geben jeweils typische Aufnahmen eines Patienten mit chronisch wahnhafter, chronisch asthenischer bzw. chronisch desorganisierter Symptomatik wieder. Bei chronisch wahnhafter (obere Reihe) wie bei chronisch asthenischer (mittler Reihe) Symptomatik besteht eine ausgeprägte Hypofrontalität mit im Vergleich zur okzipitalen verminderter frontaler Glukoseaufnahme. Diese Hypofrontalität besteht bei chronisch desorganisierter Symptomatik (untere Reihe) nicht (nach: Schröder 1998a)

Diskussion

Die diskutierten Studien bestätigen die Unterscheidung von drei Subsyndromen der chronischen Schizophrenie. Das wahnhafte Subsyndrom geht mit Störungen im medialen Temporallappen einher und hat mit dem asthenischen Subsyndrom eine Aktivitätsminderung im medialen frontalen Kortex gemeinsam. Bei den asthenischen Patienten bestand eine ausgeprägte Hypofrontalität neben einer erhöhten Aktivität im temporalen Kortex. Im desorganisierten Subsyndrom imponierte eine erhöhte Aktivität im sensomotorischen Kortex. Zudem zeigten sich beim desorganisierten wie beim asthenischen Subsyndrom gleichermaßen Störungen im Corpus callosum.

Vergleichbare Befunde wurden nicht nur in den zitierten PET-Studien beschrieben, sondern korrespondieren auch mit den neuropsychologischen Charakteristika der Subsyndrome. So verweisen die Störungen des deklarativen Gedächtnisses beim wahnhaften Subsyndrom auf die oben beschriebenen Veränderungen im medialen Temporallappen. Beim asthenischen Subsyndrom bestanden ausgeprägte Störungen des prozeduralen Gedächtnisses, hier ist eine Verbindung zu den Veränderungen im medialen Frontallappen und anterioren Cingulum zu diskutieren (Schröder et al. 1996b). Das desorganisierte Subsyndrom war durch die am stärksten erhöhten NSS-Scores charakterisiert, tatsächlich bestand hier auch die ausgeprägteste Aktivitätssteigerung im sensomotorischen Kortex.

Diese Ergebnisse können sowohl im Sinne diskreter, für die jeweiligen Subsyndrome spezifischer Aktivierungsstörungen oder als Ausdruck eines insgesamt veränderten cerebralen Aktivierungsmusters interpretiert werden. Diese Frage wird im nächsten Abschnitt diskutiert.

Regionale Störungen oder verändertes Aktivitätsmuster?

Das wahnhafte Subsyndrom wird recht einheitlich auf Störungen im Temporallappen und seinen medialen Substrukturen bezogen. Dieser Befund wird durch eine Untersuchung mit der funktionellen MRT (fMRT) gestützt: David et al. (1996) untersuchten einen halluzinierenden Patienten im Verlauf mit der fMRT. Die Untersuchungen erfolgten jeweils unter akustischer Simulation. Die Arbeitsgruppe beschreibt eine Hypoaktivierung im auditiven Kortex und im Temporallappen im akut halluzinierenden Zustand. Dieser Befund war sowohl im neuroleptikafreien Zustand als auch unter neuroleptischer Medikation zu bestätigen. Dagegen war eine solche herabgesetzte Aktivierung nach Remission des halluzinatorischen Erlebens nicht mehr nachweisbar. Auch dieser Befund bestand sowohl im neuroleptikafreien Zustand als unter Medikation. Diese Ergebnisse korrespondieren mit der oben beschriebenen Assoziation zwischen wahnhaft-halluzinatorischer Symptomatik und Veränderungen im temporalen Kortex. Volumetrische Studien mit der Magnetresonanztomographie (Becker et al. 1990, Bogerts et al. 1990 und Shenton et al. 1992) erbrachten eine Volumenminderung hippokampaler Strukturen und des Temporallappens bei schizophren Erkrankten. Auch pathoanatomisch wurde eine Volumenminderung des Hippokampus bei schizophrenen Psychosen beschrieben (Falkai und Bogerts 1986). Gruppenstatistisch werden hippokampale Veränderungen bei der Mehrzahl der schizophren Erkrankten nachgewiesen, dies mag erklären, daß in der eigenen PET-Studie (Abb. 3) eine verminderte hippokampale Aktivität bis zu einem gewissen Grade auch bei Patienten mit chronisch asthenischer und desorganisierter Symptomatik wie bei Patienten mit remittierenden Verläufen bestand.

Alle zitierten Neuroimagingstudien fanden das asthenische Subsyndrom durch eine ausgeprägte Hypofrontalität charakterisiert. Dieser Befund gilt sowohl im Vergleich zu gesunden Probanden als auch zu Patienten mit desorganisierter Symptomatik. Hypofrontalität zählt zu den am häufigsten bestätigten Befunden mit funktionellen bildgebenden Verfahren und verweist auf eine gestörte Funktion des Frontallappens (Übersicht bei Schröder 1998a). Weitere Studien wiesen Hypofrontalität nicht nur bei schizophrenen Psychosen, sondern auch in depressiven Phasen affektiver Psychosen nach. Dieser Befund war sowohl bei medikamentenfreien (Buchsbaum et al. 1984) als auch medikamentös behandelten Patienten (Ebert et al. 1993, Schröder et al. 1989) replizierbar. Offenbar ist Hypofrontalität nicht spezifisch für schizophrene Psychosen überhaupt, sondern vor allem mit asthenischen und depressiven Symptomen wie Antriebsminderung oder psychomotorischer Verarmung vergesellschaftet. Diese Hypothese deckt sich mit den vorliegenden Ergebnissen und wird durch weitere Studien mit bildgebenden Verfahren gestützt: Wolkin et al. (1992) ermittelten die regionale Hirnaktivität bei 20 chronisch schizophren Erkrankten im Fluordesoxyglucose-PET unter Ruhebedingungen und fanden eine Abhängigkeit zwischen Negativsymptomatik und Aktivitätsminderung im präfrontalen Kortex. Lediglich Liddle et al. (1992) und Chua et al. (1997) fanden Lateralisationseffekte mit Korrelation zwischen Negativsymptomatik und Aktivitätsminderungen bzw. Hinweisen auf eine Verschmächtigung der Hirnrinde im Bereich des dorsolateralen präfrontalen Kortex, die nur für die linke Hemisphäre Signifikanzniveau erreichten, in den übrigen Studien galten die Ergebnisse für beide Hemisphären.

In der eigenen Studie (Schröder et al. 1996a) war das asthenische Subsyndrom ferner durch eine erhöhte Aktivität im Bereich des links-temporalen Kortex charakterisiert. Dieser Befund steht im Einklang mit Weinbergers Hypothese, nach der frontale Veränderungen das Ergebnis temporaler Störungen sind (Weinberger 1991, Weinberger et al. 1992).

Wie beim wahnhaften zeigte sich auch beim asthenischen Subsyndrom eine verringerte Aktivität im Bereich des anterioren Cingulum (Schröder et al. 1996a). Andreasen und Mitarbeiter (1992) verglichen die regionale Hirndurchblutung mit dem 133-Xenon-SPECT unter Ruhebedingungen mit der Hirndurchblutung unter Durchführung des Tower-of-London-Test bei 36 schizophren Erkrankten und 15 gesunden Probanden. Während die gesunden Probanden einen signifikanten Aktivitätsanstieg im Bereich des anterioren Cingulum zeigten, erschien die Aktivierung dieser Hirnregion bei den schizophren Erkrankten verringert. Für diesen Effekt war eine

Abhängigkeit von einer möglichen Negativsymptomatik nachweisbar.
Ein vergleichbares Ergebnis wird von Tamminga et al. (1992) angegeben,
die positronenemissionstomographisch den regionalen Glucosemeta-
bolismus im anterioren Cingulum unter partieller sensorischer Deprivation – sowohl bei Patienten mit Defizit, als auch mit einer stärker wahnhaft
betonten Symptomatik – verringert fanden. Das anteriore Cingulum und
der mediale frontale Gyrus können annähernd auch durch die Messung
der Weite des frontalen Interhemisphärenspaltes beurteilt werden.
Tatsächlich ergab eine computertomographische Studie (Schröder et al.
1992a) eine Erweiterung des frontalen Interhemisphärenspaltes sowohl
bei chronisch wahnhaften als auch chronisch asthenischen Patienten
gegenüber Patienten mit desorganisierter Symptomatik. Pathoanatomisch
könnten die Veränderungen im anterioren Cingulum mit Benes et al.
(1991) einer verringerten Anzahl kleiner GABAerger Neurone entsprechen. Zwei Jomazenil-SPECT-Studien (Busatto et al. 1997, Schröder et al.
1997) untersuchten die Verteilung der GABAA-Benzodiazepinerezeptoren
und die Diazepambindung bei 15 bzw. 20 Patienten mit schizophrenen
Psychosen. Beide Studien ergaben eine signifikante Korrelation zwischen
der Negativsymptomatik und einer verringerten Jomazenilaufnahme im
medialen frontalen Kortex bzw. eine verringerte Diazepambindung im
medialen frontalen Kortex bei Patienten mit chronischen gegenüber remittierenden Verläufen.

Für das desorganisierte Subsyndrom erscheint die Befundlage dagegen
uneinheitlicher: Finden Liddle et al. (1992) Korrelationen mit einer erhöhten Aktivität im medialen Frontallappen und anterioren Cingulum,
beschreiben Ebmaier et al. (1993) und Kaplan et al. (1993) bzw. Schröder
et al. (1996a) umgekehrte Korrelationen zur temporalen Aktivität oder eine
Aktivitätserhöhung im sensomotorischen Kortex. Ein anderes Bild ergeben
die neuropsychologischen Studien: Hier wird das desorganisierte
Subsyndrom vor allem durch Störungen des Arbeitsgedächtnisses und
erhöhte NSS-Scores charakterisiert. Ein Zusammenhang zwischen NSS
und Störungen der Aktivierung des sensomotorischen Kortex wird durch
mehrere PET und fMRT-Untersuchungen bestätigt (Günther et al. 1994,
Schröder et al. 1995 und 1999). Schwieriger erscheint die Interpretation
der Störungen des Arbeitsgedächtnisses, die in zahlreichen Studien der
Arbeitsgruppe um Weinberger (Weinberger et al. 1992) recht einheitlich
auf eine verringerte Aktivierung des dorsolateralen frontalen Kortex bezogen wird. Diese divergierenden Ergebnisse sind am ehesten auf methodische Unterschiede zwischen den Studien zu beziehen, die im nächsten
Abschnitt gesondert diskutiert werden.

Sowohl bei den desorganisierten als auch bei den asthenischen Patienten wird eine verminderte Aktivität im Corpus callosum gegenüber
gesunden Probanden mitgeteilt (Schröder et al. 1996a). Eine genaue
Interpretation dieses Befundes erscheint schwierig, mit Nasrallah (1985)
sollen Störungen im Corpus callosum mit Veränderungen des
Hemisphärenaustausches und damit Denk- oder Wahrnehmungsstörungen in Verbindung stehen. Günther et al. (1991) beschreiben eine

Verkleinerung des Corpus callosum bei Patienten mit prononcierter Negativsymptomatik. Dieser Befund wurde jüngst von Woodruff et al. (1997) bestätigt. Zusammenfassend zeigen die hier diskutierten Befunde, daß die Subsyndrome funktionell kaum umschriebenen, spezifischen Störungen, sondern einem insgesamt veränderten cerebralen Aktivitätsmuster entsprechen.

Methodische Fragen

Unterschiede zwischen den zitierten Neuroimagingstudien betreffen vor allem die Untersuchungsbedingungen mit den eingesetzten neuropsychologischen Paradigmata, die Datenauswertung sowie die Frage der neuroleptischen Medikation. Diese möglichen Einflußfaktoren werden im folgenden diskutiert:

Die teilweise divergierenden Ergebnisse zum Zusammenhang zwischen Störungen des Arbeitsgedächtnisses und Veränderungen im dorsolateralen präfrontalen Kortex sind am ehesten auf den Einfluß unterschiedlicher neuropsychologischer Paradigma zu beziehen: Weinberger und Mitarbeiter (1988) untersuchten die regionale Hirndurchblutung im ^{133}Xe-SPECT unter dem Wisconsin-card-sorting-Test, während Schröder et al. (1996a) eine Aufmerksamkeitsaufgabe, den Continous-performance-Test und das PET mit Fluordesoxyglucose als Tracer einsetzten. Dagegen führten andere Autoren, wie Liddle et al. (1992) oder Ebmaier et al. (1993) ihre Untersuchungen unter Ruhebedingungen und mit der ^{15}O-PET durch.

Unterschiede in der Datenauswertung sind für den Vergleich der Studien von Liddle et al. (1992) und Schröder et al. (1996a) besonders wichtig: Zur Datenauswertung berechneten Liddle et al. (1992) Korrelationskoeffizienten zwischen psychopathologischer Symptomatik – i. e. Subsyndromscores – und cerebraler Aktivität im PET. Anhand solcher Korrelationskoeffizienten beziehen Liddle et al. (1992) das desorganisierte Subsyndrom auf eine Aktivitätserhöhung im anterioren Cingulum. Tatsächlich erreichten auch in der Studie von Schröder et al. (1996a) die desorganisierten Patienten die höchsten Aktivitätswerte in dieser Region gegenüber den wahnhaften und asthenischen Patienten (Abb. 3). Im Vergleich zu den gesunden Probanden zeigten die desorganisierten Patienten jedoch keine signifikante Abweichung. Vielmehr waren hier die wahnhaften und asthenischen Patienten durch signifikant reduzierte Aktivitätswerte charakterisiert. Dieser Befund unterstreicht die Bedeutung einer gesunden Kontrollgruppe zur Interpretation der fraglichen Veränderungen und damit der sequentiellen Datenanalyse.

Der mögliche Einfluß einer neuroleptischen Therapie auf die regionale Hirnaktivität wurde in mehreren Studien untersucht: Mathew et al. (1988) konnten keine Unterschiede in der kortikalen Aktivität im Vergleich von 62 neuroleptisch behandelten mit 46 unbehandelten Patienten ausmachen. Dieser Befund bezog sich auch auf die Hypofrontalität. Eine langfristige neuroleptische Behandlung scheint nach den Befunden von Cantor-Graae et al. (1991) ohne nachweisbaren Einfluß auf die kortikale Aktivität zu bleiben: Die Arbeitsgruppe untersuchte 7 der 11 von Ingvar und Franzen (1972) untersuchten „jüngeren" schizophren Erkrankten nach wenigstens 17jähriger neuroleptischer Behandlung katamnestisch. Weder der psychopathologische Befund noch die kortikale Hirndurchblutung einschließlich der Hypofrontalität zeigten größere Veränderungen, so daß die Studie mögliche Neuroleptikaeinflüsse relativiert. Für die Hypofrontalität wurde ein vergleichbarer Befund von Sabri et al. (1997) im Akutverlauf beschrieben.

Ausführlich wurden Medikationseffekte von Buchsbaum et al. (1992) bei 25 schizophren Erkrankten untersucht. In einem „Doppelblind-crossover"-Studiendesign erhielten die Patienten über zwei fünfwöchige Intervalle jeweils Haloperidol oder Placebo. Vor dem Medikamentenwechsel wurde nach Abschluß jedes Behandlungsintervalles ein Fluordesoxyglucose-PET durchgeführt. Haloperidolresponder waren durch eine unter Placebo herabgesetzte Aktivität im Striatum mit einem signifikanten Aktivitätsanstieg unter Haloperidol charakterisiert, anstelle dieser Veränderungen war bei den Non-Respondern ein Abfall der frontalen Aktivität unter Haloperidol auffällig. Diese Befunde schließen an eine Vorstudie der Arbeitsgruppe an (Buchsbaum et al. 1987). Daß eine neuroleptische Behandlung Veränderungen der D2-Dopamin-Rezeptoren in den Basalganglien induziert, wird aus einer Untersuchung mit der IBZM-SPECT deutlich (Schröder et al. 1998). Darin wurden 15 schizophren Erkrankte im neuroleptikanaiven Zustand und nach einer standardisierten Therapie mit Benperidol (12–16 mg über 25 d) untersucht. Die Studie ergab eine erhöhte IBZM-Bindung und damit „receptor upregulation" nach neuroleptischer Therapie bei den Patienten, die einen unbefriedigenden Behandlungserfolg mit ausgeprägten Negativsymptomen und extrapyramidalen Nebenwirkungen zeigten. Diese Studien belegen Veränderungen in den Basalganglien unter neuroleptischer Therapie. Medikationseffekte können damit die divergierenden Ergebnisse hinsichtlich Veränderungen in den Basalganglien zwischen Studien, die neuroleptisch behandelte (Liddle et al. 1992) bzw. unbehandelte (Schröder et al. 1996a) Patienten untersuchten, durchaus erklären.

Subtypen, Erkrankungsstadien oder psychopathologische Dimensionen?

Grundsätzlich können die Subsyndrome als umschriebene Subtypen schizophrener Psychosen, unterschiedliche Stadien der Erkrankung oder aber psychopathologische Dimensionen aufgefasst werden. Die Annahme umschriebener Subtypen wird schon durch die Ergebnisse der zitierten psychopathologischen Studien unwahrscheinlich, da bei der Mehrzahl der Patienten Symptome der verschiedenen Subsyndrome gleichzeitig auftreten. Familienuntersuchungen ergaben keine eindeutigen Zusammenhänge zwischen psychopathologischer Symptomatik und genetischer Belastung (Übersicht in: Schröder, 1998a). Zudem ließen umschriebene Subtypen durchgehende Unterschiede auch hinsichtlich der neuropsychologischen und cerebralen Veränderungen erwarten. Dies ist jedoch nur bedingt der Fall.

Alternativ könnten die Subsyndrome unterschiedliche Stadien der Erkrankung repräsentieren. Nach Häfner und Maurer (1991) markieren Negativsymptome den Beginn der Erkrankung und können oft sogar mehrere Jahre vor Ausbruch der akutpsychotischen Symptomatik nachgewiesen werden. Prospektive Studien zur Untersuchung dieser Zusammenhänge im Hinblick auf cerebrale Veränderungen stehen noch aus. Tatsächlich waren jedoch in der eigenen PET-Studie (Schröder et al. 1996a) die asthenischen Patienten durch eine ausgeprägte Hypofrontalität bei der längsten Krankheitsdauer gegenüber den anderen Patientengruppen charakterisiert. Ein vergleichbares Ergebnis wurde von Mathew et al. (1988) mitgeteilt. Vergleichbare Befundkonstellationen zwischen den Subsyndromen waren für andere cerebrale Veränderungen jedoch nicht abzulesen (vgl. Abb. 4). Ein frühes Ersterkrankungsalter und eine ausgeprägte Hypofrontalität können deshalb am ehesten auf eine besondere Vulnerabilität gegenüber dem asthenischen Subsyndrom verweisen, so daß in einer Querschnittsuntersuchung das asthenische Patientencluster dann durch die längste Erkrankungsdauer charakterisiert ist.

Demnach repräsentieren die Subsyndrome weder Subtypen schizophrener Psychosen noch können sie durchgehend als Ausdruck unterschiedlicher Erkrankungsstadien der Erkrankung aufgefaßt werden. Andererseits sprechen die psychopathologischen Befunde wie auch das Nebeneinander von cerebralen Veränderungen, die für bestimmte Subsyndrome charakteristisch sind, und allen Subsyndromen gemeinsame Auffälligkeiten für eine dimensionale Sichtweise der Subsyndrome. Demnach bilden die Subsyndrome psychopathologische Dimensionen, die mit Störungen unterschiedlicher cerebraler Netzwerke korrespondieren und sich im einzelnen Patienten überschneiden können.

Die bisher zur Verfügung stehenden Studien lassen eine abschließende Beantwortung dieser Fragen nicht zu. Notwendig erscheinen prospektive Untersuchungen ersterkrankter Patienten mit bildgebenden Verfahren. Diese sollten sowohl die Magnetresonanztomographie mit volumetrischer Auswertung als auch funktionelle bildgebende Verfahren einschließen. In Anbetracht der diskutierten neuropsychologischen Befunde sollten sich Letztere nicht auf einzelne neuropsychologische Leistungen beschränken, sondern die cerebrale Aktivierung unter verschiedenen wichtigen Leistungen durch Einsatz geeigneter Paradigmata untersuchen. Hier sollten ferner die zur Verfügung stehenden Auswertungsprogramme parallel verwendet werden, um mögliche methodische Einflüsse zu kontrollieren.

Zusammenfassend bestätigen die vorliegenden Studien die psychopathologische Unterscheidung von drei Subsyndromen der chronischen Schizophrenie. Das wahnhafte Subsyndrom ist mit Störungen des deklarativen Gedächtnisses und einer herabgesetzten Aktivierung im Temporallappen assoziiert. Für das asthenische Subsyndrom sind Defizite im Bereich des prozeduralen Gedächtnisses und eine herabgesetzte frontale Aktivität („Hypofrontalität") charakteristisch. Beim desorganisierten

Subsyndrom werden Störungen des Arbeitsgedächtnisses, diskrete motorische und sensorische Störungen sowie eine veränderte Aktivierung im sensomotorischen Kortex beschrieben. Die Subsyndrome entsprechen am ehesten psychopathologischen Dimensionen, insbesondere Fragen nach der Verlaufsabhängigkeit bleiben in prospektiven Studien zu klären.

Literatur

1. American Psychiatric Association (1980) Diagnostic and Statistical Manual of Mental Disorders. 3rd edn, revised. American Psychiatric Press: Washington DC
2. American Psychiatric Association (1987) DSM-III-R: Diagnostic and Statistical Manual of Mental Disorders. 3rd edn, revised. American Psychiatric Press: Washington DC
3. Andreasen N C (1983a) The scale for the assessment of negative symptoms (SANS). The University of Iowa: Iowa City, Iowa
4. Andreasen N C (1984) The scale for the assessment of positive symptoms (SAPS). The University of Iowa: Iowa City, Iowa
5. Andreasen N C, Rezai K, Alliger R, Swayze II VW, Flaum M, Kirchner P, Cohen G, O'Leary D S (1992) Hypofrontality in neuroleptic naive patients and in patients with chronic schizophrenia: assessment with xenon 133 single photon emission computed tomography and the tower of London. Arch Gen Psychiatry 49: 943–958
6. Arndt S, Alliger R A, Andreasen N C (1991) The distinction of positive and negative symptoms. The failure of a two dimensional model. Br J Psychiatry 158: 317–322
7. Arndt S, Andreasen N C, Flaum M, Miller D, Nopoulos P (1995) A longitudinal study of symptom dimensions in schizophrenia. Arch Gen Psychiatry 52: 352–360
8. Aubin F, Lecrubier Y, Boyer P (1991) Principal component factor analysis of the SANS. Biol Psychiatry 29: 333S–701S
9. Basset A S, Bury A, Honer W G (1994) Testing Liddle's three-syndrome model in families with schizophrenia. Schizophr Res 12: 213–221
10. Becker T, Elmer K, Mechela B, Schneider F, Taubert S, Schroth G, Grodd W, Bartels M, Beckmann H (1990) MRI findings in medial temporal lobe structures in schizophrenia. Eur J Neuropsychopharmacology 1: 83–86
11. Benes F M, McSparren J, Bird E, SanGiovianni J P, Vincent S L (1991) Deficits in small interneurons in prefrontal and cingulate cortices of schizophrenic and schizoaffective patients. Arch Gen Psychiatry 48: 996–1001
12. Benton B (1981) Der Benton-Test. Handbuch. Huber-Verlag: Bern
13. Bilder R M, Mukherjee S, Rieder R O, Pandurangi A K (1985) Symptomatic and neuropsychological components of defect states. Schizophr Bull 11: 409–419
14. Bleuler E (1911) Dementia praecox oder die Gruppe der Schizophrenien. In: Aschaffenburg G (ed) Handbuch der Psychiatrie. Spezieller Teil 4. Abt. 1. Hälfte. Franz Deuticke: Leipzig und Wien
15. Bogerts B, Ashtari M, Degreef G, Alvir J M, Bilder R M, Liebermann J A (1990) Reduced temporal limbic structure volumes on magnetic resonance images in first episode schizophrenia. Psychiatry Res 35: 1–13
16. Brickenkamp R (1981) Aufmerksamkeits-Belastungs-Test. Hogrefe-Verlag: Göttingen
17. Brown K W, White T (1992) Syndromes of chronic schizophrenia and some clinical correlates. Br J Psychiatry 161: 317–322
18. Buchsbaum M S, Rieder R O (1979) Biologic heterogeneity and psychiatric research. Platelet MAO activity as a case study. Arch Gen Psychiatry 36: 1163–1169
19. Buchsbaum M S, Holcomb H H, DeLisi L E, Cappelletti J, King A C, Johnson J, Hazlett E, Post R M, Morihisa J, Carpenter W, Cohen R, Pickar D, Kessler R (1984) Anteroposterior gradient in glucose use in schizophrenia and affective disorders. Arch Gen Psychiatry 41: 1159–1166

20. Buchsbaum M S, Wu J C, DeLisi I E, Holcomb H H, Hazlett E, Cooper-Langston K, Kessler R (1987) Positron emission tomography studies of basal ganglia and somatosensory cortex neuroleptic drug effects: differences between normal controls and schizophrenic patients. Biol Psychiatry 22: 479–494

21. Buchsbaum M S, Potkin St G, Siegel B V, Lohr J, Katz M, Gottschall L A, Gulasekaram B, Marshall J F, Lottenberg St, Ten Ch Y, Abel L, Plon L, Bunney W E (1992) Striatal metabolic rate and clinical response to neuroleptics in schizophrenia. Arch Gen Psychiatry 49: 966–974

22. Busatto G F, Pilowsky L S, Costa D C, Ell P J, Davis A S, Lucey J V, Robert R W (1997) Reduced in vivo benzodiazepine receptor binding correlates with severity of psychotic symptoms in schizophrenia. Am J Psychiatry 154: 56–63

23. Cantor-Graae E, Warkentin S, Franzen G, Risberg, Ingvar D H (1991) Aspects of stability of regional cerebral blood flow in chronic schizophrenia: an 18-year followup study. Psychiatry Res Neuroimaging 40: 253–266

24. Chua S E, Wright I C, Poline J B, Liddle P F, Murray R M, Frackowiak R S J, Friston K J, McGuire P K (1997) Grey matter correlates of syndromes in schizophrenia. Br J Psychiatry 170: 406–410

25. Cornblatt B A, Lenzenweger M F, Erlenmeyer-Kimling L (1989) The Continuous Performance Test, Identical Pairs Version (CPT-IP): II. Contrasting attentional profiles in schizophrenic and depressed patients. Psychiatry Res 29: 65–86

26. Cornblatt B A, Risch N J, Faris G, Friedman D, Erlenmeyer-Kimling L (1988) The Continuous Performance Test, Identical Pairs Version (CPT-IP): new findings about sustained attention in normal families. Psychiatry Res 26: 223–238

27. Cuesta M J, Peralta V (1995) Psychopathological dimensions in schizophrenia. Schizophr Bull 21: 473–482

28. David A S, Woodruff P W, Howard R, Mellers J D, Brammer M, Bullmore E, Wright I, Andrew C, Williams S C (1996) Auditory hallucinations inhibit exogenous activation of auditory association cortex. Neuro Report 7: 932–936

29. Ebert D, Feistel H, Barocka A, Kaschka W, Mokrusch T (1993) A test-retest study of cerebral blood flow during somatosensory stimulation in depressed patients with schizophrenia and major depression. Eur Arch Psychiatry Clin Neurosci 242: 250–254

30. Ebmaier K P, Blackwood D H R, Murray C, Souza V, Walker M, Dougall N, Moffoot A P R, O'Carroll R E, Goodwin G M (1993) Single-Photon Emission Computed Tomography with ^{99m}Tc-Exametazime in unmedicated schizophrenic patients. Biol Psychiatry 33: 487–495

31. Endicott J, Spitzer R L (1978) A diagnostic Interview: The Schedule for Affective Disorders and Schizophrenia. Arch Gen Psychiatry 35: 837–844

32. Erzigkeit H (1986) Manual zum SKT, von AE. 2. neubearbeitete Auflage. Vless-Verlagsgesellschaft: Darmstadt

33. Falkai P, Bogarts B (1986) Cell loss in the hippocampus of schizophrenics. Eur Arch Psychiatry Neurol 236: 154–161

34. Gelder F J (1995) Basiskarte: Ergebnisse. In: Rogge K E (ed) Methodenatlas. Springer: Heidelberg, Berlin, New York, Tokyo

35. Goldberg T E, Torrey E S, Gold J M, Ragland J E, Bigelow L C, Weinberger D R (1993) Learning and memory in monozygotic discordant for schizophrenia. Psychol Med 23: 71–85

36. Goldmann-Rakic P S (1991) Prefrontal dysfunction in schizophrenia: The relevance of working memory. In: Caroll B J, Barett J E (eds) Psychopathology and the brain. Raven Press: New York

37. Günther W, Brodie J D, Bartlett E L, Dewey S L, Henn F A, Volkow N D, Alper K, Wolkin A, Cancro R, Wolf AP (1994) Diminished cerebral metobolic response to motor stimulation in schizophrenics: a PET study. Eur Arch Psychiatry Clin Neurosci 244: 115–125

38. Günther W, Petsch R, Steinberg R, Moser E, Streck P, Heller H, Kurtz G, Hippius H (1991) Brain dysfunction during motor activation and corpus callosum alterations

in schizophrenia measured by cerebral blood flow and magnetic resonance imaging. Biol Psychiatry 29: 535–555

39. Gur R E, Mozley P D, Resnick S M, Levick St, Erwin R, Saykin A J, Gur RC (1991) Relations among clinical scales in schizophrenia. Am J Psychiatry 148: 472–474

40. Häfner H, Maurer K (1991) Are there two types of schizophrenia? True onset and sequence of positive and negative syndromes prior to first admission. In: Marneros A, Andreasen N C, Tsuang M T (eds) Negative versus positive schizophrenia. Springer: New York, Berlin, Heidelberg, London, Paris, Tokyo

41. Hornstein C, Richter P, Mortimer A, Will A, Beuth A, Müller-Wulff I, Sauer H (1998) Dimensionen der Schizophrenie im Alter – Korrelationen mit kognitiven und motorischen Auffälligkeiten. Nervenarzt 69: 243–248

42. Horwitz B, Duara R, Rapoport S I (1986) Age differences and intercorrelations between regional cerebral metabolic rates for clucose. Brain Res 407: 294–306

43. Ingvar D H, Franzen G (1974) Abnormalities of cerebral blood flow distribution in patients with chronic schizophrenia. Acta Psychiatr Scand 50: 425–462

44. Jahn T (1999) Diskrete motorische Störungen bei Schizophrenie. Klinische Befunde – Theoretische Konzepte – Kinematische Analysen. Beltz/Psychologie Verlags Union: Weinheim

45. Kaplan R D, Szechtman H, Franco S, Szechtman B, Nahmias C, Garnett E S, List S, Cleghorn J M (1993) Three clinical syndromes of schizophrenia in untreated subjects: relation to brain glucose activity measured by positron emission tomography (PET). Schizophr Res 11: 47–54

46. Kawasaki Y, Maeda Y, Sakai N, Higashima M, Yamaguchi N, Koshino Y, Hisada K, Suzuki M, Matsuda H (1996) Regional cerebral blood flow in patients with schizophrenia: relevance to symptom structures. Psychiatry Res: Neuroimaging 67: 49–58

47. Kay S R (1990) Significance of the positive-negative distinction in schizophrenia. Schizophr Bull 16: 635–651

48. Kay S R, Sevy S (1990) Pyramidal model of schizophrenia. Schizophr Bull 16: 537–545

49. Kay S R, Fiszbein A, Poler L A (1987) The positive and negative syndrome scale (PANSS) for schizophrenia. Schizophr Bull 13: 261–276

50. Kendler K S, Gruenberg A M, Tsuang M T (1988) A family study of the subtypes of schizophrenia. Am J Psychiatry 145: 57–62

51. Klimidis S, Stuart G W, Minas I H, Copolov D L, Singh B S (1993) Positive and negative symptoms in the psychoses. Re-analysis of published SAPS and SANS global rating. Schizophr Res 9: 11–18

52. Kulhara P, Chandiramani K (1990) Positive and negative subtypes of schizophrenia. A follow-up study from India. Schizophr Res. 3: 107–116

53. Kulhara P, Kota S K, Joseph S (1986) Positive and negative subtypes of schizophrenia. A study from India. Acta Psychiatr Scand 74: 353–359

54. Liddle P F (1987a) The symptoms of chronic schizophrenia. A re-examination of the positive-negative dichotomy. Br J Psychiatry 151: 145–151

55. Liddle P F (1987b) Schizophrenic symptoms, cognitive performance and neurological dysfunction. Psychol Med 17: 49–57

56. Liddle P F, Barnes T R E (1991) Syndromes of Chronic Schizophrenia. Br J Psychiatry 157: 558–561

57. Liddle PF, Morris D L (1991) Schizophrenic syndromes and frontal lobe performance. Br J Psychiatry 158: 340–345

58. Liddle P F, Friston K J, Frith C D, Hirsch S R, Jones T, Frackowiak R S J (1992) Patterns of cerebral blood flow in schizophrenia. Br J Psychiatry 160: 179–186

59. Lindenmayer J-P, Bernstein-Hyman R, Grochowski S, Bark N (1995) Psychopathology of schizophrenia: initial validation of a 5-factor model. Psychopathology 28: 22–31

60. Mathew R J, Wilson W H, Tant S R, Robonson L, Prakash R (1988) Abnormal resting regional cerebral blood flow patterns and their correlates in schizophrenia. Arch Gen Psychiatry 45: 542–549

61. McGhie A, Chapman J (1962) Disorders of attention and perception in early schizophrenia. Arch Gen Psychiatry 6: 17–33.
62. Miller D D, Arndt St, Andreasen N C (1993) Alogia, attentional impairment and inappropriate affect: their status in the dimension of schizophrenia. Compr Psychiatry 4: 221–226
63. Minas I H, Stuart G W, Klimidis S, Jackson H J, Singh B S, Copolov DL (1992) Positive and negative symptoms in the psychoses: multidimensional scaling of SAPS and SANS items. Schizophr Res 8: 143–156
64. Mundt Ch, Kasper S, Huerkamp M (1989) The diagnostic specificity of negative symptoms and their psychopathological context. Br J Psychiatry 155: 32–36
65. Nasrallah H A (1985) The unintegrated right hemispheric consciousness as alien intruder: a possible mechanism for schneiderian delusions in schizophrenia. Comprehen Psychiatry 26: 273–282
66. Norman R M G, Malla A K, Morrison-Stewart S L, Helmes E, Williamson P C, Thomas J, Cortese L (1997) Neuropsychological correlates of syndromes in schizophrenia. Br J Psychol 170: 134–139
67. Nuechterlein K H, Parasuraman R, Jiang Q (1983) Visual sustained attention: Image degradation produces rapid decrement over time. Science 220: 327–329
68. Overall J E, Gorham D R (1962) The Brief Psychiatric Rating Scale. Psychol Rep 10: 799-812
69. Peralta V, Cuesta M J, de Leon J (1994) An empirical analysis of latent structures underlying schizophrenic symptoms: a Four-Syndrome Model. Biol Psychiatry 36: 726–736
70. Peralta V, de Leon J, Cuesta M J (1992) Are there more than two syndromes in schizophrenia? A critique of the positive-negative dichotomy. Br J Psychiatry 161: 335–343
71. Phillips Mr, Xiong W, Wang R W, Gao Y H, Wang X Q, Zang N P (1991) Reliability and validity of the Chinese versions of the Scale for Assessment of Positive and Negative Symptoms. Acta Psychiatr Scand 84: 364–370
72. Sabri O, Erkwoh R, Schreckenberger M, Cremerius U, Schulz G, Dickmann C, Kaiser H J, Steinmeyer E M, Saß H, Buell U (1997) Regional cerebral blood flow and negative/positive symptoms in 24 drug-naive schizophrenics. J Nucl Med 38: 181–188
73. Saint-Cyr J A, Taylor A E, Lang A E (1988) Procedural learning and neostriatal dysfunction in man. Brain 190: 845–883
74. Saykin A J, Gur R C, Gur R E, Mozley D, Mozley L H, Resnick S M, Kester B, Stafiniak P (1991) Neuropsychological function in schizophrenia. Selective impairment in memory and learning. Arch Gen Psychiatry 48: 618–624
75. Schröder J (1998a) Subsyndrome der chronischen Schizophrenie: Untersuchungen mit bildgebenden Verfahren zur Heterogenität schizophrener Psychosen. Springer: Berlin, Heidelberg, New York, London, Paris, Tokyo
76. Schröder J (1998b) Subsyndrome der chronischen Schizophrenie: Ein Beitrag zur Heterogenität schizophrener Psychosen. Fortschr Neurol Psychiatr 66: 15–31
77. Schröder J, Essig M, Baudendistel K, Jahn T, Gerdsen I, Stockert A, Schad R, Knopp M V (1999) Motor dysfunktion and sensorimotor cortex activation changes in schizophrenia: a study with fMRI. Neuroimage 9: 81–87
78. Schröder J, Silvestri S, Bubeck B, Karr M, Demisch S, Scherrer S, Geider F J, Sauer H (1998) D2 Dopamine receptor upregulation, treatment response, neurological soft signs, and extrapyramidal side effects in schizophrenia: a follow-up study with [123I]-IBZM SPECT in the drug-naive state and after neuroleptic treatment. Biol Psychiatry 43: 660–665
79. Schröder J, Bubeck B, Demisch S, Sauer H (1997) Benzodiazepine receptor distribution and diazepam binding in schizophrenia: an exploratory study. Psychiatry Res Neuroimaging 68: 125–131
80. Schröder J, Buchsbaum M S, Siegel B V, Geider F J, Lohr J, Tang Ch, Wu J, Potkin St G (1996a) Cerebral metabolic activity correlates of subsyndromes in chronic schizophrenia. Schizophr Res 19: 41–53

81. Schröder J, Tittel A, Stockert A, Karr M (1996b) Memory deficits in subsyndromes of chronic schizophrenia. Schizophr Res 21: 19–26
82. Schröder J, Wenz F, Baudendistel K, Schad L R, Knopp M V (1995) Sensorimotor cortex and supplementary motor area changes in schizophrenia: a study with functional magnetic resonance imaging. Br J Psychiatry 167: 197–201
83. Schröder J, Buchsbaum M S, Siegel B V, Geider F J, Maier R J, Lohr J, Wu J, Potkin S G (1994) Patterns of cortical acitivity in schizophrenia. Psychol Med 24: 947–955
84. Schröder J, Geider FJ, Binkert M, Reitz Ch, Jauß M, Sauer H (1992a) Subsyndromes in chronic schizophrenia: do their psychopathological characteristics correspond to cerebral alterations? Psychiatry Res 42: 209–220
85. Schröder J, Niethammer R, Geider F-J, Reitz Ch, Binkert M, Jauß M, Sauer H (1992b) Neurological soft signs in schizophrenia. Schizophr Res 6: 25–30
86. Schröder J, Sauer H, Wilhelm K-R, Niedermeier Th, Georgi P (1989) Regional cerebral blood flow in endogenous psychoses: a Tc-99m HMPAO-SPECT pilot study. Psychiatry Res 29: 331–333
87. Shenton M E, Kikinis R, Jolesz F A, Pollak S D, LeMay M, Wible C G, Hokama H, Martin J, Metcalf D, Coleman M, McCarley R W (1992) Abnormalities of the left temporal lobe and thought disorder in schizophrenia. A quantitative magnetic resonance imaging study. N Engl J Med 327: 604–612
88. Spitzer M (1993) The psychopathology, neuropsychology, and neurobiology of associative and working memory in schizophrenia. Eur Arch Psychiatry Clin Neurosci 243: 57–70
89. Tamminga C A, Thaker G K, Buchanan R, Kirkpatrick B, Alphs L D, Chase T N, Carpenter W T (1992) Limbic system abnormalities identified in schizophrenia using positron emission tomography with fluorodeoxyglucose and neocortical alterations with deficit syndrome. Arch Gen Psychiatry 49: 522–530
90. Toomey R, Kremen S, Simpson J C, Samson J A, Seidman L J, Lyons M J, Faraone S V, Tsuang M T (1997) Revisiting the factor structure for positive and negative symptoms: evidence from a large heterogenous group of psychiatric patients. Am J Psychiatry 154: 371–377
91. Volkow N D, Tancredi LR (1991) Biological correlates of mental activity studied with PET. Am J Psychiatry 148: 439–443
92. Weinberger D R (1991) Anteromedial temporal-prefrontal connectivity, a functional neuroanatomical system implicated in schizophrenia. In: Caroll B J, Barett J E (eds) Psychopathology and the brain. Raven Press: New York
93. Weinberger D R, Berman K F, Illowsky B P (1988) Physiological dysfunction of dorsolateral prefrontal cortex in schizophrenia. Arch Gen Psychiatry 45: 609–615
94. Weinberger D R, Berman K F, Suddath R, Torrey E F (1992) Evidence of dysfunction of a prefrontal-limbic network in schizophrenia: A magnetic resonance imaging and regional cerebral blood flow study of discordant monozygotic twins. Am J Psychiatry 149: 890–895
95. Wolkin A, Sanfilipo M, Wolf A P, Angrist B, Brodie J D, Rotrosen J (1992) Negative symptoms and hypofrontality in chronic schizophrenia. Arch Gen Psychiatry 49: 959–965.
96. Woodruff P W R, Phillips M L, Rushe T, Wright I C, Murray R M, David A S (1997) Corpus callosum size and inter-hemispheric function in schizophrenia. Schizophr Res 23: 189–196

Anmerkungen zu den atypischen Neuroleptika*

F. Kulhanek

Kirchheim bei München

Nach der überwiegenden Mehrzahl der vorliegenden Publikationen verursachen die atypischen Neuroleptika im Vergleich mit den klassischen Neuroleptika wesentlich weniger extrapyramidalmotorische Nebenwirkungen (EPS) und sollen die Negativsymptome und auch die Kognition bessern. Und trotzdem werden sie nur zögerlich eingesetzt: Nach Naber et al. (1999) waren in Deutschland nur 6–8% der verordneten Neuroleptika Atypika. Auch wenn der Anteil sicher inzwischen gestiegen ist, stellt diese Tatsache eine Diskrepanz zu den reklamierten und dokumentierten Vorteilen der atypischen Neuroleptika dar. Nach einer kurzen Übersicht wird zu sieben ausgewählten Themen kritisch Stellung bezogen:

1. Eine Multicenter-Studie mit Risperidon
2. Weitere Anmerkungen zu den Vergleichen mit klassischen Neurolepika
3. Neuroleptische Schwellendosen
4. Hyperglykämische Reaktionen
5. Gewichtszunahmen
6. Eventuelle Entzugssymptome
7. Spätdyskinesien

Übersicht

Von den atypischen Neuroleptika sind in Deutschland auf dem Markt: Clozapin (LEPONEX®), Zotepin (NIPOLEPT®), Risperidon (RISPERDAL®), Olanzapin (ZYPREXA®), Amisulprid (SOLIAN®) und Quetiapin (SEROQUEL®).

Wegen Nebenwirkungen bereits wieder aus dem Handel gezogen wurden: Remoxiprid (ROXIAM®) und Sertindol (SERDOLECT®).

In Phase III der klinischen Prüfung befinden sich: Ziprasidon (ZELDOX®) und Aripiprazol (ABILITAT®).

Auf die im Vergleich zu den klassischen Neuroleptika unterschiedlichen *Rezeptorbindungsprofile* der Atypika soll hier nicht näher eingegangen

---

* Vortrag auf dem 3. Erfurter Psychiatrischen Weihnachtssymposium, Erfurt, 11. Dezember 1999. Überarbeitete Fassung.

werden. Entscheidend ist offensichtlich das Verhältnis von Dopaminantagonismus (D_2) zu Serotoninantagonismus $(5\text{-}HT_{2A})$ zugunsten des Serotoninantagonismus bei den Atypika (Übersicht bei Richelson 1996), womit das seltenere Auftreten von EPS und die Wirkung auf die Negativsymptomatik erklärt werden.

Die *Vorteile* der atypischen Neuroleptika (gar keine oder weniger EPS, positive Wirkung auf die Negativsymptomatik und die Kognition) wurden bereits genannt. Im Zusammenhang mit dem *Ansprechen auch therapieresistenter Patienten* auf atypische Neuroleptika sei der Begriff „*Awakenings*" erwähnt. Der Terminus taucht erstmals in dem Buch von Oliver Sacks „*Awakenings – Zeit des Erwachens*" auf, in dem er seine Erfahrungen mit L-Dopa bei Patienten mit postenzephalitischem Parkinson beschreibt. Der Begriff meint im Zusammenhang mit den atypischen Neuroleptika eine unerwartete und dramatische Besserung des Patienten, womit neue Probleme auftauchen: Die Patienten wollen keine Neuroleptika mehr einnehmen (Noncompliance), und sie werden sich oft erstmals nach Beginn ihrer Erkrankung ihrer Isolation bewußt (Suizidgefahr) (Weiden et al. 1996).

Angemerkt sei auch noch, daß mit RISPERDAL® erstmals ein Neuroleptikum u. a. die Zulassung für die Indikation „*chronische Agressivität und psychotische Symptome bei Demenz*" hat (Fachinformation Mai 1999).

Von den generellen *Nachteilen* seien aufgeführt: *zu wenig Erfahrung in der Akut- und Langzeitbehandlung*, zu wenig gesicherte Erkenntnisse über die *Interaktionen*, das bisherige Fehlen einer *schnell wirkenden parenteralen Applikationsform* – von Ziprasidon wird eine intramuskuläre Form erprobt (Lucey et al. 2000) – und eines *Depots* – von Risperidon befindet sich eine Depotzubereitung (eine wäßrige Suspension, ein sog. Mikrosphären-Präparat zur intramuskulären Injektion alle 2 Wochen) in klinischer Prüfung (Eerdekens et al. 2000) –, die *Gewichtszunahmen* bei einigen Atypika, auf die später eingegangen wird, und last not least die *hohen Tageskosten* (Laux 2000).

Inzwischen gibt es auch Berichte über das Auftreten von *Agranulozytosen* bei *Olanzapin* und über *maligne Neuroleptikasyndrome* bei *Olanzapin* und *Risperidon* (Editorial 2000).

Im übrigen wird auf eine umfangreiche Metaanalyse zur Wirksamkeit und zum Auftreten von EPS bei *Olanzapin, Quetiapin, Risperidon* und *Sertindol* im Vergleich zu den *klassischen Neuroleptika* verwiesen (Leucht et al. 1999).

Nun einige kritische Anmerkungen zu ausgewählten Themen:

1. Eine Multicenter-Studie mit Risperidon

In einer Untersuchung mit Risperidon (Peuskens J, on behalf of the Risperidone Study Group 1995) wurden über 8 Wochen bei insgesamt 1.362 Patienten mit einer chronischen Schizophrenie (DSM-III-R) 1;4;8;12 und 16 mg/die Risperidon mit 10 mg/die *Haloperidol* verglichen. Eine fixe Dosis von

10 mg Haloperidol ist sicher fragwürdig – in der nordamerikanischen Studie (Marder et al. 1994) wurden sogar 20 mg/die Haloperidol zum Vergleich mit verschiedenen Risperidon-Dosen herangezogen. Noch fragwürdiger als die Haloperidol-Dosis sind in der Studie von Peuskens et al. andere methodologische Mängel, wie z. B. die Auswaschphase von 7 Tagen, die im Falle einer Exazerbation sogar auf 3 Tage verkürzt werden konnte. Wie gewichtig dieser Mangel ist, wird deutlich, wenn man liest, daß 37% der Patienten vorher Depotneuroleptika erhalten hatten! Dieser und andere Mängel wurden ausführlich in einer „Peer Review" von Johnson und Johnson (1995) diskutiert, die in demselben Heft des British Journal of Psychiatry erschien. Es ist m. W. das erste Mal, daß eine „Peer Review", die üblicherweise streng anonym bleibt, publiziert wurde. In den Büchern über neue bzw atypische Neuroleptika von Bandelow und Rüther, Hrsg. (1998), von Möller und Müller, Hrsg. (1999) und von Naber et al. (1999) wird jeweils die Arbeit von Peukens et al. zitiert und besprochen, die „Peer Review" von Johnson und Johnson aber nicht erwähnt. Schließlich wird in einer neueren Arbeit mit einer Nutzen-Risiko-Bewertung von *Olanzapin, Risperidon* und *Sertindol* von Kasper et al. (1999) auch die Arbeit von Peuskens et al. nicht mehr aufgeführt!

2. Weitere Anmerkungen zu den Vergleichen mit klassischen Neuroleptika

Eine sehr gute Übersicht über die Vergleichstudien und deren Ergebnisse findet sich bei Naber et al. (1999).

Wenn atypische Neuroleptika mit klassischen niederpotenten Neuroleptika, die weniger mit EPS belastet sind, in äquivalenten Dosen verglichen werden, z. B. mit *Perazin*, so ergibt sich eine gleiche Effektivität und eine etwa gleiche Häufigkeit und Ausprägung der EPS: *Zotepin*: Dieterle et al. 1991, Wetzel et al. 1991.

In einem Vergleich eines atypischen Neuroleptikums mit einem klassischen hochpotenten Neuroleptikum in niedrigen, aber äquivalenten Dosen, z. B. 50–100 mg *Amisulprid* mit 2–4 mg *Fluphenazin*, zeigten sich gemessen an dem Bedarf an Biperiden wohl unter Fluphenazin mehr EPS (7 von 21 Patienten) als unter Amisulprid (1 von 19 Patienten), aber beide Neuroleptika beeinflußten die Negativsymptomatik positiv (Saletu et al. 1994). Die Autoren kommen zu dem Schluss: „Fluphenazin in niedrigen Dosen kann auch als Neuroleptikum mit aktivierenden Eigenschaften betrachtet werden und könnte so bei der Behandlung von Schizophrenen mit hauptsächlich negativen Symptomen genutzt werden."

3. Neuroleptische Schwellendosen

Die meisten Zulassungsstudien (pivotal studies) zogen *Haloperidol* zum Vergleich heran. Da Haloperidol das am meisten verordnete klassische Neuroleptikum war und wahrscheinlich noch ist, ist die Wahl verständlich.

Weniger verständlich ist die Wahl der Dosierung:

Sertindol: 4; 8 und 16 mg Haloperidol (Zimbroff et al. 1997),
Risperidon: 10 mg Haloperidol (Peuskens et al. 1995),
                      20 mg Haloperidol (Marder et al. 1994),
Olanzapin: 10–20 mg Haloperidol (Beasley et al. 1996).

Wenn man bedenkt, daß die neuroleptische Schwellendosis für Haloperidol nach Haase (Kulhanek 1995) bei ca. 5 mg, nach einer US-amerikanischen Untersuchung (McEvoy et al. 1991) bei 3,7 (0,5–10) mg liegt, wird deutlich, daß Haloperidol in den meisten Fällen überdosiert wurde. In dieser Untersuchung lagen die neuroleptischen Schwellendosen bei den erstmals mit Neuroleptika behandelten Patienten für Haloperidol bei 2,0 (0,5–4,0) mg! In einer Diskussionsrunde auf dem Symposium „New Strategies for Treating Psychosis" in Coconut Grove/Florida/USA 1996 fragte Dr. Pickar Dr. Lieberman: „Was halten Sie von einer 1-mg-Dosis Haloperidol bei Patienten mit einer Erstmanifestation?" Dr. Lieberman antwortete: „2 mg" (Pickar und Liebermann 1996)!

Inzwischen liegt von Heim und Morgner (1997) eine Untersuchung über die neuroleptische Schwellendosis von *Risperidon* vor. Sie liegt bei 3,1 (1–6) mg! Das bedeutet, daß Risperidon etwa gleich potent wie Haloperidol ist.

Von *Olanzapin* liegen dazu m. W. keine Untersuchungen vor. Die neuroleptische Schwellendosis dürfte aber bei 15 mg und darunter liegen.

Neuroleptische Schwellendosen sind nicht unbedingt Dosisempfehlungen, aber sie dienen nach wie vor der Vergleichbarkeit, d. h. der Erstellung von Äquivalenzdosen!

4. Hyperglykämische Reaktionen

Hyperglykämische Nebenwirkungen sind bei *allen Neuroleptika* beschrieben. Sie sollen aber besonders ausgeprägt bei *Clozapin* sein. Neuerdings mehren sich die Berichte bei *Olanzapin* (Hayek et al. 1999). Ein Hinweis darauf taucht in der Fachinformation für ZYPREXA® (Olanzapin) erstmals in der Ausgabe Juli 1999 auf!

5. Gewichtszunahmen

Gewichtszunahmen werden bei *allen Neuroleptika* mit Ausnahme von *Molindon*, das in Deutschland nicht erhältlich ist, beobachtet. In einer Metaanalyse von Allison et al. (1999) (81 Studien, Behandlungsdauer 10 Wochen) schneiden *Clozapin* mit +4,45 kg und *Olanzapin* mit +4,15 kg am schlechtesten ab. *Molindon* mit –0,39 kg und *Ziprasidon* mit +0,04 kg finden sich am unteren Ende der Skala. Unter *Aripiprazol* sollen die Gewichtszunahmen denen unter Placebo vergleichbar sein und geringer sein als unter *Haloperidol* (Kane et al. 2000).

Zu den möglichen *Risikofaktoren* (Unter- oder Übergewicht zu Beginn der Behandlung, Frauen, Kinder und Jugendliche, Sedierung, geringere körperliche Aktivität, Remission der Psychose etc.) gibt es keine einheitlichen Befunde. Esquirol beschrieb bereits 1816 (!) eine Zunahme des Körpergewichts nach einer Remission der Geisteskrankheit: „Manchmal entscheidet sich die Geisteskrankheit durch das absorbirende System. Die Kranken werden fetter und das Delirium verschwindet in dem Maaße als die Korpulenz sich vermehrt" (Esquirol 1968). Auch wird eine Interaktion zwischen Remission und fehlenden EPS (= geringere Muskelaktivität) diskutiert, da gerade die Neuroleptika, die weniger oder gar keine EPS aufweisen, häufiger zu Gewichtszunahmen führen (Barnes et al. 1999).

Pharmakologisch wurde die *Antihistaminwirkung*, der *Serotoninantagonismus* oder die Entwicklung einer *Insulinresistenz* mit einer Gewichtszunahme in Beziehung gebracht. Aber diese Hypothesen sind nicht stimmig. Neuerdings wird das *Leptin* angeschuldigt, das Appetit und Gewicht reguliert und dessen Plasmaspiegel mit dem BMI (body mass index) korrelieren.

In einer Studie fanden Kraus et al. (1999) bei einer kleinen Patientenzahl eine Zunahme des Leptinspiegels parallel mit einer Erhöhung des Körpergewichts bei mit *Clozapin* und *Olanzapin* behandelten Patienten, nicht aber bei Patienten, die *Haloperidol* erhalten hatten. Zu klären bleibt, ob der Anstieg des Leptinspiegels ein Epiphänomen der Erhöhung des Körpergewichts ist oder ob das Leptin die Gewichtszunahme verursacht.

Zu den Folgen dieser Gewichtszunahmen im Sinne einer erhöhten *Morbidität* (metabolisches Syndrom, Bluthochdruck etc.) und Mortalität gibt es keine verläßlichen Angaben. Fest steht, daß eine Gewichtszunahme die *Compliance* sehr negativ beeinflußt. Bereits 1980 mußten Deiser und Schindler in Erfahrung bringen, daß vor allem von Frauen unter einer depotneuroleptischen Therapie subjektiv eine Gewichtszunahme negativer eingestuft wurde als die EPS.

6. Eventuelle Entzugssymptome

Nach einer längerfristigen Behandlung können *niederpotente klassische Neuroleptika* wegen schwerwiegender Entzugssymptome kaum noch abgesetzt werden (Chouinard et al. 1984). Zu diesen Entzugssymptomen gehören Erregungs- und Angstzustände, Zittern, Schwitzen und Schlaflosigkeit. Man nimmt an, daß dieses Phänomen auf die *anticholinerge Eigenwirkung* zurückzuführen ist, die bei den meisten niederpotenten klassischen Neuroleptika wesentlich stärker ausgeprägt ist als bei den klassischen hochpotenten Neuroleptika. Von den atypischen Neuroleptika haben *Olanzapin* und *Clozapin* die stärkste anticholinerge Wirkung.

Von *Olanzapin* sind m. W. bisher keine Absetzphänomene berichtet worden. Nach dem abrupten Absetzen von *Clozapin* wurde das Auftreten schwerer psychotischer Symptome im Sinne einer *Supersensitivitätspsychose* innerhalb von 24 bis 48 Stunden beschrieben: akustische Halluzinationen, Verfolgungswahn, Agitiertheit (Ekblom et al. 1984).

Simpson et al. (1978) behandelten mit gutem Erfolg Spätdyskinesien mit hohen Dosen von *Clozapin*. Nach dem abrupten Absetzen von *Clozapin* traten die Spätdyskinesien nicht nur wieder in einem Ausprägungsgrad wie vor Behandlungsbeginn auf, sondern sie waren bei einigen Patienten sogar stärker ausgeprägt als zuvor.

7. Spätdyskinesien

In einer Metaanalyse von 3 doppelblinden Untersuchungen, in denen *Olanzapin* (N = 707, durchschnittliche Behandlungstage 237) mit *Haloperidol* (N = 197, durchschnittliche Behandlungstage 203) verglichen wurde, nahm der AIMS-Gesamtscore in der *Olanzapin*-Gruppe um 0,13 ab, in der *Haloperidol*-Gruppe um 0,36 zu (Tollefson et al. 1997). Methodologisch läßt sich einiges an dieser Studie aussetzen: Der Beobachtungszeitraum ist für Spätdyskinesien zu kurz. Es wurden nur Patienten aufgenommen, die sich in den vorangegangen Akutbehandlungen gebessert hatten. Und die *Haloperidol*-Dosis war mit durchschnittlich 14,67 mg/die entsprechend der oben angeführten Äquivalenzen – s. 3. Neuroleptische Schwellendosen – ca. viermal höher als bei *Olanzapin* mit 14,41 mg/die. Inzwischen wurde die Studie mit einer größeren Patientenzahl und bis zu 2,6 Jahre weitergeführt (Beasley et al. 1999). Allerdings waren nach einem Jahr nur noch weniger als 10% (160 von 1.714) der Patienten in der Studie. Das Ein-Jahres-Risiko für Spätdyskinesien wird von diesen Autoren für *Olanzapin* mit 0,52% und für *Haloperidol* mit 7,45% angegeben.

Andererseits sind von den atypischen Neuroleptika weniger Spätdyskinesien zu erwarten, da schon frühe EPS (Parkinsonoid), die einen Risikofaktor für Spätdyskinesien darstellen, wesentlich seltener sind oder wie bei *Clozapin* praktisch ganz fehlen.

Schließlich aber ist zu befürchten, daß sich Spätdyskinesien bei den mit atypischen Neuroleptika behandelten Patienten statistisch häufen werden, nicht weil Atypika diese verursachen, sondern weil die sog. Problempatienten (poor risk patients) bevorzugt mit diesen neuen Neuroleptika behandelt werden werden (Kulhanek 1994).

Zusammenfassung

Es war das Ziel dieser Anmerkungen, auf einige methodologische Mängel publizierter Studien aufmerksam zu machen, die Bedeutung der Äquivalenzdosen zu unterstreichen, zwei seltene, aber gravierende Nebenwirkungen (hyperglykämische Reaktionen und Entzugssymptome) zu erwähnen, die zu beobachtenden Gewichtszunahmen näher zu beleuchten und ein sehr vorläufiges Statement zu den Spätdyskinesien unter atypischen Neuroleptika abzugeben.

Literatur

1. Allison D B, Mentore J L, Heo M, Chandler L P, Cappelleri J C, Infante M C, Weiden P J (1999) Antipsychotic-induced weight gain: a comprehensive research synthesis. Am J Psychiatry 156: 1686–1696
2. Bandelow B, Rüther E (Hrsg) (1998) Therapie mit klassischen und neuen Neuroleptika. Springer: Berlin etc.
3. Barnes T R E, McPhillips M A (1999) Critical analysis and comparison of the side-effect and safety profiles of the new antipsychotics. Br J Psychiatry 174(Suppl 38): 34–43
4. Beasley C M, Dellva M A, Tamura R N, Morgenstern H, Glazer W M, Ferguson K, Tollefson G D (1999) Randomised double-blind comparison of the incidence of tardive dyskinesia in patients with schizophrenia during long-term treatment with olanzapine or haloperidol. Br J Psychiatry 174: 23–30
5. Beasley C M, Tollefson G, Tran P, Satterlee W, Sanger T, Hamilton S, and The Olanzapine HGAD Study Group (1996) Olanzapine versus placebo and haloperidol. Acute phase results of the North American double-blind olanzapine trial. Neuropsychopharmacology 14(2): 111–123
6. Chouinard G, Bradwejn J, Annable L, Jones B D, Ross-Chouinard A (1984) Withdrawal symptoms after long-term treatment with low-potency neuroleptics. J Clin Psychiatry 45: 500–502
7. Deiser R, Schindler R (1980) Das Verlaufsbild langjähriger Behandlungen mit Fluphenazindekanoat (Dapotum D). Psychiatria Clin 13:193–205
8. Dieterle D M, Müller-Spahn F, Ackenheil M (1991) Wirksamkeit und Verträglichkeit von Zotepin im Doppelblindvergleich mit Perazin bei schizophrenen Patienten. Fortschr Neurol Psychiatr 59(Suppl 1): 18–22
9. Editorial (2000)Neuroleptikum Olanzapin (ZYPREXA): Agranulozytose und malignes neuroleptisches Syndrom. arznei-telegramm 31(3): 31–32
10. Eerdekens M, Rasmussen M, Vermeulen A, Lowenthal R, Van Peer A (2000) Kinetics and safety of a novel risperidone depot fomulation (poster) 10th Biennial Winter Workshop on Schizphrenia. Davos, Febr. 5–11, 2000
11. Ekblom B, Eriksson K, Lindström L H (1984) Supersensitivity psychosis in schizophrenic patients after sudden clozapine withdrawal. Psychopharmacology 83:293–294
12. Esquirol J E D (1968) Von den Geisteskrankheiten. Hans Huber: Bern etc.: 84 (Übersetzung und Nachdruck von 1816)
13. Hayek D von, Hüttl V, Reiss J, Schweiger H-D, Füessl H S (1999) Hyperglykämie und Ketoazidose unter Olanzapin. Nervenarzt 70: 836–837
14. Heim M, Morgner J (1997) Feinmotorische Untersuchungen: Risperidon-Dosierung bei schizophrenen Patienten. TW Neurologie Psychiatrie 11: 587–589
15. Johnson A L, Johnson D A W (1995) Peer review of „Risperidone in the treatment of patients with chronic schizophrenia: a multi-national, multi-centre, double-blind, parallel-group study versus haloperidol". Br J Psychiatry 166: 727–733
16. Kane J, Ingenito G, Ali M (2000) Efficacy of aripiprazole in psychotic disorders: comparison with haloperidol and placebo (abstract). Schizophr Res 41(1, special issue): 39
17. Kasper S, Hale A, Azorin J-M, Möller H-J (1999) Benefit-risk evaluation of olanzapine, risperidone and sertindole in the treatment of schizophrenia. Eur Arch Psychiatry Clin Neurosci 249(Suppl 2): II/2–II/14
18. Kraus T, Haack M, Schuld A, Hinze-Selch D, Kuhn M, Uhr M, Pollmächer T (1999) Body weight and leptin plasma levels during treatment with antipsychotic drugs. Am J Psychiatry 156: 312–314
19. Kulhanek F (1994) Was wissen wir über die Beziehung der neuroleptischen Therapie zur Prävalenz, Inzidenz und Persistenz der Spätdyskinesien. In: Lange E, Hoffmann W (Hrsg) 6. Dresdner Symposium zu aktuellen Aspekten der Psychopharmakotherapie. Gustav Fischer: Jena etc.: 156–180

20. Kulhanek F (1995) Über die Bedeutung neuroleptischer Äquivalenzdosen, In: Hinterhuber H, Fleischhacker W W, Meise U (Hrsg) Die Behandlung der Schizophrenie. State of the Art. Integrative Psychiatrie: Innsbruck etc.: 229–239
21. Laux G, König W, Jones M (2000) Inpatient treatment of schizophrenia: a study of two leading atypical neuroleptics (abstract). Schizophr Res 41 (1, special issue): 38
22. Leucht S, Pitschel-Walz G, Abraham D, Kissling W (1999) Efficacy and extrapyramidal side effects of the new antipsychotics olanzapine, quetiapine, risperidone, and sertindole compared to conventional antipsychotics and placebo. A meta-analysis of randomized controlled trials. Schizophr Res 35: 51–68
23. Lucey J V, Brook S, Daniel D G, Reeves K R, Harrigan E P (2000) Intramuscular (im) ziprasidone: a novel treatment for the short-term management of agitated psychotic patients (abstract). Schizophr Res 41(1, special issue): 208
24. Marder S R, Meibach R C (1994) Risperidone in the treatment of schizophrenia. Am J Psychiatry 151(6): 825–835
25. McEvoy J P, Hogarty G E, Steingard S (1991) Optimal dose of neuroleptic in acute schizophrenia. A controlled study of the neuroleptic threshold and higher haloperidol dose. Arch Gen Psychiatry 48: 739–745
26. Möller H-J, Müller N (Hrsg) (1999) Atypische Neuroleptika: der Stellenwert in der Therapie schizophrener Psychosen. Dr. Dietrich Steinkopff: Darmstadt
27. Naber D, Lambert M, Krausz M (1999) Atypische Neuroleptika in der Behandlung schizophrener Patienten. Uni-Med: Bremen
28. Peuskens J, on behalf of the Risperidone Study Group (1995) Risperidone in the treatment of patients with chronic schizophrenia: a multi-national, multi-centre, double-blind, parallel-group study versus haloperidol. Br J Psychiatry 166: 712–726
29. Pickar D, Lieberman J A (1996) New strategies for treating psychosis: general discussion. J Clin Psychiatry 57(Suppl): 93
30. Richelson E (1996) Preclinical pharmacology of neuroleptics: focus on new generation compounds. J Clin Psychiatry 57(Suppl 11): 4–11
31. Sacks O (1991) Awakenings – Zeit des Erwachens. Rowohlt Taschenbuch Verlag: Reinbek bei Hamburg
32. Saletu B, Küfferle B, Grünberger J, Földes P, Topitz A, Anderer P (1994) Clinical, EEG mapping and psychometric studies in negative schizophrenia: comparative trials with amisulpride and fluphenazine. Neuropsychobiology 29: 125–135
33. Simpson G M, Lee J H, Shrivastava R K (1978) Clozapine in tardive dyskinesia. Psychopharmacology 56: 75–80
34. Tollefson G D, Beasley C M, Tamura R N, Tran P V, Potvin J H (1997) Blind, controlled, long-term study of the comparative incidence of treatment-emergent tardive dyskinesia with olanzapine or haloperidol. Am J Psychiatry 154(9): 1248–1254
35. Weiden P, Aquila R, Standard J (1996) Atypical antipsychotic drugs and long-term outcome in schizophrenia. J Clin Psychiatry 57(Suppl 11): 53–60
36. Wetzel H, Bardeleben U von, Holsboer F, Benkert O (1991) Zotepin versus Perazin bei Patienten mit paranoider Schizophrenie: eine doppelblind-kontrollierte Wirksamkeitsprüfung. Fortschr Neurol Psychiatr 59(Suppl 1): 23–29
37. Zimbroff D L, Kane J M, Tamminga C A, Daniel D G, Mack R N, Wozniak P J, Sebree T B, Wallin B A, Kashkin K B, The Sertindole Study Group (1997) Controlled, dose-response study of sertindole and haloperidol in the treatment of schizophrenia. Am J Psychiatry 154: 82–91

Station für kognitive Therapie

M. Lasar

Stellvertreter des Leitenden Arztes, Leitender Abteilungsarzt Allgemeine Psychiatrie II,
Westfälisches Zentrum für Psychiatrie, Psychotherapie und Psychosomatik,
Akademisches Lehrkrankenhaus und Universitätsklinik für Psychosomatik und
Psychotherapeutische Medizin der Ruhr-Universität Bochum, Dortmund, Deutschland

Einleitung

In den zurückliegenden Jahren standen bei der wissenschaftlichen und klinischen Beschäftigung mit kognitiven Vorgängen im Rahmen der schizophrenen Krankheit *biologische Kognitionsanteile* im Vordergrund des Interesses. Hierbei dokumentierten zahlreiche Publikationen z. B. Aufmerksamkeitsdefizite, Informationsverarbeitungsstörungen, Beeinträchtigungen des Kurzzeitgedächtnisses oder Wahrnehmungsstörungen bei schizophren Kranken. Huber und Mitarbeiter haben in diesem Rahmen früh kognitive Veränderungen innerhalb des so bezeichneten Basisstörungskonzeptes vorgestellt (Huber 1994).

Mit Hilfe derartiger Erkenntnisse war es möglich, zu fragen, ob die genannten Störungen und Beeinträchtigungen therapeutisch angehbar waren und wenn ja, über welche Methode? Weiterhin entwickelte sich in bezug auf betroffene Patienten die Einschätzung, daß beobachtbare Kognitionseinbußen einmal als Krankheitssymptome aufzufassen sind, sich weiterhin auch als Nebenwirkungen von klassischen Neuroleptika im therapeutischen Prozeß darstellen können.

Erst in ganz junger Zeit wurde die inhaltliche Diskussion über kognitive Vorgänge um den Aspekt der höheren kognitiven Leistungen, hier die von kognitiven Denkvorgängen, erweitert. Über kognitive Denkprozesse sind Menschen in der Lage, sich mit ihrer Umwelt im Sinne der Ausbildung von Vorstellungen und Überzeugungen, des Verstehens und des Bewertens auseinanderzusetzen. Es ist unmittelbar einleuchtend, daß derartige kognitive Leistungen mit subjektiven Merkmalen, biographischen Ereignissen und psychologischen Faktoren verbunden sind und nicht mehr primär von biologischen Funktionen abhängen. Wegen ihres Umweltbezuges werden derartige höherwertige kognitive Leistungen als *exekutive Kognitionsfunktionen bezeichnet.*

Die hier getroffene Unterscheidung soll nicht polarisieren, sondern die Tatsache der biopsychosozialen Einheit von Menschen berücksichtigen.

Auch der Kognitionsbegriff ist hierunter zu subsumieren und wird mit der Unterscheidung in biologische und exekutive Anteile ganzheitlich.

Therapeutischer Prozeß und exekutive Kognitionen

Vielen der in den zurückliegenden Jahren entwickelten therapeutischen Interventionen bei schizophrener Krankheit liegt die Auffassung zu Grunde, über Aufklärung zum Krankheitsbild, Vermittlung von Wissen (z. B. über die Medikation) oder die Aneignung von Kompetenzen zur Frühsymptomerkennung Hilfen zu geben, sich poststationär oder im Rahmen der ambulanten Behandlung auf einer Ebene der Krankheitsbewältigung aktiv mit der Schizophrenie auseinanderzusetzen. Ein wichtiges Ziel dieser Interventionen besteht darin, die Patienten zu ermutigen, zum einen professionelle Hilfe, auch die möglicherweise notwendige Medikation, längerfristig in Anspruch zu nehmen. Weiterhin soll der bei schizophren Kranken zu beobachtenden Tendenz entgegengewirkt werden, sich mehr und mehr im Krankheitsverlauf zurückzuziehen und sich letztlich sozial zu isolieren. Die bekannten Konsequenzen dieser Verhaltensweise bestehen in Beeinträchtigungen des familiären, partnerschaftlichen und freundschaftlichen Umfeldes, der beruflichen Veränderungen und weiteren im Grunde negativen Auswirkungen der Krankheit (Böker und Brenner 1986, Böker und Brenner 1989).

In diesem Kontext wurden verschiedene Interventionsformen, hier exemplarisch ausgewählt, vorgestellt:
Im Rahmen der Psychoedukation werden Patienten und häufig die Familienangehörigen mit Informationen über die Grunderkrankung, den Krankheitsverlauf, die Medikation oder Verhaltensweisen bei schizophrener Krankheit versorgt. Es zeigte sich anerkannt, daß dieser Interventionsart eine stabilisierende und krankheitsprophylaktische Wirkung zukommt (Bäuml et al. 1996, Grawe et al. 1994). Auf die familientherapeutischen Ansätze soll an dieser Stelle nur hingewiesen werden (Hahlweg 1997).

Unabhängig von psychoedukativen Modellen ergaben empirische Untersuchungen, daß mehr als die Hälfte der betroffenen schizophren kranken Menschen und über zwei Drittel der Angehörigen im Vorfeld eines Krankheitsrezidives Frühsymptome der Erkrankung („Vorwarnsymptome") beobachten konnten. Mit diesem Wissen wurden Therapiemodelle zum Frühsymptom-Management entwickelt. Patienten und Angehörige sollen hierüber in die Lage versetzt werden, einem drohenden Rezidiv frühzeitig effiziente Verhaltensstrategien entgegenzusetzen, wobei auf das persönliche Wissen und die Erfahrung zurückgegriffen wird (Trenckmann et al. 1999). Als ein theoretischer Hintergrund dienten bei diesem Modell die Erfahrungen des Social Skill Trainings nach Liberman (Liberman 1982).

Hornung stellte ein Therapiemodell vor, das bereits frühzeitig im stationären Behandlungsprozeß der schizophrenen Krankheit eingesetzt werden kann (Hornung und Schmitz-Niehues 1997). Neben gezielten Interventionen über Psychoedukation und Gruppenangebote werden hier, eher unter klinischen Erwägungen, nicht direkt kognitiv evaluierte Therapieangebote, etwa Kunst- und Musiktherapie, als therapeutisches Verbundsystem in ihrer Auswirkung auf die Patienten untersucht und beforscht.

Am bedeutsamsten stellt sich nach wie vor das klassische Integrierte Psychologische Therapieprogramm aus der Arbeitsgruppe um Brenner dar (Roder et al. 1996). Dieses in mehrere Therapieschritte unterteilte kognitive Trainingsprogramm für Schizophrene berücksichtigt im Sinne eines mehrdimensionalen Ansatzes sowohl die biologischen („basalen") als auch die psychosozial ausgerichteten („exekutiven") Anteile der Kognition. Ein Vorteil dieses Programms ergibt sich aus der außerordentlichen theroretischen Differenziertheit.

Für derartige Instrumente und Interventionen läßt sich jedoch kritisch anmerken, daß nicht alle Patienten bei Anwendung von den therapeutischen Maßnahmen in gleicher Weise profitieren. Offen gab etwa Hornung an, daß in der entsprechend durchgeführten kognitiven Therapie nach seinem Modell einige wenige Patienten stärker krank wurden, so daß sie, vermutlich durch Überforderung, einen regelrechten Krankheitsrückfall erlitten (Hornung und Schmitz-Hiehues 1997). Auch ist die Unterscheidung zwischen einer möglichen Kurzzeit- und Langzeitwirkung kognitiver Maßnahmen nur wenig evaluiert worden (Corrigan et al. 1995, Lieh-Mak und Lee 1997); eingehendere katamnestische Untersuchungen sind hier einzufordern. Weiterhin stellt sich die Frage, inwieweit Patienten aus den erlernten Erfahrungen in ihrem spezifischen Lebenskontext in Problemsituationen nach dem Ende einer jeweiligen Therapie generalisieren können.

An dieser Schnittstelle, die zum einen auf die Vorteile kognitiver Therapieinterventionen für eine Vielzahl von Patienten und Angehörigen hinweist, zum anderen auch Probleme und Fragestellungen für die gesamte Patientengruppe aufzeigt, kommen nach vorliegendem Verständnis die exekutiven Kognitionsfunktionen zur Geltung. Wenn die hier exemplarisch vorgestellten Modelle neben anderen zum Ziel haben, die Ressourcenorientiertheit und Aktivität von Patienten im Umgang mit der schizophrenen Krankheit fördern zu wollen, ist die Berücksichtigung von kognitiven Denkvorgängen mit Bezug auf Planungs- und Handlungsabläufe oder subjektive Bewertungen von Handlungsergebnissen unumgänglich.

In diesem Rahmen sind in den vergangenen Jahren hilfreiche psychologische Theorien vorgestellt worden, die im folgenden Abschnitt beschrieben werden.

Darstellung exekutiver Kognitionsfunktionen

Nur anzumerken ist, daß die Beschäftigung mit kognitiven Modellen in der Psychiatrie erst durch einen Austausch mit der Psychologie möglich geworden ist, als deren Gegenstand die Kognitive Psychologie seit jeher aufzufassen ist. Hierunter sind sowohl die eher biologisch als auch psychosozial (exekutiv) orientierten Kognitionsanteile zu subsumieren.

Seit der Renaissance von Willens- und Handlungstheorien in den 80er Jahren durch Heckhausen (Heckhausen 1989) innerhalb der Psychologie und später der Psychiatrie (Lasar 1998) konnten sich verschiedene kognitive Modelle, die sich mit der Exekutivfunktion auseinandersetzen, bei psychischen Erkrankungen etablieren. Bevor hier zwei dieser Modelle vorgestellt werden, soll, vereinfacht zusammengefaßt, die Theorie von Heckhausen dargelegt sein:

Nach einer längeren Phase von wissenschaftlichen Auseinandersetzungen zum Thema wurde über das so bezeichnete Rubikonmodell der Handlung von Heckhausen eine Weiterentwicklung der Handlungstheorie möglich. Heckhausen ging davon aus, daß vor einer Handlung eine Phase der Motivation anzusetzen ist. Nach deren Abschluß bildet ein Mensch die Intention zur Handlung aus („Ich will handeln"). In der zeitlichen Folge nach der Intentionsbildung wird die zielorientierte Handlung eingeleitet und zielorientiert durchgeführt. Das erreichte Handlungsergebnis kann mit Heckhausen, je nach Bedeutung der durchgeführten Handlung selbst, im Anschluß bewertet werden (postaktionale Phase). Die postaktionale Phase kann hierbei als Erfahrungsgewinn aus dem erreichten Ziel der durchgeführten Handlung (positiv oder negativ) aufgefaßt werden, so können etwa mögliche Erfahrungen für zukünftig vergleichbare Handlungen gewonnen werden.

In diesem Bereich der Handlungsergebnisbewertung sind in der zurückliegenden Zeit die von Rotter (Rotter 1966, Rotter 1973) vorgestellten und im deutschsprachigen Raum von Krampen (Krampen 1987) weiterentwickelten Kontrollüberzeugungen als ein relevantes kognitives Konstrukt neu bearbeitet worden. An dieser Stelle soll auf die Bedeutung dieser handlungsbegleitenden kognitiven Denkvorgänge etwa in gesundheitsbezogenen Handlungszusammenhängen, z. B. bei der Krankheitsbewältigung von körperlichen und psychischen Erkrankungen, nur hingewiesen werden (Lasar und Kotterba 1998, Salewski und Klauer 1999).

Für die Phase nach der Intentionsbildung bis zur Erreichung des eigentlichen Handlungszieles im Heckhausenschen Rubikonmodell beschrieben Kuhl und Mitarbeiter handlungsleitende exekutive Kognitionen, die im folgenden näher dargestellt werden sollen (Kuhl 1992, Kuhl und Beckmann 1994). Erste Ausführungen und empirische Daten bei schizophrener Krankheit liegen vor (Beckmann 1999, Lasar und Ribbert 1999).

Kuhl nannte die als handlungsleitende Kognitionen einzuschätzenden handlungsaktiven kognitiven Denkaggregate Handlungskontrollmechanismen. Sie sind bei Menschen in bestimmten Handlungsarten spezifisch repräsentiert und erwiesen sich als eher persönlichkeitskonstantes Merkmal.

Mit *Handlungsorientierung* wird eine kognitive Einstellung bezeichnet, über die die beabsichtigte Zielerreichung einer Handlung eher günstig und unproblematisch erfolgt. In einem kognitiven Zustand von Handlungsorientierung sind a) der Ausgangspunkt der Handlung, b) das zu erreichende Ziel selbst, c) die notwendigen Handlungsschritte hin zum Ziel und d) das Wissen um den tatsächlichen Unterschied zwischen Ausgangspunkt und Endpunkt der Handlung in einem ausgewogenen Maße kognitiv repräsentiert.

Demgegenüber steht die *Lageorientierung* als in vielen Fällen eher ungünstige handlungsleitende Kognition. Hier sind die unter a) bis d) genannten Punkte nicht ausgewogen kognitiv realisiert. Vielmehr verharrt der zur Zielerreichung eigentlich bereite Mensch auf einem oder wenigen der vier handlungsrelevanten Zustände und denkt beispielsweise etwa unentwegt an das zu erreichende Ziel, ohne konkretere Vorstellungen über die notwendigen Handlungsschritte zu entwickeln, oder seine Ausgangssituation zu überdenken. Die intendierte Zielerreichung wird hierdurch erschwert, verzögert oder gar am Ende unmöglich. Nur anzumerken ist, daß Lageorientierung nicht prinzipiell „negativ" aufgefaßt werden muß. In bestimmten Situationen oder Zusammenhängen stellt Lageorientiertheit einen notwendigen und hilfreichen Zustand z. B. für ein anderes Ziel dar.

Bei schizophrenen Patienten ist in Verbindung mit dem psychopathologischen Befund anzunehmen, daß sie sich in relevanten Handlungskontexten eher lageorientiert darstellen. Zur Annäherung an diese Annahme wurde die im folgenden Kapitel vorgestellte empirische Untersuchung durchgeführt.

Empirische Daten zu Handlungskontrollmechanismen bei chronischer Schizophrenie

Untersuchungsgruppe und Methode

Untersucht wurden 50 ambulante Patienten mit einer nach DSM-IV (1994) gesicherten Diagnose einer chronischen Schizophrenie. 31 der Probanden waren männlich, 19 waren weiblichen Geschlechts. Das Durchschnittsalter betrug 38,3 Jahre, das Ersterkrankungsalter lag bei 27,6 Jahren. Die durchschnittliche Krankheitsdauer belief sich auf 10,6 Jahre.

Zur Erfassung der handlungsleitenden Kognitionen „Handlungskontrollmechanismen" wurde der von Kuhl entwickelte Fragebogen HAKEMP 90 (Kuhl 1990) eingesetzt. Es handelt sich bei diesem Instrument um einen Selbstbeurteilungsfragebogen mit 36 Items. Erfaßt und unterschieden wird die Handlungsorientierung a) nach Mißerfolgserfahrungen (HOM), b) in Planungs- und Entscheidungsprozessen (HOP) und c) bei erfolgreicher Ausführung einer Tätigkeit (HOT). Je nach Punkteergebnis oberhalb des Medians wird Handlungsorientierung, unterhalb des Medians Lageorientierung erreicht.

Der psychopathologische Befund wurde mittels der ursprünglich von Lorr entwickelten und ins Deutsche übersetzten IMPS-Skala (Hiller et al. 1986) fremdbeurteilt durch den Untersucher erhoben. Aus einer Skala von 90 Items werden schließlich 12 psychopathologische Primärsymptome gebildet, die wiederum selbst in einem weiteren Schritt zu vier psychopathologischen Sekundärsymptomen zusammengefaßt werden können: I) der paranoid halluzinatiorischen Symptomatik, II) der anderen psychotischen Symptomatik,

III) der depressiven Symptomatik und IV) der manischen Symptomatik.

Statistische Verfahren

Eingesetzt wurde neben der deskriptiven Statistik die Korrelation von Bravais und Pearson und die schrittweise Multiple Regression (Sachs 1992). Zur Erklärung gilt bei den Korrelationen: * = 5%-Niveau, ** = 1%-Niveau und *** = 0,1%-Niveau.

Ergebnisse

Antworthäufigkeiten in den Meßinstrumenten

In dem die handlungsleitenden Kognitionen erfassenden HAKEMP 90 stellten sich folgende Ergebnisse dar:

Im Zusammenhang mit der Handlungsorientierung nach Mißerfolgserfahrungen (HOM) und in Planungs- und Entscheidungsprozessen (HOP) stellten sich die Untersuchungsteilnehmer eher lageorientiert dar (M=5.08, s=3.14, M=5.34, s=3.76). In bezug auf die erfolgreiche Ausführung von Tätigkeiten (HOT) war ein handlungsorientierter Kontrollmodus erkennbar (M=7.7, s=2.82).

Tabelle 1. Mittelwert (M) und Standardabweichung (s) von Roh- und T-Werten in der Psychopathologieskala IMPS der ambulanten Untersuchungsgruppe (n = 50)

ITEM	ROHWERT		T-WERT	
	M	s	M	s
Erregtheit (EXC)	3,08	4,39	47,32	8,32
Gereiztheit (HOS)	0,34	1,22	41,67	6,53
Wahnhaftigkeit (PAR)	0,46	1,26	45,76	4,49
Größenwahn (GRN)	0,12	0,47	50,10	4,10
Trugwahrnehmungen (PCP)	0,46	1,50	49,73	5,23
Depressive Verstimmtheit (ANX)	0,68	1,67	37,52	4,36
Verlangsamung/Apathie (RTD)	3,30	3,85	48,01	7,81
Orientierungsstörungen (DIS)	0,00	0,00	00,00	0,00
Störungen der Psychomotorik (MTR)	1,14	2,25	52,02	7,43
Verwirrtes Denken (CNP)	0,72	1,47	51,78	6,94
Erschöpftheit/Vitalstörungen (IMP)	0,98	2,63	36,79	5,26
Zwänge/Phobien (OBS)	0,08	0,34	47,19	1,77

Die Antworthäufigkeiten bezüglich der psychopathologischen Items ergibt sich in der Tabelle 1). Deutlich wird, daß den Symptomen „Erregtheit" (EXC), „Verlangsamung/Apathie" (RTD) und der „Störung der Psychomotorik" (MTR) im Rahmen der Primärsymptome die größte Bedeutung zukam. Über die T-Werte wurde erkennbar, daß die psychopathologische Symptomatik in der vorliegenden Untersuchungsgruppe den Kriterien einer normalen Ausprägung im IMPS entsprachen, da T-Werte hier bis zum Wert von 50 als durchschnittlich aufgefaßt werden.

Korrelationen

Im nächsten Auswertungsschritt war es von Interesse, den korrelativen Zusammenhang zwischen den psychopathologischen Befunden in der IMPS-Skala und den handlungsleitenden Kognitionen im HAKEMP 90 darzustellen. Die erzielten Ergebnisse sind in der Tabelle 2) dargestellt. Es wird deutlich, daß kaum statistisch relevante Bezüge zwischen den für die ambulante Untersuchungsgruppe prominenten IMPS-Primärskalen und handlungsleitenden Kognitionen auftraten. Lediglich der gegenläufige Zusammenhang zwischen der Handlungsorientierung in erfolgreicher Tätigkeits-

Tabelle 2. Korrelationen zwischen relevanten IMPS-Primär- und den IMPS-Sekundärskalen mit den Handlungskontrollmodi (HOM, HOP, HOT) im HAKEMOP 90 der ambulanten Untersuchungsgruppe (n = 50)

IMPS-Primärskalen	HAKEMP 90					
	HOM		HOP		HOT	
	r	p	r	p	r	p
Erregtheit (EXC)	.16	.26	.01	.89	.14	.30
Verlangsamung/ Apathie (RDT)	-.01	.89	-.12	.39	-.28*	.04
Störungen der Psychomotorik (MTR)	-.10	.45	.08	.57	-.12	.40
IMPS-Sekundärskalen						
I Paranoid halluzinatorische Symptomatik	-.05	.70	-.006	.96	-.11	.41
II Andere psychotische Symptomatik	-.09	.51	-.06	.66	-.29*	.04
III Depressive Symptomatik	-.12	.38	-.34**	.01	-.35**	.01
IV Manische Symptomatik	-.10	.45	.02	.86	.10	.47

r = Korrelationskoeffizient, p = Wahrscheinlichkeit. Signifikanz auf Ebene *5%, **1%, ***0,1% HOM = Handlungsorientierung nach Mißerfolgserfahrungen, HOP = Handlungsorientierung in Planungs- und Entscheidungsprozessen, HOT = Handlungsorientierung bei erfolgreichen Tätigkeiten

ausführung (HOT) und dem Psychopathologiepunkt „Verlangsamung und Apathie" (RTD) stellte sich so dar, daß mit zunehmender Handlungsorientierung in HOT die Verlangsamung und Apathie abnahmen (r = -.28*).

Stärkere Verbindungen ergaben sich von den IMPS-Sekundärskalen ausgehend. Die Syndromgruppe der „depressiven Symptomatik" war sowohl (jeweils gegenläufig) mit Handlungskontrollmechanismen in Planungs- und Entscheidungssituationen (HOP) als auch mit HOT, der erfolgreichen Tätigkeitsausführung, gegenläufig verbunden. Je depressiver ein Patient war, je lageorientierter war seine handlungsleitende kognitive Einstellung in Planungs- und Entscheidungsprozessen und nach erfolgreicher Tätigkeitsausführung (r = -.34**, r = -.35**).

Die Sekundärskala der „anderen psychotischen Symptomatik" stand ebenfalls gegenläufig mit HOT, der erfolgreichen Tätigkeitsdurchführung, in korrelativer Verbindung. Je stärker das psychopathologische Syndrom ausgeprägt war, desto lageorientierter war ein Proband in HOT (r = -.29*).

Die übrigen Sekundärskalen im IMPS bildeten keine relevanten Verbindungen zu handlungsleitenden Kognitionen aus. Interessant ist weiterhin die fehlende Verbindung zwischen irgendeinem Psychopathologiemerkmal und der Handlungsorientierung nach Mißerfolgserfahrungen (HOM).

Multiple Regressionen

Mit Hilfe der schrittweisen Multiplen Regressionen wird im folgenden die Vorhersagbarkeit einer für den Untersuchungsgegenstand der ambulanten Patientengruppe jeweils interessierenden abhängigen Variablen durch eine Prädiktorvariable vorgestellt. In diesem Sinne wurden die Sekundärskalen der IMPS-Skala zur jeweils abhängigen Variablen definiert und mit den Handlungskontrollmechanismen als Prädiktorvariablen in die entsprechende schrittweise Verbindung gebracht. Die Ergebnisse sind in der Tabelle 3 dargestellt.

Tabelle 3. Schrittweise Multiple Regressionen. Bericht signifikanter Prädiktoren bezüglich der Kriterien (abhängige Variablen) „Psychopathologiesyndromgruppen I–IV" (IMPS-Skala) über die ambulante Untersuchungsgruppe (n=50)

Abhängige Variable	Prädiktorvariable	Beta	T-Wert	Signifikanter T-Wert
II Andere psychotische Symptomatik	Lageorientierung bei erfolgreicher Tätigkeit (HOT)	-.289	-2.099	.041
III Depressive Symptomatik	Lageorientierung bei erfolgreicher Tätigkeit (HOT)	-.356	-2.647	.011
	Lageorientierung in Planungs- und Entscheidungsprozessen (HOP)	-.210	-2.197	.033

β=Standardisierte Regressionsgewichte

Erkennbar wird, daß sich im Rahmen der Multiplen Regressionen keinerlei Zusammenhänge zwischen den IMPS-Sekundärskalen der „paranoid halluzinatorischen" und der „manischen Symptomatik" ergaben. Demgegenüber ließ sich die „depressive Symptomatik" durch eine Lageorientierung bei erfolgreicher Tätigkeit (HOT) und eine Lageorientierung in Planungs- und Entscheidungsprozessen (HOP) vorhersagen (statistische Werte siehe Tabelle 3). Auch war die Vorhersagbarkeit der Psychopathologieskala der „anderen psychotischen Symptomatik" durch eine Lageorientierung in Planungs- und Entscheidungsprozessen (HOP) in der Probandengruppe gegeben (Tabelle 3).

Diskussion und Ausblick

Im vorliegenden Text wurden erste Untersuchungsergebnisse zu handlungsleitenden exekutiven Kognitionen bei einer Untersuchungsgruppe von 50 ambulanten Patienten mit einer chronischen Schizophrenie vorgestellt. Mit Hilfe der Berücksichtigung von kognitiven handlungsbezogenen Denkaggregaten sind allgemeine Aussagen über die kognitive Leistungsfähigkeit von schizophrenen Menschen in bezug auf a) die Planung, Vorhersehbarkeit, Zielorientiertheit („Vorausdenken") oder b) Handlungsergebnisbewertungen im jeweiligen Handlungskontext besser möglich. Da wir in früherer Zeit bereits zu kognitiven Denkaggregaten von Handlungsergebnisbewertungen Stellung bezogen haben (Lasar und Loose 1994, Lasar 1997), beschäftigte sich dieser Text mit exekutiven Kognitionen der zielorientierten Handlung bei Menschen mit Schizophrenie.

Die Untersuchung ergab Zusammenhänge zwischen bestimmten psychopathologischen Befunden bei Schizophrenie und handlungsleitenden Kognitionen. Deutlich war der korrelative Bezug zwischen der stärkeren depressiven Symptomatik der Probanden und einer Lageorientierung in Planungs- und Entscheidungssituationen und bei erfolgreicher Tätigkeitsausführung. „Depressivität" der schizophrenen Patienten ließ sich im Rahmen der schrittweisen Multiplen Regression sogar durch eine Lageorientierung in Planungs- und Entscheidungszusammenhängen vorhersagen.

Die hier gewonnenen Ergebnisse sollen nicht rein theoretisch bleiben, sondern in der Station für kognitive Therapie in der Dortmunder psychiatrischen Klinik im praktischen Umgang mit Patienten umgesetzt werden. Ziel ist es, im Rahmen der gewonnenen allgemeinen wissenschaftlichen Erkenntnisse zur kognitiven Therapie bei schizophrenen Menschen ressourcengebündelt kognitive Interventionen durchzuführen. Hierbei handelt es sich naturgemäß nicht um eine „Neuerfindung des Rades", vielmehr werden die im vorliegenden Text vorgestellten wissenschaftlichen Erkenntnisse anderer Arbeitsgruppen berücksichtigt. Eingesetzt werden zur Förderung der biologischen Kognitionsanteile zeitgemäße computergestützte PC-Programme (Olbrich 1996). Als weiterer Schritt ist vorgesehen, anhand ermittelter Ergebnisse zu exekutiven Kognitionen von zielorientierten Handlungsabläufen und Kognitionen in bezug auf gesundheitsbezogene Handlungsergebnisbewertungen kognitiv orientierte Psychotherapieinterventionen einzusetzen (Psychoedukation, kognitive Therapie). Es wird interessant sein, diesbezügliche verlaufsorientierte Daten zu erheben und auszuwerten.

Literatur

1. Bäuml J, Kissling W, Pitschel-Walz G (1996) Psychoedukative Gruppen für schizophrene Patienten: Einfluß auf Wissensstand und Compliance. Ergebnisse der Münchener PIP-Studie. Nervenheilkunde 15: 145–150
2. Beckmann J (1999) Alienation und Introjektion. Verlust des individuellen Selbst als Merkmal schizophrener Erkrankung. In: Lasar M, Ribbert H (Hrsg) Kognitive und motivationale Prozesse bei schizophrener Erkrankung. S. Roderer: Regensburg
3. Böker W, Brenner H D (Hrsg)(1986) Bewältigung der Schizophrenie. Huber: Bern, Stuttgart, Toronto
4. Böker W, Brenner H D (Hrsg)(1989) Schizophrenie als systemische Störung. Huber: Bern, Stuttgart, Toronto
5. Corrigan P W, Hirschbeck J N, Wolfe M (1995) Memory and vigilance training to improve social perception in schizophrenia. Schizophr Res 17: 257–265
6. DSM-IV (1994) Diagnostic and statistical manual of mental disorders. Washington: American psychiatric association
7. Grawe K, Donati R, Bernauer F (1994) Psychotherapie im Wandel. Hogrefe: Göttingen, Bern
8. Hahlweg K (1997) Psychoedukative Familienbetreuung bei schizophrenen Patienten. In: Lasar M, Trenckmann U (Hrsg) Psychotherapeutische Strategien der Schizophreniebehandlung. Pabst Science Publishers: Lengerich, Berlin, Düsseldorf
9. Heckhausen H (1989) Motivation und Handeln. Springer: Berlin, Heidelberg, New York
10. Hiller W, Zerssen v. D, Mombour W, Wittchen H U (1986) IMPS: Inpatient multidimensional psychiatric rating scale. Eine multdimensionale Skala zur systematischen Erfassung des psychopathologischen Befundes (deutsche Version) Beltz: Weinheim
11. Hornung W P, Schmitz-Niehues B (1997) Möglichkeiten verhaltenstherapeutischer Interventionen im Rahmen stationärer Behandlung von schizophrenen Patienten. In: Lasar M, Trenckmann U (Hrsg) Psychotherapeutische Strategien der Schizophreniebehandlung. Pabst Science Publishers: Lengerich, Berlin, Düsseldorf
12. Huber G (1994) Psychiatrie. Schattauer: Stuttgart, New York
13. Krampen G (1987) Handlungstheoretische Persönlichkeitspsychologie. Hogrefe: Göttingen, Toronto, Zürich
14. Kuhl J (1990) Kurzanweisung zum Fragebogen HAKEMP 90. Osnabrück: Fachbereich Psychologie
15. Kuhl J (1992) A theory of self-regulation. Action versus state orientation, self-discrimination, and some applications. Appl Psychol 41: 97–129
16. Kuhl J, Beckmann J (eds)(1994) Volition and personality. Hogrefe & Huber: Seattle, Toronto, Göttingen
17. Lasar M, Loose R (1994) Kontrollüberzeugungen bei chronischer Schizophrenie – Empirische Daten einer ambulanten Patientengruppe. Nervenarzt 65: 464–469
18. Lasar M (1997) Kognitive Handlungsbewertung bei akut erkrankten chronisch schizophrenen Patienten. Psychol Beitr 39: 297–311
19. Lasar M (1998) Wille, Handlungskontrolle und chronische Schizophrenie. Pabst Science Publishers: Lengerich, Berlin, Düsseldorf
20. Lasar M, Kotterba S (1998) Multiple Sklerose – Der betroffene Mensch im psychosozialen Austausch. In: Stark A (Hrsg) Leben mit chronischer Erkrankung des Zentralnervensystems. Krankheitsbewältigung – Rehabilitation – Therapie. DGVT-Verlag: Tübingen

21. Lasar M, Ribbert H (1999) Kognitive und motivationale Prozesse bei schizophrener Erkrankung. In: Lasar M, Ribbert H (Hrsg) Kognitive und motivationale Prozesse bei schizophrener Erkrankung. S. Roderer: Regensburg
22. Liberman R P (1982) Assessment of social skills. Schizophren Bull 8: 62–84
23. Lieh-Mak F, Lee P W H (1997) Cognitive deficit measures in schizophrenia: Factor structure and clinical correlates. Am J Psychiatry 154: 39–46
24. Olbrich R (1996) Computer based psychiatric rehabilitation: Current activities in Germany. Europ Psychiatr 11 (Suppl 2): 60–65
25. Roder V, Zorn P, Keppeler U, Brenner H D (1996) Integriertes Psychologisches Therapieprogramm (IPT) für schizophren Erkrankte. Psychotherapeut 41: 181–189
26. Rotter J B (1966) Generalized expectancies for internal versus external control of reinforcement. Psychol Mon 80: 1–28
27. Rotter J B (1973) Some problems and misconceptions related to the construct of internal versus external control of reinforcement. J Consult Clin Psychol 43: 56–67
28. Sachs L (1992) Angewandte Statistik. Springer: Berlin, Heidelberg, New York
29. Salewski C, Klauer T (1999) Kontrollüberzeugungen und psychiatrische Erkrankungen. In: Lasar M, Ribbert H (Hrsg) Kognitive und motivationale Prozesse bei schizophrener Erkrankung. S. Roderer: Regensburg
30. Trenckmann U, Briese R, Adolph H, Schlebusch P (1999) Rückfall-Früherkennung – Evaluation eines semistandardisierten Trainingsprogramms für schizophren gefährdete Menschen zur verbesserten Selbstwahrnehmung eines drohenden Rezidivs. In: Lasar M, Ribbert H (Hrsg) Kognitive und motivationale Prozesse bei schizophrener Erkrankung. S. Roderer: Regensburg

Wann und woran sterben Alkoholkranke?

A. Genz

Haldensleben, Deutschland

Auf diese Frage existieren schon viele und auf den ersten Anschein auch hinlängliche Antworten. So ist es ärztliches Allgemeinwissen, daß Alkoholkranke eine höhere Sterblichkeit als die Allgemeinbevölkerung haben und bei vielen Alkoholkranken die Leberfunktion hinsichtlich des Überlebens der begrenzende Faktor ist.

Auf den zweiten Blick zeigt sich eine Fülle von ungelösten Fragen, von denen hier nur zwei große Gruppen erwähnt seien:

Zum einen gibt es bislang nur sehr fragmentarische und unvollständige Daten, warum es den Suchtkranken A und nicht den Suchtkranken B betrifft – was also die zusätzlichen disponierenden Faktoren sind, die im Einzelfall das Betroffensein eines Organs und den Grad dieses Betroffenseins bestimmen. Um bei dem Beispiel der ungleich häufiger Alkoholkranke als nicht Alkoholkranke betreffenden Leberschädigung zu bleiben: Es gibt sogar auch den Alkoholiker mit der wenig betroffenen Leber, (nur) 10–35% schwerer Trinker entwickeln eine alkoholbedingte Hepatitis (Bridget et al. 1988) und die Zahl der dafür ursächlich zusätzlich in Betracht kommenden Faktoren reicht von zusätzlichen viralen Leberaffektionen bis hin zu Polymorphismen der Alkoholdehydrogenase (Poupon et al. 1992) und ist in ihrer Bedeutung weitgehend noch nicht erfaßt.

Zum zweiten stellt sich beim Blick auf die Datenlage sehr rasch heraus, daß die große Mehrheit der Ergebnisse nicht in Deutschland gewonnen worden ist, sondern in skandinavischen und außereuropäischen – vorwiegend angelsächsischen – Ländern, in denen sich die Trinkgewohnheiten – Trinkmengen und Trinkstile – außerordentlich von denen in Deutschland unterscheiden. Die in diesen Studien bestimmte Übersterblichkeit variiert – und nicht nur nach Länge der Beobachtungszeit – ganz erheblich: In Neuseeland wurde bei der Nachverfolgung von 616 diagnostizierten alkoholkranken Männern über durchschnittlich 8 Jahre nur eine 1,5fach erhöhte Sterblichkeit gefunden (Wells and Walker 1990). In zwei klassischen amerikanischen Studien verstarben 14,5% der untersuchten Alkoholiker innerhalb von 4 Jahren und hatten somit ein zweieinhalbfach über der Allgemeinbevölkerung liegendes Risiko (Polich 1980), in einer

Achtjahresstudie fand Vaillant (1983) die Sterblichkeit behandelter Alkoholkranker mit 29% dreifach über der einer Normalpopulation liegend. Demgegenüber bestimmten Marshall et al. (1994) in England eine 3,6fache Erhöhung bei 20jährigem Follow-up und in einer 40 Jahre überspannenden Studie Öjesjö et al. (1998) bei einem durchschnittlichen Todesalter von 56,6 Jahren ein auf das 5,6fache erhöhtes Mortalitätsrisiko.

Gerdner und Berglund (1997) bestimmten nach durchschnittlich 8,5 Jahren 24% als verstorben, hier konnte eine klare Korrelation auch zum Trinkverhalten nach Entlassung aus einer Therapie bestimmt werden: Nur unter den Langzeitabstinenten fanden sich keine Toten, während die Rückfälligen eine neunfach gegenüber der Bevölkerung erhöhte Mortalitätsrate hatten.

Welche Zahlen auf deutsche Verhältnisse extrapoliert werden können, bleibt offen. Dies betrifft auch die Untersuchungen, die sich im Rahmen von Langzeitstudien mit dem Überleben einer kleinen Gruppe der Alkoholkranken beschäftigen, nämlich denjenigen, die sich in klinisch-psychiatrisch-psychotherapeutische Behandlung begeben haben, somit expertendiagnostiziert sind und über eine lange Zeit nachverfolgt werden konnten. Die europäischen und deutschen Ergebnisse dazu wurden 1987 in einem Band mit dem Titel „Langzeitverläufe bei Suchtkrankheiten" zusammengetragen (Kleiner 1987), in der Folge ist insbesondere von Feuerlein eine Reihe von Ergebnissen zur Mortalität im Ergebnis der Münchner Langzeitstudie (Feuerlein und Küfner 1989) publiziert worden (Feuerlein 1994, Feuerlein 1995), es wurde über den Gesamtverlauf eine 8fach höhere Mortalität bestimmt.

Auch zu diesen Ergebnissen muß aber einschränkend gesagt werden, daß sie sich in der Selektion nicht nur auf eine Gruppe von stationär behandelten Alkoholkranken beschränkten, sondern darüber hinaus noch auf eine Gruppe der von den Rentenversicherern als behandlungsbedürftig und behandlungswürdig eingeschätzten. Der Katalog der Versicherer schreibt dazu eine ganze Fülle von Einschlußkriterien vor – beispielsweise keine hirnorganische Beeinträchtigung, erhaltenes soziales Umfeld –, die aus Sicht der Behandlungseffizienz gerechtfertigt sind, faktisch aber eine hohe Selektion darstellen und gerade diejenigen Alkoholkranken aussparen, die jedem Diensthabenden – und nicht nur in der Psychiatrie – die größten Sorgen machen und vermutlich eine andere Mortalitätsrate haben dürften als diese behandlungsmotivierte Gruppe. Nur für Österreich liegen Zahlen aus der bereits klassischen Studie von Lesch (1985) vor, die die Gesamtheit einer psychiatrisch zu versorgenden Alkoholkrankenpopulation umgreifen und bei einer mittleren Beobachtungszeit von 5,3 Jahren rund 23% der ehemaligen Patienten in der Nachverfolgung als verstorben fanden.

Unter meiner Federführung wurde in Kenntnis dieser Datenlage eine Studie im Lande Sachsen-Anhalt – das in besonderem Maße von der Alkoholsucht betroffen scheint – mit der Unterstützung des Kultusministeriums durchgeführt, mit der auch die Langzeitmortalität einer unselektierten Gruppe von 542 Alkoholkranken bestimmt werden sollte. Es handelte sich ausschließlich um ehemalige Patienten des Fachkrankenhauses für Psychiatrie, Psychotherapie und Neurologie in Haldensleben, 23 km nordwestlich der Landeshauptstadt Magdeburg gelegen, die erstmalig in den Jahren 1977 bis 1986 nach ICD-Kriterien von Fachärzten für Psychiatrie diagnostiziert worden waren und alle stationär psychiatrisch Erstbehandelten aus drei Kreisen umgreifen.

Sie wurden in einer ersten Ermittlungsstufe – im Rahmen einer vorausgegangenen Arbeit (Genz 1991) – bis Stichtag 31. 12. 1986 nachverfolgt, die Todesursachen dabei sozusagen per exclusionem bestimmt: Die nichtnatürlichen Tode wurden nach den Akten der Staatsanwaltschaft bestimmt, dabei die Unfälle und auch die Selbstmorde erfaßt. Die kategoriale Zuordnung zu den „natürlichen" ergab sich für die verbleibenden Fälle als Differenz, in einer Reihe von Fällen konnten die Totenscheine später eingesehen werden.

In einer zweiten Ermittlungsstufe wurden die ab 1. 1. 1987 bis zum Ende 1997 Verstorbenen über persönliche Recherche und die Einwohnermeldeämter ermittelt und in die Totenscheine und – wo realisiert und auch vorhanden – auch die Obduktionsanalysen Einsicht genommen.

Aus den Ergebnissen soll hier referiert werden, einerseits beschreibend-epidemiologisch, andererseits soll am Rahmenthema orientiert der Versuch einer Interpretation und Darstellung des gegenwärtigen Wissensstandes der Verursachung bei der natürlichen Todesursachengruppe der Karzinome unternommen werden – verbunden mit dem Versuch, einen Ausflug in die benachbarten Fachgebiete zu unternehmen.

Die Gesamtzahl der Verstorbenen ist groß, bei einer Nachbeobachtungszeit zwischen minimal 10 und maximal 20 Jahren ist nahezu die Hälfte aller Alkoholkranken verstorben. Die Gesamtsterblichkeit und die Suizidsterblichkeit – und ohne unmittelbar zu führenden Nachweis auf der Bevölkerungsebene vermutbar auch die Zahl der Unfalltoten – liegt erheblich und statistisch signifikant über dem Erwartungswert.

Die Todesursachengruppe „Unklar" kennzeichnet dabei ein Kategorie, die eine sichere ursächliche Zuordnung nicht erlaubt – entweder weil keine Totenscheine vorhanden waren oder weil die Verschlüsselung keine hinlängliche Kausalzuordnung gestattete.

Die Betrachtung der Todesaltersstruktur zeigt ein außerordentlich junges Sterbealter an: Das durchschnittliche Todesalter über alle Ursachen lag bei 48,84 Jahren; für die Todesursachengruppe „natürlicher Tod" betrug es 50,68 Jahre, für die Todesursachengruppe Suizid 46,09 Jahre, für die Todesursachengruppe Unfall 42,61 Jahre und für die Kategorie „Unklar" 44,01 Jahre – damit zwischen den Zahlen für die vorwiegend bei diesen Fällen zu diskutierenden Ursachengruppen Selbstmord und Unfall liegend.

Das mittlere Todesalter lag also im Vergleich noch deutlich unter den Angaben in der Literatur, die im internationalen Vergleich für gewöhnlich extrem gleich mit 50 (bis 55) Jahren bestimmt wurden (Poldrugo et al. 1993). Eingeordnet in die Gesamtsterblichkeit, konnte den Mitteilungen des Statistischen Landesamtes von Sachsen-Anhalt entnommen werden,

Tabelle 1. Verstorbene Alkoholkranke nach Todesursachengruppen je Kohorte Erstbehandelter

	Gesamt	Tod gesamt	natürlich	Suizid	Unfall	Unklar
1977	56	32	24	2	6	0
1978	65	38	24	8	4	2
1979	65	33	23	5	4	1
1980	53	21	20	0	0	1
1981	43	21	14	3	2	2
1982	46	20	18	0	1	1
1983	67	39	23	4	6	6
1984	51	25	17	4	2	2
1985	59	20	14	3	2	1
1986	37	11	8	1	2	0
Summen	542	260	185	30	29	16
		47,97%	34,13%	5,53%	5,35%	2,95%

daß im Durchschnitt auch der Bürger insgesamt in Sachsen-Anhalt mehr als drei Jahre früher stirbt als in den meisten alten Bundesländern, auf der Basis 1993–1995 lag in unserem Bundesland die Lebenserwartung für Männer bei 70,3 Jahren, demgegenüber in Bayern bei 73,9 Jahren (Statistisches Landesamt Sachsen-Anhalt, 1999). Es bleibt weiteren Forschungen und Berechnungen vorbehalten, zu überprüfen, welchen Anteil daran die Übersterblichkeit der Alkoholkranken insgesamt hat. Dies ist eine große und bevölkerungspolitisch relevante Gruppe – jedenfalls in unserem Bundesland, allein unter stationären Bedingungen im Fachkrankenhaus Haldensleben werden jährlich 700 Fälle behandelt.

Von den 260 an natürlichen Todesursachen Verstorbenen der Untersuchungsgruppe lagen für insgesamt 136 ehemalige Patienten auswertbare Totenscheine vor, im allgemeinen betraf es die nach dem 1. 1. 1987 Verstorbenen. Auf die Problematik von Totenscheinanalysen – grundsätzlich und hinsichtlich der Diagnosenhierarchie in der Verschlüsselung – kann in diesem Rahmen nicht eingegangen werden (siehe dazu Modelmog 1992).

Als wichtigste Haupttodesursachen wurden – neben unscharfen Symptombeschreibungen wie „akutes Herzversagen -ICD-Nr. 428", mitunter „bei 303" oder „bei Hypertonie -ICD-Nr. 401" – bestimmt:

21 (ICD-Nummern 572.2 und 571.2) Lebererkrankungen;

14 (ICD-Nummern 578.9, 532.1, 531.1, 456.0) verstarben an akuten gastrointestinalen Blutungen;

26 an Karzinomen, davon an „Bösartigen Neubildungen der Lippen, der Mundhöhle und des Pharynx" (ICD-Nummern 140–149) insgesamt 6, an „Bösartigen Neubildungen der Verdauungsorgane und des Peritoneums" (ICD-Nummern 150–159) insgesamt 7, an „Bösartigen Neubildungen der Atmungsorgane und der intrathorakalen Organe" (ICD-Nummern 160–162) insgesamt 8;

13 starben ausgewiesen an akutem Myokardinfarkt (ICD-Nummer 410),

9 starben an einer alkoholbedingten Kardiomyopathie (ICD-Nummern 425.5 und 425.9);

9 weitere an einem Apoplex (ICD-Nummer 436, 431,432.9);

9 an einer Infektionskrankheit, und bei

3 ehemaligen Patienten fand sich eine Epilepsie mit zentralem Tod als Todesursache dokumentiert.

In der Folge möchte ich selektiv – im Sinne der apostrophierten interdisziplinären Herangehensweise dieses Symposiums – auf die Todesursachengruppe der Karzinome näher hinsichtlich der Ursachen und der Pathophysiologie eingehen, die von anderen Fachgebieten und der Grundlagenforschung herausgearbeitet wurden. Dabei spiegelt die Verteilung der bösartigen Neubildungen auf die Organsysteme die karzinogenetische Potenz des Suchtmittels, wie sie in der Literatur beschrieben wird, charakteristisch wider (Lindberg and Agren 1988).

Dabei besteht gegenwärtig weitgehende Übereinstimmung dahingehend, daß dem Alkohol keine unmittelbar karzinogene Wirkung zukommt, er aber in vielfacher Hinsicht die Einwirkung anderer Karzinogene befördern kann: Diskutiert wird neben den vielfachen Möglichkeiten, daß Alkohol über die Induktion des Cytochrom-P-450-Systems in der Leber Prokarzinogene aktivieren oder lokal-hyperämisierend und als Lösungsmittel fungierend anderen Schadstoffen den Zellschutz überwinden helfen kann, gegenwärtig insbesondere die Rolle des Acetaldehyds als seines Abbauzwischenproduktes, das seit langem schon in Tierversuchen seine karzinogene Potenz unter Beweis gestellt hat (Seitz 1988). Acetaldehyd kann Proteine verändern und Verbindungen mit ihnen eingehen, diese veränderten Strukturen könnten dann als Neoantigene wirken und so auch einen Autoimmunprozeß in Gang setzen.

Acetaldehyd kann selbst bei den 8 beobachteten Todesfällen an Karzinomen der Atmungsorgane eine nennenswerte Rolle in der Verursachung gespielt haben, da es sowohl eine Hauptkomponente des Tabakrauchs wie auch oxidatives Produkt des Alkoholabbaus ist. Bereits Miyakawa et al. (1986) haben in interessanten Experimenten nachgewiesen, daß die bronchopulmonale Spülflüssigkeit von Menschen in vitro in der Lage ist, Alkohol in Acetaldehyd umzuwandeln. Besonders fähig dazu erwies sich der Keim Streptococcus pneumoniae, und die Spülflüssigkeit starker Raucher wies eine besonders starke Alkoholabbaukapazität auf. Die Autoren schlossen, daß bei gleichzeitigem Alkoholgenuß lokal-bronchopulmonal massiv epithelschädigende Acetaldehydkonzentrationen erreicht werden können – in der Größenordnung von 50 μM.

Die beobachteten 8 Todesfälle sind mit größter Wahrscheinlichkeit auch auf das hohe kosüchtige Verhalten hinsichtlich der Nikotinsucht zurückzuführen als stärksten und auch unabhängig wirkenden ursächlichen Faktor. Über 90% der Untersuchungsgruppe zeigten dieses kosüchtige Verhalten, allerdings galt Nikotingebrauch in den 70er und 80er Jahren noch als läßlich und wurde häufig genug von den aufnehmenden Ärzten und Ärztinnen selbst betrieben – daher stehen keine hinlänglichen exakten Zahlen zur Menge und zum Lebenszeitkonsum von Tabak für die einzelnen Personen zur Verfügung, bei den damaligen klinischen Routineerhebungen wie sie in den Krankenblättern dokumentiert sind, wurde dies nicht aufgezeichnet. Dieser Mangel ist eine dem Zeitgeist geschuldete Schwäche und letztlich dem retrospektiven Design inhärent.

Die 6 „Bösartigen Neubildungen der Lippen, der Mundhöhle und des Pharynx" verteilen sich auf ein Karzinom der Zunge, drei des Mundbodens, eines des Hypopharynx und eine bösartige Neubildung „sonstiger und nicht näher bezeichneter Teile des Mundes" – ICD-Nummer 145.

Die Korrelationen zwischen Alkoholkonsum und Karzinomen speziell des oberen Magen-Darm-Traktes sind epidemiologisch überzeugend und zweifelsfrei nachgewiesen worden. Ribeiro et al. (1996) haben in einer Übersichtsarbeit die Risikogewichtung für Alkohol zusammengestellt, die referierten Arbeiten fanden ein erhöhtes relatives Risiko vom 2,5fachen bis zum 15,5fachen. Nachweisbar ist ein Zusammenhang mit der durchschnittlichen konsumierten täglichen Alkoholdosis wie auch mit der Konzentration, in der das jeweilige Getränk Alkohol enthält: Bei gleicher täglicher Alkoholaufnahme wurde das Risiko für Schnaps doppelt so hoch wie für Bier bestimmt, das Erkrankungsrisiko für Weinkonsumenten ist dazwischen anzusiedeln.

In Deutschland hat die Arbeitsgruppe um Maier in Heidelberg und Ulm überzeugende klinische und experimentelle Untersuchungen auch hinsichtlich der Wirkkraft der Komponenten der multifaktoriellen Genese von Karzinomen im Mundbereich durchgeführt: Das alkoholassoziierte Risiko für eine Karzinomerkankung im Mundbereich zeigte eine deutliche Dosis-Wirkungs-Beziehung, bei einer täglichen Alkoholmenge von 25–70 g war es – adjustiert für Tabakmißbrauch – um den Faktor 1,7, bei täglich 50–75 g Alkohol um den Faktor 6,7, bei täglich 75–100 g um den Faktor 16,2 und bei täglich mehr als 100 g Alkoholaufnahme um den Faktor 21,4 gesteigert (Maier et al. 1992).

Dazu trägt eine Reihe von Wirkfaktoren bei; im einzelnen konnte von der Arbeitsgruppe gezeigt werden, daß Alkohol auch mittelbar begünstigend wirkt, indem sowohl im klinischen Setting als auch tierexperimentell die Speichelproduktion und damit ein für den Epithelschutz der Schleimhaut essentieller Reinigungsmechanismus beeinträchtigt wird: Zugleich alkoholkonsumierende und rauchende Männer zeigten mit einer Speichelproduktion von durchschnittlich 0,35 ml/min aus der Ohrspeicheldrüse und 0,27 ml/min aus der Unterzungenspeicheldrüse einen jeweils signifikant verminderten Wert gegenüber einer nicht mißbrauchenden Kontrollgruppe mit Vergleichswerten von 0,89 ml/min und 0,71 ml/min. In Rattenversuchen zeigte sich bei alkoholexponierten Ratten gleichfalls eine signifikant verminderte Salivation gegenüber einer Kontrollgruppe, die morphologische Untersuchung ihrer Parotiden zeigte ein erheblich geringeres Gewicht der Parotiden der alkoholexponierten Ratten und feingeweblich eine massive fettvakuolige Umwandlung des Drüsengewebes als Ursache der eingeschränkten Funktion (Maier et al. 1988).

Ebenso haben sich – natürlich untereinander korreliert – der Zahnstatus und die geübte Mundhygiene als Einflußgrößen herausgestellt, Patienten mit Tumorerkrankungen im Mund- und Rachenbereich zeigten einen wesentlich schlechteren und kariöseren Zahnstatus und Mundpflegegewohnheiten als Kontrollpersonen (Maier et al. 1993).

In den letzten Jahren hat sich nachweisen lassen, daß alle diese Faktoren die Konzentration von Acetaldehyd lokal bei den Alkoholkonsumenten erhöhen: Den unmittelbaren Nachweis einer erhöhten Acetaldehydkonzentration im Mundbereich haben Jokelainen et al. (1996) in einem direkten Vergleich von Krebspatienten – die auch einen durchschnittlich zweifach höheren Alkohol- und Nikotinkonsum schilderten als die Kontrollgrupe – mit Kontrollpersonen nachweisen können. Die Krebspatienten wiesen eine signifikant höhere Acetaldehydkonzentration bei allen untersuchten Alkoholkonzentrationen auf.

Schließlich wurden sehr gezielte Untersuchungen durchgeführt, um die Produktion von Acetaldehyd im Mund unter experimentellem Design zu untersuchen. Homann et al. haben 1997 in Finnland Mundspülungen ohne und nach Alkoholgenuß und ohne und mit vorangegangene Mundhygiene mit Chlorhexidin hinsichtlich ihres Acetaldehydgehaltes untersucht.

In allen Speicheln konnte Acetaldehyd gefunden werden, wobei die Analyse der Atemluft eine hohe Korrelation zwischen Alkoholkonzentration in der Atemluft und dem Acetaldehydspiegel im Speichel der jeweiligen Testperson ergab. Innerhalb 40 Minuten nach Alkoholeinnahme wurde der Spitzenwert an Acetaldehyd im Speichel erreicht.

Nach Vorbehandlung – Mundspülungen – mit Chlorhexidin hingegen kam es bei allen Versuchspersonen zu einer massiven Senkung der Acetaldehydproduktion nach Einnahme von Alkohol.

Die Untersuchungen haben auch klar gezeigt, daß in der Tat dem Zahnstatus eine wesentliche Bedeutung mit zukommt – und natürlich der oralen Hygiene. Die systemischen Acetaldehydkonzentrationen im Blut sind sehr gering: 1–5 μM, wenig über der Nachweisgrenze. Demgegenüber konnten in den Untersuchungen nach einer mäßigen Alkoholzufuhr von 0,5 g/kg KG lokale Acetaldehydkonzentrationen im Speichel von bis zu 145 μM nachgewiesen werden. Auch diese massive Diskrepanz spricht für die Bedeutung, wobei die Autoren betonen, daß es sich bei den Versuchspersonen um junge Menschen, Freiwillige, mit einem besonders guten Zahnstatus handelte – man also bei den Betroffenen in der täglichen psychiatrischen Routine möglicherweise noch ganz andere Werte würde messen können.

An der Acetaldehydproduktion im Mundbereich erwiesen sich somit in großem Maße auch Bakterien beteiligt, gleich große eingenommene Alkoholmengen können somit je nach Stärke bakterieller Keimbesiedelung zu unterschiedlich großen lokalen Acetaldehydproduktionen führen. Wahrscheinlich hängt die resultierende Acetaldehydproduktion aber auch von der individuellen Zusammensetzung der Mundflora ab, denn die Fähigkeit von Bakterienstämmen, aus Alkohol auch Acetaldehyd zu produzieren, ist offenkundig unterschiedlich ausgeprägt: Nosova et al. (1998) haben Bakterienstämme, die häufig und typischerweise im menschlichen Kolon gefunden werden, auf ihre Fähigkeit zur Alkoholverstoffwechselung geprüft – in vitro – und beträchtliche Verstoffwechselungskapazitäten festgestellt. Stärkste Aktivität der Aldehyddehydrogenase haben Pseudomonas aeruginosa und Klebsiella oxytoca – aber auch Hafnia alvei. Dabei enthält das Kolon normalerweise 400 Arten von Bakterien – und in der Größenordnung 10 hoch 14 einzelne Keime werden geschätzt – etwa so viele Zellen, wie der menschliche Körper insgesamt enthält!

Daraus folgt, daß auch die – interindividuell natürlich unterschiedliche – Besiedelung der Schleimhäute und auch des Darmbereiches einen Einfluß auf die individuelle Gefährdung haben könnte. Ganz banale und dem Kliniker bekannte Phänomene gelangen in Kenntnis dieser Zusammenhänge in ein neues Licht – etwa die bei einem Teil der Patienten häufig geklagten Durchfälle und die Flatulenz. Epidemiologische Studien haben in der Vergangenheit mehrfach ein erhöhtes Risiko der Entstehung von kolorektalem Krebs gezeigt. Homann et al. (2000) haben jüngst dazu die Ergebnisse von Tierversuchen publiziert, bei denen als weiterer unmittelbar beteiligter und wirkender Pathomechanismus der acetaldehydbedingte Folsäuremangel belegt werden konnte.

In der untersuchten Population starb je ein Alkoholkranker an Dünndarmkrebs und an Rektumkrebs.

Einen mindestens so großen Einfluß wie die angeführten Faktoren auf die Menge des nach Alkoholgenuß lokal anfallenden Acetaldehyds haben vermutlich individuelle erblich bedingte Prädispositionen im Alkoholstoffwechsel. Harty et al. (1997) untersuchten den Einfluß der genetisch bedingten individuellen Ausstattung mit Alkoholdehydrogenaseisoenzymen – ADH3. Trinker mit der – schnell metabolisierenden und somit aus einer gegebenen Alkoholkonzentration eine große Acetaldehydmenge produzierenden – Isoenzymvariante ADH3-1 hatten eine vielfach und signifikant erhöhte Wahrscheinlichkeit, an einer bösartigen Neubildung von Mundhöhle und Pharynx zu erkranken.

Hier besteht auch der pathogenetische Bogen zu den Forschungsergebnissen zur Entstehung von bösartigen Neubildungen im Bereich der Speiseröhre, auch in der Untersuchungsgruppe stellen die Ösophaguskarzinome mit 4 Todesfällen die häufigste Manifestation dar. Yokoyama et al. (1996) haben einen Zusammenhang zwischen der Häufigkeit des Auftretens von multiplen Ösophaguskarzinomen mit einer Aldehyddehydrogenasemutation zeigen können: Sie untersuchten 901 diagnostizierte japanische Alkoholkranke mittels Endoskopie und fanden unter ihnen 33 mit einem Karzinom. Von diesen wurde dann bestimmt, ob sie eine normal-aktive ALDH-Variante 2-1 besitzen, die am stärksten den Alkoholabbau bestimmt, oder aber eine ALDH-Variante 2-2, die vorwiegend bei Asiaten gefunden wird und wenig Abbaukapazität besitzt. Das Vorkommen dieses Isoenzyms führt dann dementsprechend zur klassischen Flushreaktion, da die Blutacetaldehydkonzentration nach Alkoholgenuß etwa sechsmal so hoch ist bei den Betroffenen. Unter den Karzinompatienten fanden sich multiple Karzinomvarianten signifkant häufiger bei denjenigen mit einer geringen Acetaldehydabbaukapazität. Diese Variante fand sich signifikant häufiger auch bei Ösophaguskarzinompatienten im Vergleich mit Kontrollpersonen sowohl in der Normalbevölkerung als auch bei Alkoholkranken.

In einer erneuten sehr großen Studie stellten sie den ALDH2-Genotypus von 487 nicht an Krebs erkrankten Alkoholkranken der ALDH2-Isoenzym-Verteilung von 237 krebserkrankten Alkoholikern gegenüber, vorwiegend des Gastrointestinaltraktes. Alkoholkranke mit der – inaktiven – ALDH2-2-Variante, worunter der Acetaldehydspiegel bei Alkoholkonsum dramatisch ansteigt, hatten beispielsweise bei oropharyngolaryngealem und ösophagealem Krebs einen Anteil von 52,9%, bei multiplem Befall des oberen Verdauungstraktes sogar von 78,6%, während dieses inaktive Isoenzym bei nicht an Krebs erkrankten Alkoholikern nur bei 9% vorkam. Das Risiko für alkoholkranke nichtaktive Isoenzymträger, an einem Ösophaguskrebs zu erkranken, ist danach 12,5fach erhöht (Yokoyama et al. 1998).

Die vorliegenden Daten der Untersuchung können in pathogenetischer Sicht keine neuen Aspekte hinzufügen. Sie reihen sich aber zwanglos ein in das Gesamtbild des Alkoholismus als einer Erkrankung von entscheidendem Einfluß auf die Gesundheit der Bevölkerung, wobei die regional-ostdeutschen Verhältnisse eine durchgreifende gesundheitspolitische Initiative noch dringlicher erscheinen lassen als in den alten Bundesländern.

Diese Untersuchung wäre nicht möglich gewesen ohne die materielle Unterstützung des Kultusministeriums des Landes Sachsen-Anhalt – Förderkennzeichen 1369A/0083R.

Literatur

1. Bridget FG, Dufour MC, Harford TC (1988) Epidemiology of Alcoholic Liver Disease. Seminars in Liver Disease 8: 12–25.
2. Cheng KK, Duffy SW, Day NE, Lam TH (1995) Oesophageal cancer in never-smokers and never-drinkers. Int J Cancer 60: 820–822
3. Feuerlein W, Küfner H (1989) A prospective multicentre study of in-patient treatment for alcoholics: 18- and 48-month follow-up (Munich Evaluation for Alcoholism Treatment, MEAT). Eur Arch Psychiatr Neurol Sci 239: 144–157
4. Feuerlein W, Küfner H, Flohrschütz T (1994) Mortality in alcoholic patients given inpatient treatment. Addiction. 89: 841–849
5. Feuerlein W, Küfner H, Flohrschütz T (1995) Mortalität bei Alkoholikern 4 Jahre nach stationärer Behandlung. Versicherungsmedizin 47: 10–14
6. Genz A (1991) Suizid und Sterblichkeit neuropsychiatrischer Patienten – Mortalitätsrisiken und Präventionschancen. Springer: Berlin, Heidelberg, New York
7. Gerdner A, Berglund M (1997) Mortality of treated alcoholics after eight years in relation to short-term outcome. Alcohol 32: 573–579
8. Harty LC, Caporaso NE, Hayes RB, Winn DM, Bravo-Otero E, Blot WJ, Kleinman DV, Brown LM, Armenian HK, Fraumeni JF jr, Shields PG (1997) Alcohol dehydrogenase 3 genotype and risk of oral cavity and pharyngeal cancers. J Natl Cancer Inst 89: 1698-1705
9. Homann N, Jousimies-Somer H, Jokelainen K, Heine R, Salaspuro M (1997) High acetaldehyde levels in saliva after ethanol consumption: methodological aspects and pathogenetic implications. Carcinogenesis 18: 1739–1743
10. Homann N, Tillonen J, Salaspuro M (2000) Microbially produced acetaldehyde from ethanol may increase the risk of colon cancer via folate deficiency. Int J Cancer 86: 169–173
11. Jokelainen K, Heikkonen E, Roine R, Lehtonen H, Salaspuro M (1996) Increased acetaldehyde production by mouthwashings from patients with oral cavity, laryngeal, or pharyngeal cancer. Alcohol Clin Exp Res. 20: 1206–1210

12. Kleiner D (Hrsg) (1987) Langzeitverläufe bei Suchtkrankheiten. Springer: Berlin, Heidelberg, New York
13. Lesch OM (1985) Chronischer Alkoholismus – Typen und ihr Verlauf. Thieme: Stuttgart, New York
14. Lindberg S, Agren G (1988) Mortality among male and female hospitalized alcoholics in Stockholm 1962-1983. Brit J Addict 83: 1193–1200.
15. Maier H, Born A, Mall G (1988) Effect of chronic ethanol and nicotine consumption on the function and morphology of the salivary glands. Klin Wochenschr 66 (Suppl XI): 140–150
16. Maier H, Dietz A, Gewelke U, Heller WD, Weidauer H (1992) Tobacco and alcohol and the risk of head and neck cancer. Clin Investig 70: 320–327
17. Maier H, Zoller J, Herrmann A, Kreiss M, Heller WD (1993) Dental status and oral hygiene in patients with head and neck cancer. Otolaryngol Head Neck Surg 108: 655–661
18. Marshall EJ, Edwards G, Taylor C (1994) Mortality in men with drinking problems: a 20-year follow-up. Addiction. 89: 1293–1298
19. Miyakawa H, Baraona E, Chang JC, Lesser MD, Lieber CS (1986) Oxidation of ethanol to acetaldehyde by bronchopulmonary washings: role of bacteria. Alcohol Clin Exp Res 10: 517–520
20. Modelmog D, Rahlenbeck S, Trichopoulos D (1992) Accuracy of death certificates: a population-based, complete-coverage, one-year autopsy study in East Germany. Cancer Causes Control 3: 541–546
21. Nosova T, Jousimies-Somer H, Kaihovaara P, Jokelainen K, Heine R, Salaspuro M (1997) Characteristics of alcohol dehydrogenases of certain aerobic bacteria representing human colonic flora. Alcohol Clin Exp Res 21: 489–494
22. Öjesjö L, Hagnell O, Otterbeck L (1998) Mortality in alcoholism among men in the Lundby Community Cohort, Sweden: a forty-year follow-up. J Stud Alcohol 59: 140–145
23. Poldrugo F, Chick JD, Moore N, Walburg JA (1993) Mortality studies in the long-term evaluation of treatment of alcoholics. Alcohol and Alcoholism (Suppl) 2: 151–155
24. Polich JM, Armor DJ, Braiker HB (1980) The Course of Alcoholism Four Years After Treatment. John Wiley: New York, NY
25. Poupon RE, Nalpas B, Coutelle C, Fleury B, Couzigou P, Higueret D (1992) Polymorphism of Alcohol Dehydrogenase, Alcohol and Aldehyde Dehydrogenase Activities: Implication in Alcoholic Cirrhosis in White Patients. Hepatology 15: 1017–1022
26. Ribeiro U Jr, Posner MC, Safatle-Ribeiro AV, Reynolds JC (1996) Risk factors for squamous cell carcinoma of the oesophagus. Br J Surg 83: 1174–1185
27. Seitz HK, Simanowski UA (1988) Alcohol and carcinogenesis. Annu Rev Nutr 8: 99–119.
28. Seitz HK, Oneta CM (1998) Gastrointestinal alcohol dehydrogenase. Nutr Rev 56: 52–60
29. Seitz HK, Poschl G, Simanowski UA (1998) Alcohol and cancer. Recent Dev Alcohol 14: 67–95
30. Statistisches Landesamt Sachsen-Anhalt (Juli 1999) Statistischer Bericht – Abgekürzte Sterbetafel. Halle
31. Tuyns AJ, Masse G (1975) Cancer of the oesophagus in Brittany: an incidence study in Ille-et-Villaine. Int J Epidemiol 4: 55–59
32. Vaillant G E (1983) The natural history of alcoholism. Havard University Press: Cambridge, London
33. Wells JE, Walker ND (1990) Mortality in a follow up study of 616 alcoholics admitted to an inpatient alcoholism clinic 1972-76. N Z Med J 103: 1–3
34. Yokoyama A, Muramatsu T, Ohmori T, Higuchi S, Hayashida M, Ishii H (1996) Multiple primary esophageal and concurrent upper aerodigestive tract cancer

and the aldehyde dehydrogenase-2 genotype of Japanese alcoholics. Cancer 77: 1986–1990
35. Yokoyama A, Muramatsu T, Ohmori T, Higuchi S, Hayashida M, Ishii H (1996) Esophageal cancer and aldehyde dehydrogenase-2 genotypes in Japanese males. Cancer Epidemiol Biomarkers Prev 5: 99–102
36. Yokoyama A, Muramatsu T, Ohmori T, Yokoyama T, Okuyama K, Takahashi H, Hasegawa Y, Higuchi S, Maruyama K, Shirakura K, Ishii H (1998) Alcohol-related cancers and aldehyde-dehydrogenase-2 in Japanese alcoholics. Carcinogenesis 19: 1383–1387

Patientencharakteristika Alkoholabhängiger und ihre spezifische Psycho- und Pharmakotherapie

A. Riegler, K. Ramskogler und O. M. Lesch

Anton-Proksch-Institut Kalksburg und Universitätsklinik für Psychiatrie Wien,
Österreich

Epidemiologie

In der Kultur des Abendlandes sind Bier und Wein immer schon feste Bestandteile des täglichen Lebens gewesen. Die Höhe des Alkoholmißbrauches war je nach Wohlstand der Gesellschaft unterschiedlich. Die Anzahl der Alkoholabhängigen aber ist in etwa immer gleichgeblieben.

Seit dem Ende des letzten Jahrhunderts wurde immer wieder versucht, den Mißbrauch zu reduzieren. Trotz all dieser Maßnahmen ist Alkohol in Österreich aber auch heute noch das beliebteste Genußmittel. Alkoholfolgeerscheinungen stellen das größte sozialmedizinische Problem Europas dar.

In Österreich wie auch in Deutschland trinkt jeder vierte erwachsene Mann in der Woche mehr als 4 l Wein.

Etwa 4% der Österreicher erfüllen die Kriterien der Alkoholabhängigkeit, wobei das Geschlechterverhältnis so ist, daß auf 14 alkoholabhängige Männer eine alkoholabhängige Frau kommt.

Medizinische Aspekte

Alkoholabhängige leiden durch den längerfristigen Konsum alkoholischer Getränke unter einer chronischen Vergiftung, wodurch es nicht nur im Gehirn, sondern in fast allen Organen zu deutlichen Funktionsveränderungen kommt. Die Aufnahme erfolgt über den gesamten Verdauungstrakt.

Magen und Leber bauen bereits einen großen Anteil der Alkohole ab. Der Restalkohol gelangt mit dem Blut ins Gehirn, wo die fettlöslichen Alkoholmoleküle die Lipoide der Blut-Hirn-Schranke passieren können. Ungefähr 10% des im Blut kreisenden Alkohols gelangen so ins Gehirn und bewirken dort in allen Transmittersystemen (z. B. GABA, Glutamat, Dopamin, Serotonin usw.) eine Veränderung, die nicht nur die Sensibilität der Rezeptoren, sondern auch die gesamte Transmission der Transmittersubstanzen betrifft. Lebererkrankungen, aber auch Magenresektionen verän-

  A. Riegler et al.

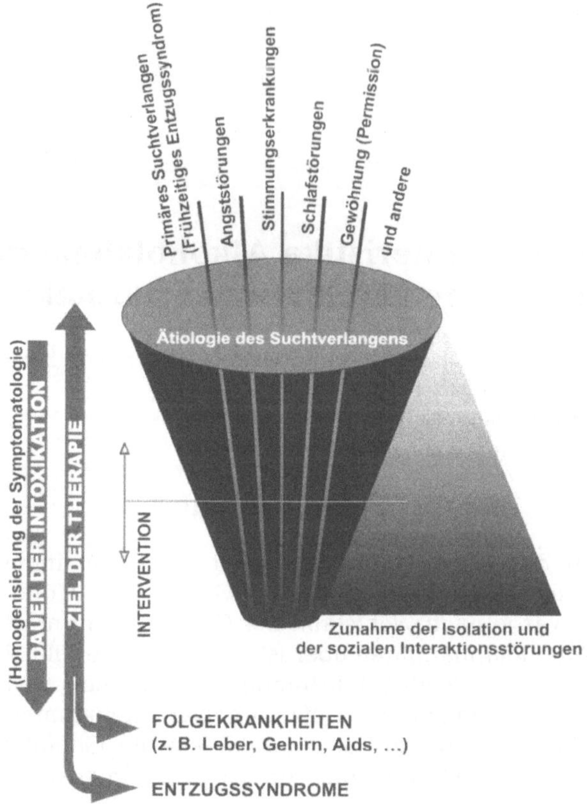

Abb. 1. Symptomatologie von Mißbrauch und Sucht (Alkohol – legale und illegale Drogen) (nach Lesch 1993)

dern die Alkoholkinetik ganz wesentlich (Verringerung des sogenannten „First-pass-Effekts")

Die veränderten Gehirnfunktionen führen zu typischen psychiatrischen Folgeerkrankungen (Reduktion der Intelligenz, Zunahme in der emotionellen Empfindlichkeit, Veränderungen der körperlichen und geistigen Energie, Schlafstörungen). Entzugserscheinungen (wie Tremor, Schwitzen, Blutdruckschwankungen und Elektrolytverschiebungen) erreichen nur bei etwa 30% der Alkoholabhängigen ein stärkeres Ausmaß. Die typischen somatischen Folgekrankheiten (z. B. Leber, Magen) beschäftigen vor allem die Allgemeinmediziner. Der Gewöhnungseffekt aller Organe an Alkohol führt dazu, daß die meisten Medikamente in ihren Wirkungen modifiziert werden oder völlig anders wirken (z. B. Beruhigungsmittel, Antihypertensiva usw.).

Die Gesamtheit dieser Folgen führt zunehmend in die soziale Isolation. Durch die regelmäßige toxische Einwirkung des Alkohols wird der Patient in den „Suchttrichter" gezogen, und der Kontakt mit der Außenwelt ist von

Folgekrankheiten und Entzugserscheinungen geprägt (siehe Abb. 1). Dieses Ätiologiemodell ist am besten geeignet, die therapeutischen Konsequenzen anschaulich zu machen. Alkoholfolgeerscheinungen, soziale Probleme und manchmal auch schwere Entzugssyndrome verdecken die Persönlichkeit Alkoholabhängiger. Dieser Prozess erklärt auch die schlechte Erreichbarkeit dieser Patienten und die Tatsache, daß die Motivationsarbeit, das Trinkverhalten zu ändern, bei 50% der Patienten scheitert.

Entwicklung der Alkoholabhängigkeit

Studien in San Diego (Schuckit 1990), New York (Rounsville et al. 1987), Belgien (Pelc 1977) und aus unserer Forschungsgruppe (Anton-Proksch-Institut, Kalksburg, Universitätsklinik für Psychiatrie, Wien) haben ergeben, daß die Erstellung der Diagnose „Alkoholabhängigkeit" (mit der Idee, damit eine einheitliche Erkrankung zu diagnostizieren) weder für die Ätiologie noch für die Prognose, noch für das therapeutische Vorgehen eine ausreichende Grundlage ist (Lesch et al. 1993, 1997).

Das Alkoholverlangen zu Beginn einer Trinkkarriere ist ein sehr heterogenes Phänomen. Erst die von den Patienten als positiv erlebte „pharmakologische" Wirkung führt zu häufigerem Konsum. Alkohol wird als Angstlöser, Antidepressivum, Schlaf- und Beruhigungsmittel oder als Konfliktlöser eingesetzt. Nur etwa 18% der Alkoholabhängigen haben vor allem auf Grund der Trinksitten des Milieus zu trinken begonnen (Lesch 1985).

Seit Einführung der Diagnose „chronischer Alkoholismus" durch Magnus Huss vor etwa 100 Jahren hat sich, beeinflußt vor allem durch Jellinek (Jellinek 1960), die Weltgesundheitsorganisation (WHO) mit der Verbesserung der Diagnostik befaßt und hält seit vielen Jahren an den 3 Hauptkriterien für die Diagnose Alkoholabhängigkeit fest.

1) Dosissteigerung,
2) Abstinenzsyndrom,
3) Kontrollverlust.

Darauf aufbauend wurden die Kriterien zur Diagnose der Alkoholabhängigkeit nach dem Manual der Internationalen Klassifikation psychischer Störungen (ICD) erarbeitet (Dilling 1991).

Diagnose im ICD-10

Das ICD-10 faßt unter den Nummern F10–F19 alle psychischen und Verhaltensstörungen durch psychotrope Substanzen zusammen, wobei dieser Abschnitt verschiedene Störungen umfaßt, deren Schweregrad von einer unkomplizierten Intoxikation und vom schädlichen Gebrauch bis zu eindeutig psychotischen Störungen und bis zur Demenz reicht. Allen diesen Störungen gemeinsam ist die Verwendung psychotrop wirksamer Substanzen, wobei unter F10 die Störungen durch Alkohol zusammengefaßt werden.

ICD-10 F10 „Störungen durch Alkohol"

F1x.0 akute Intoxikation
F1x.1 schädlicher Gebrauch
F1x.2 Abhängigkeitssyndrom
F1x.3 Entzugssyndrom
F1x.4 Entzugssyndrom mit Delir
F1x.5 psychotische Störung
F1x.6 durch Alkohol bedingtes amnestisches Syndrom
F1x.7 durch Alkohol bedingter Restzustand und verzögernd auftretende psychotische Störung
F1x.8 andere durch Alkohol bedingte psychische oder Verhaltensstörungen
F1x.9 nicht näher bezeichnete, durch Alkohol bedingte psychische oder Verhaltensstörung

In diesem Artikel soll nun näher auf die Alkoholabhängigkeit eingegangen werden:

Diagnostische Leitlinien zur Diagnose der Alkoholabhängigkeit

Die Diagnose Alkoholabhängigkeit soll nur gestellt werden, wenn irgendwann während des letzten Jahres drei oder mehr der folgenden Kriterien vorhanden waren:

1. Ein starker Wunsch oder Zwang, Alkohol zu konsumieren.
2. Verminderte Kontrollfähigkeit bezüglich des Beginns, der Beendigung und der Menge des Alkoholkonsums.
3. Alkoholgebrauch, mit dem Ziel, Entzugssymptome zu mildern, und der entsprechenden positiven Erfahrung.
4. Ein körperliches Entzugssyndrom.
5. Nachweis einer Toleranz. Um die ursprünglich durch niedrige Dosen erreichten Wirkungen des Alkohols hervorzurufen, sind zunehmend höhere Dosen erforderlich.
6. Ein eingeengtes Verhaltensmuster im Umgang mit Alkohol, wie z. B. die Tendenz, Alkohol an Werktagen wie an Wochenenden zu trinken und die Regeln eines gesellschaftlichen Trinkverhaltens außer acht zu lassen.
7. Fortschreitende Vernachlässigung anderer Vergnügen oder Interessen zugunsten des Alkoholkonsums.
8. Anhaltender Alkoholkonsum trotz Nachweis eindeutiger schädlicher Folgen. Die schädlichen Folgen können körperlicher Art sein, wie z. B. Leberschädigung durch exzessives Trinken, oder sozial, wie Arbeitsplatzverlust durch eine alkoholbedingte Leistungseinbuße, oder psychisch, wie bei depressiven Zuständen nach massiven Alkoholkonsum.

An dieser Entwicklung wurde deutlich, daß für die Therapie nicht nur die bestehenden Diagnosekriterien, sondern vor allem auch der Schweregrad der Erkrankung von Bedeutung ist (Lesch et al. 1990, Schuckit 1990, Schwoon und Krausz 1990).

Für eine optimale Behandlung ist die Bildung von therapierelevanten Untergruppen notwendig. Heute stehen für unterschiedliche Zwecke verschiedene Typologien zur Verfügung (Cloninger et al. 1981, Fouquet 1951, Jellinek 1960, Lesch 1985, Pelc 1977). Die vom Autor entwickelte Langzeitbeobachtung führte zu einem dynamischen Ätiologiemodell, welches sich für die Therapieplanung bewährt hat (Abb. 1).

Typologien

In Österreich werden heute eine historisch begründete und eine therapeutisch relevante Typologie verwendet:

Typologie nach Jellinek

Die Jellineksche Typologie unterscheidet im wesentlichen zwischen Gamma- und Delta-Trinkern, wobei der Gamma-Trinker den Typus des jungen, episodisch trinkenden, sozial auffälligen Abhängigen umfaßt und der Delta-Trinker den Spiegeltrinker mit schwerem Entzugssyndrom und schweren Leberstörungen beschreibt. Der sogenannte Epsilon-Trinker wird als episodisch und regelmäßig trinkend im Sinne der Dipsomanie (entspricht im ICD-10 dem F1x.26) definiert. Nach dem derzeitigen Wissensstand gilt die Jellineksche Typologie zwar als historisch wichtig, jedoch für die derzeitige Diagnostik als obsolet, da sie lediglich das Trinkverhalten beschreibt und in keiner Weise auf die zugrundeliegende Störung eingeht. Sie berücksichtigt auch nicht die für den jeweiligen Patienten wichtige pharmakologische Wirkung des Alkohols (z. B. Anxiolytikum, Antidepressivum, Medikament gegen Entzugserscheinungen) und ist deshalb auch für die Therapie nicht geeignet.

Typologie nach Lesch

Auf Grund von Langzeituntersuchungen an Alkoholikern über mehr als 18 Jahre wurde eine therapierelevante Typologie entwickelt, deren Diagnostik in computerisierter Form in den meisten europäischen Sprachen vorliegt (Lesch 1990).
(Lesch 1985, 1996, 1997) Wissenschaftliche Daten liegen heute in den meisten europäischen Ländern vor. In Deutschland wurden und werden Studien zur Typologie nach Lesch vor allem in Hamburg, Berlin, Erlangen und Würzburg durchgeführt.

Typ I

Syndromatologie

Patienten haben, wenn Sie abstinent sind, kein wesentliches Alkoholverlangen und erleben sich in ihrer psychosozialen Situation als gesund.

Wenn sie aber situationsabhängig geringe alkoholische Mengen trinken, entwickeln sie eine „Gier" nach Alkohol. Die Patienten beschreiben oft, daß sie das Gefühl haben, daß sich in ihrem Gehirn „ein Schalter umlegt". Diese Gruppe entwickelt häufig schon nach kurzer Zeit schwere Entzugs- erscheinungen, manchmal auch Entzugsanfälle (epileptische Anfälle, Typ Grand Mal am ersten oder zweiten Tag nach Trinkmengenveränderungen oder Abstinenz).

Biologische Korrelate

Studien unserer Forschungsgruppe, gemeinsam mit Düsseldorfer und Berliner Kollegen, haben ergeben, daß sich der Alkoholabbau bei dieser Gruppe von anderen Untergruppen Alkoholabhängiger (Typ-II-, -III- und -IV-Patienten) unterscheidet.

Wir konnten hohe Methanoleliminationsraten während des Alkohol- entzugs feststellen (Sprung et al. 1988). Diese Befunde bedeuten mit großer Wahrscheinlichkeit, daß ständig hohe Spiegel von Formaldehyd vorhanden sind. Die Kondensation mit endogenen Aminen (Dopamin) führt zur Bildung von Tetraisochinolinen. Diese sind als opiatähnlich wirkende Substanzen bekannt (körpereigener Umbau zu Morphinen ist bekannt). Da auch wäh- rend der Abstinenz endogener Alkohol entsteht (Zucker, Fruchtsäfte werden im Körper vergoren), könnte diese Vulnerabilität des Endorphinsystems durch erhöhte Tetraisochinoline bestehen bleiben. Der wissenschaftliche Nachweis, daß Tetraisochinoline auch in der Abstinenz dieses Typs Alkoholabhängiger bestehen bleiben, fehlt jedoch noch (Bonte et al. 1988).

Auch nach langer Abstinenz (über Jahre) bleibt die Vulnerabilität dieses Systems bestehen, sodaß jeder Rückfall, auch nach langen Abstinenz- perioden, ein massives Alkoholverlangen auslöst.)

Typ II

Syndromatologie

Alkoholabhängige von diesem Typ verwenden Alkohol als Angst- und Konfliktlöser. Ohne Alkohol sind diese Patienten „überangepaßt", eher pas- siv (depressive Persönlichkeitsstruktur) und haben meist einen dominanten Partner. Von Zeit zu Zeit versucht der Patient mit Hilfe von Alkohol aus sei- ner Rolle auszusteigen, wobei unter Alkohol oft auch aggressive Durchbrüche, vor allem innerhalb der Familie, zu beobachten sind. Den Patienten fehlt meist jegliches Selbstvertrauen.

Biologische Korrelate

Biochemisch wird in dieser Patientengruppe ein Tryptophanmangel disku- tiert, und serotonerge Mechanismen werden für wichtig gehalten. Unsere Forschungsgruppe konnte, gemeinsam mit Berliner Kollegen, nachweisen, daß auch in der Abstinenz, beim Typ-II-Alkoholabhängigen, im endogenen

Alkoholstoffwechsel erhöhte Werte von Beta-Carbolinen gemessen werden. (Aldehyde kondensieren mit Indolaminen. Diese haben auf die Monoaminoxidase und auf den Serotonin-Turnover einen wesentlichen Einfluß.) Diese Tatsache befruchtet jenen Forschungsbereich, der Substanzen sucht, um diese Mechanismen zu hemmen. Das Rauchen spielt in dieser Gruppe sicher auch eine große Rolle.

Typ III

Syndromatologie

Familiäre Häufung von affektiven Störungen führt dazu, daß der Patient Antriebs-, Befindlichkeits- und auch Schlafstörungen hat.

Alkohol wird in diesen Familien oft auch von anderen Familienmitgliedern als „Selbstmedikation" benützt. Diese Situation führt meist auch zu großen sozialen Problemen in der Familie. Alkohol selbst verstärkt aber die Symptomatik und verschlechtert z. B. den Schlafrhythmus.

Oft haben zu Beginn einer Trinkkarriere die Patienten den Eindruck, daß Alkohol ihr „richtiges" Medikament ist. Wenn Alkoholabhängige einige Zeit abstinent sind, verbessert sich fast immer auch die chronobiologische Störung. Nachdem diese Basisstörungen jedoch typischerweise phasenhaft (häufig im Herbst – November/Dezember und Frühjahr – März /April) auftreten, kommt es ohne pharmakologische Hilfe in dieser Zeit zu Rückfällen (episodischer Verlauf).

Biologische Korrelate

Biochemisch werden alle Mechanismen diskutiert, die auch bei manisch-depressiver Erkrankung Beachtung finden. In unserer Arbeitsgruppe stehen Veränderungen der Serotonin-A1-Mechanismen und der Rolle der Monoaminoxidase im Vordergrund.

Typ IV

Syndromatologie

Vor Beginn der Trinkkarriere bestehen bereits deutliche Auffälligkeiten. Cerebrale Vorschäden und sehr schwierige familiäre Verhältnisse führen zu kindlichen Verhaltensauffälligkeiten (wie z. B. längerfristiges Stottern, Nägelbeißen oder nächtliches Einnässen nach dem 3. Lebensjahr). Zwanghafte Verhaltensweisen und eine Kritiklosigkeit dem Trinken von Alkohol gegenüber bewirken, daß dem Trinkdruck der Gesellschaft oder dem aktuellen „Trinkdruck" der jeweiligen Situation nicht Widerstand geleistet werden kann, so daß ein längerer Mißbrauch entsteht und chronifiziert, der schon bald zu schweren Leistungsreduktionen und/oder somatischen Störungen führt. Verbesserung der Impulskontrolle und Verbesserung der Leistungsfähigkeit sind das Ziel der Therapie, wobei Selbsthilfegruppen, die auch Rückfälle akzeptieren, hilfreich sind.

Biologische Korrelate

Alle Mechanismen, die ursächlich mit kognitiven Leistungsveränderungen, mit Gedächtnisfunktionen oder mit Mechanismen der Impulskontrolle diskutiert werden.

Die Therapie der Alkoholabhängigkeit

Die Therapie sollte heute in folgenden Stufen durchgeführt werden:

Entgiftung

Das Therapieziel in der Entgiftungsphase ist die Erreichung der völligen Abstinenz, um die Möglichkeit zu schaffen, mit dem Patienten gemeinsam therapeutische Ziele und therapeutische Methoden besprechen zu können (lebenslange Forderungen zu Lebensstiländerungen, wie z. B. „Sie dürfen nie wieder trinken, sonst werden Sie sehr bald sterben", sollten vermieden werden). Erst nach 4 bis 8 Wochen Abstinenz und ohne Medikamente für Entzugserscheinungen sind die oben erwähnten Folgekrankheiten so weit rückgebildet, daß die Patienten wirklich „erreicht" werden können. Die Leistungsreduktion, die emotionelle Abflachung und zwangsartige Verhaltensweisen stellen die größten Hindernisse in diesem Prozeß dar (Lesch 1997).

Die medikamentöse Therapie des Entzugssyndromes richtet sich nach der Art der Entzugserscheinungen. Die Dosierung der Medikamente richtet sich nach dem Schweregrad des Entzugsyndromes, nach dem Grad der Alkoholintoxikation und dem Schweregrad der Leberschädigung.

Typ I

Die Patienten zeigen einen dreidimensionalen grobschlägigen Tremor, starkes Schwitzen und eine massive Kreislaufinstabilität (Blutdruck- und Herzfrequenzschwankungen). Zu Beginn zeigen sie oft sehr hohe Alkoholspiegel (oft über 3 Promille). Ohne Therapie treten in etwa 20% der Fälle „Grand-Mal"-Anfälle auf. Die Therapie muß mit Benzodiazepinen oder Clomethiazol durchgeführt werden (gute Sedierung und hohe antiepileptische Potenz). Die Dosierung muß früh und hoch genug begonnen werden. Nach der Wirkung der ersten Medikation muß oft rasch die Dosierung modifiziert werden.

Typ II und III

Die Patienten zeigen einen zweidimensionalen feinschlägigen Tremor, bieten oft ein leichtes Schwitzen und zeigen einen stabilen angespannten Kreislauf (Blutdruck- und Herzfrequenz erhöht). Keine epileptischen Anfälle in der Vorgeschichte.

Psychisch sind die Patienten oft ängstlich depressiv und manchmal treten Selbstmordgedanken auf. Psychiatrische Doppeldiagnosen finden sich in dieser Gruppe.

Diese Entzugserscheinungen können mit Gammahydroxybuttersäure oder Tiaprid behandelt werden (Nimmerrichter, im Druck).

Die Tiapriddosierung sollte mit 3 mal 100 mg begonnen werden, GHB mit 4 Tagesdosen zu je 10 ml. Tranquilizer sollten in dieser Gruppe nicht verwendet werden (Gefahr der Suchtverschiebung).

Typ IV

Nur leichter, oft cerebellärer Tremor, stabiler Kreislauf, fast kein Schwitzen. Oft sind bereits früher epileptische Anfälle, unabhängig von der Alkoholwirkung oder vom Alkoholentzug, aufgetreten. Häufig findet man auch schwere Gangstörungen (Polyneuropathie). In der intellektuellen Leistung und im Gedächtnis sind die Patienten deutlich beeinträchtigt, zeigen Konfabulationen und interpretieren normale Wahrnehmungen, manchmal findet man auch echte Halluzinationen (paranoid halluzinatorische-/ depressive Durchgangssyndrome) (Berner und Lesch 1987).

Die Therapie erfolgt mit Nootropika, Antiepileptika, biologisch aktivem Licht, und wenn eine Sedierung notwendig ist, können Gammahydroxybuttersäure oder niederpotente Neuroleptika verwendet werden. Im Mittelpunkt dieses Entzugsyndroms stehen Schutz, Stützung und Versorgung. Pflegerische Aspekte sind äußerst wichtig.

Motivation

Schon während der Entgiftung muß die Motivation zur Entwöhnungstherapie begonnen werden. Um eine richtige Rückfallprophylaxe einzuleiten, müssen die 4 Typen von Alkoholabhängigen, bei denen qualitativ ganz unterschiedliche Mechanismen zum Alkoholverlangen vorliegen, vorher differenziert werden. Dieses Phänomen, „Craving" genannt, ist der wichtigste Grund für den ersten Rückfall Alkoholabhängiger, der bei etwa 50% der Patienten, in den ersten 3 Monaten nach der stationären Behandlung, zu beobachten ist. Die genaue Analyse dieses Rückfalls sollte in die Klassifikation dieser 4 Typen miteinbezogen werden, wodurch die Therapie zur Reduktion weiterer Rückfälle verbessert werden kann.

Entwöhnung

Je nach Grunderkrankung bzw. Grundstörung liegt der Schwerpunkt der weiteren Entwöhnungstherapie auf der Behandlung derselben, d. h. z. B. einer Angststörung, einer rezidivierenden affektiven Störung, bzw. auf der Behandlung von Persönlichkeitsentwicklungsstörungen (Berner et al. 1986). Die stabile, emotionelle Begleitung des Patienten ist dabei von hoher Bedeutung. Auf Rückfälle soll nie „strafend" reagiert werden. Es sollte vielmehr mit dem Patienten nach jedem Rückfall geklärt werden, welche Mechanismen zum Rückfall geführt haben. Aus dieser Analyse sollen Modelle entwickelt werden, wie etwaige abstinenzgefährdende Situationen in Zukunft vermieden werden können.

Sozialpsychiatrische, psychotherapeutische und biologisch orientierte Therapieangebote, wie z. B. die Therapiekette des Anton-Proksch-Institutes, stellen die erfolgreichste Voraussetzung für eine Therapie Alkoholabhängiger dar (Mader 1982). Die damit erzielten Erfolge können jedoch noch deutlich verbessert werden, wenn unterschiedliche Qualitäten des Alkoholverlangens („Craving"), wie dies bereits auch bei Alkoholmißbrauch und nicht erst bei Alkoholabhängigkeit gegeben sein kann, zu unterschiedlichen Therapieangeboten führen.

Wenn man in dieser Therapiekette typenspezifisch entgiftet, motiviert und die Entwöhnungstherapie durchführt, kann man die Prognose Alkoholabhängiger deutlich verbessern. Die heute bestehende hohe Mortalität Alkoholabhängiger (Lebenserwartung um 23 Jahre kürzer!) kann mit diesen Therapieansätzen deutlich verbessert werden (Lesch 1986).

Pharmakotherapie und sozialpsychiatrische Ansätze zur Rückfallprophylaxe nach der Typologie von Lesch

Typ I (Allergiemodell)

Pharmakotherapeutische Ansätze

Das biologisch bedingte Alkoholverlangen kann in dieser Untergruppe am besten mit Acamprosat behandelt werden. Die Therapie sollte schon während des Entzuges beginnen und der Erfolg kann erst nach 3monatiger regelmäßiger Einnahme beurteilt werden. Wenn Acamprosat in richtiger Dosierung (2 g täglich bei > 60 kg und 1,4 g täglich bei < 60 kg) über 15 Monate regelmäßig eingenommen wird, erhöhen sich die Abstinenzraten deutlich. Kommt es zu Rückfällen, sollte Acamprosat unbedingt beibehalten werden. Zusätzlich können die Dauer des Rückfalles und die Trinkmenge durch Naltrexon und/oder Gammahydroxybuttersäure deutlich reduziert werden. Wenn es sich um Patienten handelt, die häufig hohem Trinkdruck ausgesetzt sind, kann auch eine Aversivbehandlung mit Disulfiram oder Cyanamid empfohlen werden. Disulfiram und Cyanamid erzeugen eine Unverträglichkeit von Alkohol, und wenn Patienten bewußt diese Medikamente einnehmen, kommt es erst gar nicht zum ersten Schluck, der dann die Alkoholgier erneut auslösen oder verstärken würde. In der Schweiz konnte gezeigt werden, daß die besten Ergebnisse durch die Kombination von Acamprosat und Disulfiram erzielt werden. Neuroleptika dürfen in dieser Gruppe nicht verwendet werden (Erhöhung der Rückfallswahrscheinlichkeit) (Wiesbeck et al. 2001).

Sozialpsychiatrische Aspekte

Da in der Regel keine Persönlichkeits- oder Basisstörung vorliegt und die Patienten, solange sie abstinent sind, sich gesund fühlen, ist keine spezifische Psychotherapie nötig. Hilfreich sind jedoch Rollenspiele zur Bewältigung gefährdender Situationen. Auch kann eine psychologische Betreuung die akute familiäre Situation verbessern. Wichtig ist es auch , die Patienten über den Umgang mit Alkoholverlangen (craving) zu informieren, da in dieser Gruppe meist schon der Konsum von kleinen Alkoholmengen zu starkem Verlangen führt (Allergiemodell). Regelmäßiger Besuch von alkoholspezifischen Selbsthilfegruppen (AA, AHA, ...) leisten in dieser Untergruppe einen wesentlichen Beitrag zur Abstinenz.

Typ II (Angstmodell, Konfliktlösungsmodell)

Pharmakotherapeutische Ansätze

In heutiger Zeit haben sich Monoaminoxidase-A-Hemmer als wirksame Substanzen zur Reduktion der Basisstörung in diesem Typ bewährt. Auch Acamprosat ist in dieser Gruppe Alkoholabhängiger wirksam und reduziert signifikant die Rückfallsraten. Das Alkoholverlangen in dieser Untergruppe von Alkoholabhängigen stellt eine Bewältigungsstrategie dar. Die erwähnten Substanzen behandeln die Basisstörung und können so das Trinkverlangen reduzieren. Die Einstellung auf eine Medikation muß jedoch unbedingt auf den psychotherapeutischen Prozeß abgestimmt werden. In der zeitlichen Abfolge muß primär die Motivation zur Psychotherapie erreicht werden, und Medikamente sind erst sekundär von Bedeutung. Beruhigungsmittel führen bei diesen Patienten häufig zur Suchtverschiebung und sollten deshalb nicht gegeben werden. Wenn Patienten über Einschlafstörungen oder Unruhezustände klagen, sind manchmal schlafanstoßende Antidepressiva zielführend.

Sozialpsychiatrische Ansätze

Bei diesen Patienten stellt die psychotherapeutische Betreuung einen zentralen Bestandteil der Therapie dar. Die Motivation zur Psychotherapie sollte früh beginnen; es kann die gesamte Palette der Verfahren ausgeschöpft werden (z. B. Verhaltenstherapie, systemische oder analytische Therapien, Hypnoseverfahren). Wichtig ist die Entwicklung von alternativen Copingstrategien (andere als Alkohol), der Aufbau von Selbstwertgefühl und Selbstsicherheit sowie das Erlernen von Entspannungstechniken. Der Patient soll, bei Interaktionen mit anderen Personen, früh erkennen lernen, welche Abhängigkeitsmechanismen bei ihm immer wieder auftreten. Da eine Veränderung der Persönlichkeit angestrebt wird, reicht es nicht aus, stützend zu arbeiten. Selbsthilfegruppen sollten auf die Basisstörung ausgerichtet sein (Angst-, Persönlichkeitsstörung, ...) und für die Kranken des Typ II nicht dem Konzept der Anonymen Alkoholiker folgen.

Typ III (Depressionsmodell)

Pharmakotherapeutische Ansätze

Medikamente, die phasenprophylaktisch wirken, wie Lithium oder Carbamazepin, können von Bedeutung sein. Das Alkoholverlangen muß als Versuch der Selbstbehandlung gesehen werden, und erst die erfolgreiche Behandlung der zugrundeliegenden Basisstörung reduziert wesentlich das Alkoholverlangen. Die gesamte Palette der Antidepressiva sollte in dieser Gruppe, je nach Art der depressiven Grundstörung, ausgeschöpft werden (Möller 1999). Im Rückfall können Naltrexon und/oder Gammahydroxybuttersäure den Schweregrad und die Dauer des Rückfalles verringern. Nach Überwindung des Rückfalles sollten diese Substanzen rasch abgesetzt werden. Neuroleptika sollten in dieser Gruppe von Patienten nur kurz und äußerst vorsichtig eingesetzt werden (Auslöser von Rückfällen?) (Wiesbeck et al. 2001).

Sozialpsychiatrische Ansätze

Psychotherapeutisch sollte auf die Persönlichkeitsmerkmale eingegangen werden, die zu Stimmungsschwankungen führen, sowie versucht werden, die überstrukturierte Persönlichkeit zu lockern. Die Patienten sollen lernen, die intellektuelle Kontrolle zu reduzieren, Gefühle zuzulassen und ihren Körper bewußter wahrzunehmen. Wenn typische depressive Episoden beginnen, sollte der Patient diese ersten Anzeichen erkennen lernen. Der „Typus melancholicus" nach Tellenbach wird häufig angetroffen. Selbsthilfegruppen sollten auch nach der Basisstörung und nicht nach den Kriterien der Alkoholabhängigkeit zusammengestellt werden.

Erst nach längerer, oft mehrere Monate dauernder Abstinenz, ist es möglich, eine echte Psychotherapiemotivation zu erzielen.

Typ IV (Gewöhnungsmodell)

Pharmakotherapeutische Ansätze

Medikamente spielen in dieser Untergruppe nur eine untergeordnete Rolle. Medikamente zur Verbesserung der intellektuellen Leistung und zur besseren Impulskontrolle bewirken längere abstinente Perioden. Es werden Nootropika, Thiamin, Carbamazepin, Antidepressiva und in seltenen Fällen auch Neuroleptika eingesetzt. Neuroleptika sollten nur kurzfristig gegeben werden, weil bei dieser Untergruppe Spätdyskinesien ausgelöst werden können.

Da in dieser Gruppe mit Rückfällen zu rechnen ist, sollte nur in Ausnahmefällen eine Aversivbehandlung durchgeführt werden. Die Verkürzung der Trinkdauer und die Verringerung des Schweregrades von Rückfällen steht im Vordergrund. Gammahydroxybuttersäure und Naltrexon, manchmal auch die Kombination dieser beiden, helfen in dieser Indikation. Wissenschaftliche Untersuchungen zu diesem Thema liegen nicht in ausreichender Form vor, haben sich aber in unserer klinischen Arbeit bewährt.

Sozialpsychiatrische Ansätze

Psychotherapeutisch stehen Schutz, Stützung und strukturbildende Maßnahmen im Vordergrund. Da bei Patienten dieses Typs selten eine langfristige Abstinenz erreicht werden kann, sollte der Umgang mit Rückfällen geübt werden. Selbsthilfegruppen, welche auch Rückfälle akzeptieren, wären deshalb eine ideale Ergänzung. Wichtig ist auch die Erhöhung der sozialen Stabilität und eine Tagesstruktur (geschütztes Wohnen, Tageswerkstätten, Schlagwort: „Wandern statt Wirtshaus"). Kognitive Trainingsprogramme, Strategien zur Impulskontrolle und verhaltenstherapeutische Konzepte mit kleinen Therapieschritten sind anzustreben.

Literatur

1. Berner P, Lesch OM, Walter H (1986) Alcohol and Depression. Psychopatology (19) (Suppl 2): 177–183
2. Bonte W, Sprung R, Lesch OM (1988) Neue biochemische Überlegungen zur Suchtentwicklung. Wiener Zeitschrift für Suchtforschung 11(4): 15–18
3. Cloninger CR, Bohmann M, Sigvardsson S: Inheritance of alcohol abuse, Cross-fostering analysis of adopted men. Arch Gen Psychiat 38: 861–868
4. Dilling H, Mombour W, Schmidt MH (1991) Internationale Klassifikation psychischer Störungen, 1. Aufl. Huber: Bern, Göttingen, Toronto S 84–86
5. Fouquet P (1951) Réflexions cliniques et thérapeutiques sur l'acoolism. Evolution Psychiatrique 16: 231–251
6. Huss M (1852) Chronische Alkoholkrankheit. Stockholm, Leipzig
7. Jellinek EM (1960) The disease concept of alcoholism. Hillhouse Press: New Brunswick
8. Lesch O (1985) Chronischer Alkoholismus – Typen und ihr Verlauf – eine Langzeitstudie. Thieme Copythek, Georg Thieme: Stuttgart, New York
9. Lesch OM, Lesch E, Dietzel M, Mader R, Musalek M, Walter H, Zeiler K (1986) Chronischer Alkoholismus – Alkoholfolgekrankheiten – Todesursachen. Wiener Med Wochenschrift 19 (20): 505–515
10. Lesch OM, Kefer J, Lentner S, Mader R, Marx B, Musalek M, Nimmerrichter A, Preinsberger H, Puchinger H, Rustembegovich A, Walter H, Zach E (1990) Diagnosis of Chronic Alcoholism – Classificatory Problems. Psychopathology 23 (2): 88–96
11. Lesch OM, Ades J, Badawy A, Pelc I, Sasz H (1993) Alcohol Dependence – Classificatory Considerations. Alcohol and Alcoholism (Suppl) 2: 127–131
12. Lesch OM, Walter H (1996) Subtypes of alcoholism and their role in therapy. Alcohol and Alcoholism 31 (Suppl) 1: 63-67
13. Lesch OM, Walter H (1997) Alkoholabhängigkeit, Biomedizinische Aspekte in der Therapie. Wiener Zeitschrift für Suchtforschung 20(3/4): 37–47
14. Mader R (1982) Therapie der Alkoholkrankheit. Der Prakt Arzt (36) 464: 1792–1800
15. Möller H J (1993) Therapie psychiatrischer Erkrankungen. Ferdinand Enke: Stuttgart
16. Nimmerrichter A, Walter H, Mader R, Lesch OM (2001) Double blind controlled trial of GHB and Clomethiazole in the treatment of alcohol withdrawal. Alcohol and Alcoholism (in press)

17. Pelc I (1977) Contribution à l'étude de la psychopathologie de l'alcoolisme chronique. Thèse pour le tire d'Agrégé de l'Enseignement Superieur. Univ. Libre de Bruxelles
18. Rounsville J, Dolinsky Z.S, Babor TF, Meyer RE (1987) Psychopathology as a predictor of treatment outcome in alcoholics. Arch Gen Psychiat 44: 505–513
19. Schuckit MA (1990) Drug and Alcohol Abuse: a clinical guide to diagnosis and treatment In: Woods SM (ed) Critical issues in psychiatry
20. Schwoon D R, Krausz M (1990) Suchtkranke – die ungeliebten Kinder in der Psychiatrie. Ferdinand Enke: Stuttgart
21. Sprung R, Bonte W, Lesch OM (1988) Methanol, Ein bisher verkannter Bestandteil aller alkoholischer Getränke. Eine neue biochemische Annäherung an das Problem des chronischen Alkoholismus. Wien Klin Wochenschr 9: 282–288
22. Wiesbeck GA, Boening J, Weijers HG, Lesch OM, Glaser T, Toennes PJ, (2001) Flupentixol decanoate does not prevent relapse in alcoholics. – Result from a placebo- controlled study. Alcohol and Alcoholism (in press)

Komorbidität und Streßreaktion als rückfallprädiktive Faktoren bei Alkoholabhängigkeit

K. Junghanns, U. Tietz, J. Bernzen, R. Lange,
E. Fischbach, T. Wetterling und M. Driessen

Klinik für Psychiatrie und Psychotherapie, Universitätsklinikum Lübeck,
Lübeck, Deutschland

Wir wissen heute aus einer Vielzahl von epidemiologischen Studien, daß bei Alkoholabhängigen eine erhebliche Komorbidität besteht. Dabei ist das Ausmaß an Komorbidität um so höher, je spezieller die untersuchte Stichprobe gewählt wird. So fanden Wittchen et al. (1992) eine Lebenszeitprävalenz von 32% Komorbidität unter Alkoholabhängigen in der Allgemeinbevölkerung, während Tomasson und Vaglum (1995), die die Alkoholabhängigen in alkoholspezifischen klinischen Einrichtungen näher untersuchten, eine Lebenszeitprävalenz für Komorbidität fanden, die in etwa doppelt so hoch war (Abb. 1). Arolt und Driessen (1996) untersuchten die Patienten in einem Allgemeinkrankenhaus in Lübeck auf psychiatrische Störungen und fanden mit einer Lebenszeitprävalenz von 41% Prävalenzwerte, die zwischen den beiden anderen Studien lagen.

Tomasson und Vaglum (1995), Regier et al. (1990), Driessen (1994) und Arolt und Driessen (1996) differenzierten die Komorbiditäten näher, und es zeigte sich, daß Angststörungen einen herausragenden Anteil an der Gesamt-Komorbidität bei Alkoholabhängigen haben.

Die ausführlichste Studie zur Komorbidität bei Alkoholabhängigkeit in unserer Klinik stammt von Driessen 1994. In dieser Studie wurde mit Hilfe des Composite International Diagnostic Interview, CIDI, (Wittchen und Semler 1991) und der International Personality Disorder Examination, IPDE, (Loranger et al. 1994) das Ausmaß von komorbider Persönlichkeitsstörung und von anderen psychiatrischen Störungen, darunter auch affektiven und Angststörungen, genau erfaßt. Die Studie erbrachte eine Komorbiditätsrate von 58,4%, die damit nur wenig niedriger lag als in der Studie von Tomasson und Vaglum (1995). Von den komorbiden Patienten hatten 88% zumindest auch eine Angststörung oder eine affektive Störung. Dies unterstreicht noch einmal das Ausmaß der zu erwartenden Komorbidität in einer Klinik, die gezielte Angebote für Alkoholabhängige macht.

Autoren	LZ-Prävalenz Komorbidität	LZ-Prävlenz Angst	Kommentar
Tomasson u. Vaglum 1995	69	54	Klinische Einrichtung
Driessen 1994	58,4	28	Allgemeinpsych-iatrische Klinik
Arolt u. Driessen 1996	41	19	Allgemeinkrankenhaus
Regier at al. 1990		13	Allgemeinbevölkerung
Wittchen et al. 1992	32		Allgemeinbevölkerung

Abb. 1. Komorbidität bei Alkoholismus

Es liegt nahe zu fragen, ob die hohe Komorbidität Einfluß hat auf die Rückfallrate von Alkoholabhängigen. Die Untersuchung von Veltrup (1995) ergab, daß ein Rückfall wesentlich häufiger aus einer negativen als aus einer positiven Stimmungslage heraus erfolgt und daß Alkohol die erhoffte Stimmungsverbesserung auch erbringt. In einer weiteren Studie gingen wir daher der Frage nach, ob sich die Komorbidität von depressiven und Angststörungen auf die Rückfallwahrscheinlichkeit auswirkt, wenn man den komorbiden Alkoholabhängigen in gleicher Weise wie den nicht komorbiden Alkoholabhängigen im Anschluß an die Entgiftung lediglich eine ganz auf die Alkoholabhängigkeit fokussierende dreiwöchige Motivationstherapie anbietet (Driessen et al. 2001).

Wir erfaßten hierzu konsekutiv 100 Patienten, die zur Motivationstherapie aufgenommen wurden. Diese wurden mittels CIDI genauer diagnostiziert hinsichtlich der Lebenszeitprävalenz von Angststörungen und Depression. Dabei zeigte sich, daß alle Patienten dieser Stichprobe, die eine Depression hatten, auch eine Lebenszeitprävalenz für eine Angststörung aufwiesen, nicht aber umgekehrt. Diese spezielle Gruppe mit Depression und Angststörung (D+A) wich in den soziodemographischen Daten besonders ungünstig von den anderen Gruppen ab (Abb. 2): Sie waren jünger als die Gruppe der komorbiden Angstgestörten und der Alkoholabhängigen ohne Komorbidität, sie waren wesentlich häufiger ledig und häufiger arbeitslos. Es fehlte ihnen damit besonders häufig eine soziale Einbindung.

	Insgesamt	Depression + Angst	Angst	ohne	Chi2, df=2
Männer (%)	75,0	86,7	69,6	74,2	1,6
Alter	44,5±11,1	36,9±8,0	44,3±13,0	46,4±10,4	9,83**
ledig (%)	25,0	53,3	13,0	22,6	
verheiratet (%)	44,0	33,3	56,5	41,9	
geschieden (%)	29,0	13,3	30,4	32,2	10,34 df=6
verwitwet (%)	2,0	0,0	0,0	3,2	
arbeitslos(%)	42,0	80,0	34,8	35,55	10,67**

Abb. 2. Charakterisierung der Stichprobe (n = 100)

Differenzierte man nun die Angststörungen näher, so erwiesen sich in unserer Klientel die generalisierten Angststörungen als selten. Am häufigsten waren soziale Phobie, Agoraphobie und spezifische Phobien vertreten. Die Häufigkeit des Auftretens dieser drei Formen der Angststörungen war sowohl in der Gruppe komorbider Angststörungen (kurz: A) als auch in der Gruppe D+A in etwa gleich.

Zusätzlich zur Diagnostizierung mittels CIDI erhielten die Probanden die Selbstratinginstrumente STAI (Spielberger et al. 1970) und BDI (Beck 1992) zum Ausfüllen. Uns interessierte nämlich, inwieweit sich aus dem aktuellen Befinden der Patienten hinsichtlich Ängsten und Depression sowie hinsichtlich aktueller Psychopathologie eine Rückfallgefährdung ablesen ließe. Die Patienten erhielten die genannten Selbstrating-Skalen bei Aufnahme in die Motivationstherapie, dann wöchentlich bis zu deren Entlassung und beim Follow-up ca. 7 Monate nach dem Index-Entzug.

Wir konnten aufzeigen, daß alle drei genannten Skalen-Scores über die drei Wochen der Motivationstherapie erfreulich rückläufig waren.

Zum Follow-up-Termin konnten wir leider nicht mehr alle unsere ursprünglich 100 Patienten erfassen. Lediglich 68 blieben schließlich übrig. Und von diesen stammen nun die weiteren Ergebnisse.

Zum Zeitpunkt des Follow-up gaben 37 Patienten (54,4%) an, daß sie in der Zwischenzeit mindestens einmalig Alkohol getrunken hatten. Vergleicht man nun die Ergebnisse dieser Rückfälligen mit denen der 31 Abstinenten für den Zeitpunkt der Aufnahme in die Motivationstherapie, so ergibt sich zwar, daß die später Rückfälligen in allen Selbstrating-Scores schlechter abschnitten als die Abstinenten, ein signifikanter Unterschied zum Zeitpunkt t1 ergab sich aber lediglich im STAI-X2, der die anlageabhängige Angst (sogenannte Trait-Angst) abbilden soll (Abb. 3).

Wir teilten nun die Stichprobe auf in eine Gruppe von Patienten, die lediglich eine Alkoholabhängigkeit aufwiesen (kurz: AO), in die Gruppe A (s. o.), in die A+D-Gruppe und in eine Gruppe der Patienten, die zusätzlich zu einer der genannten im CIDI diagnostizierten Komorbiditäten zum Aufnahmezeitpunkt auch noch einen auffälligen Summenscore im STAI und/oder BDI hatten (Ko+PP). Es zeigte sich nun bei allerdings kleinen Stichprobengrößen, daß diejenigen mit einer komorbiden Störung im

	STAI-X2	ANCOVA (F)	BDI	ANCOVA (F)
t1				
Abstinente	37,1±7,4		7,8±5,7	
		7,68; p<0,007		3,53; n. s.
Rückfällige	43,9±10,2		10,9±5,9	
t5				
Abstinente	30,6±8,5		4,6±5,3	9,91;
		20,6; p<0,0005		p=0,003
Rückfällige	43,0±12,7		9,8±8,8	

Abb. 3. Differenzierung der Score-Werte der zum Zeitpunkt t 5% rückfälligen und abstinenten Alkoholabhängigen im STAI-X2 und BDI

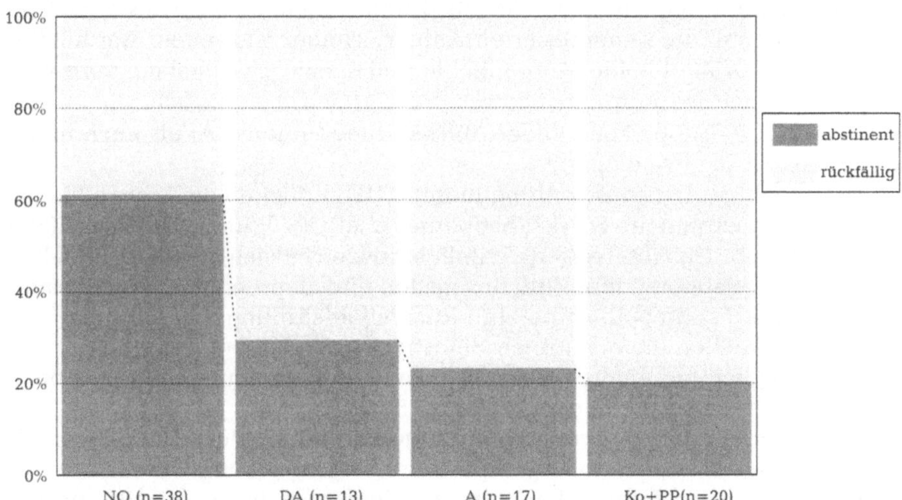

Abb. 4. Rückfallraten in Abhängigkeit von Komorbidität (NO=ohne Komorbidität, DA=Depression und Angststörung, A=komorbide Angststörung, Ko+PP=Komorbidität in Kombination mit aktueller Psychopathologie im SCL-90-R

Vergleich zu denen ohne komorbide Störung eine deutlich höhere Rückfallrate hatten (Abb. 4). Dieser Unterschied hatte ohne Bonferroni-Korrektur noch eine Signifikanz von p = 0,02 im Chi²-Test.

Kritisch muß hier allerdings angemerkt werden, daß die Rückfälligkeit bei den Follow-ups lediglich über katamnestische Befragungen erfaßt und nicht zusätzlich durch entsprechende Laborbefunde gestützt wurde. Es wäre also denkbar, daß a) die Rückfallrate noch höher lag und/oder b) die gebildeten Gruppen sich hinsichtlich ihrer Offenheit in den katamnestischen Angaben unterscheiden.

Diese Ergebnisse waren unsere Ausgangsbasis für eine weitere Studie zur Frage des Zusammenhanges von Rückfall und Komorbidität. In diese zur Zeit noch laufende Studie gingen aber zusätzlich noch Ergebnisse aus der Berliner Arbeitsgruppe um Rommelspacher und eine Arbeit von Errico aus dem Jahre 1993 ein.

Rommelspacher et al. haben einige Studien zum Zusammenhang von Betacarbolinen und Alkoholabhängigkeit gemacht. Die Betacarboline Harman und Norharman sind Kondensationsprodukte aus Aldehyd und Beta-Indol-3-Äthylaminen wie Tryptamin, 5-HAT u. a. oder Beta-Indol-3-Aminosäuren wie Tryptophan. Harman und Norharman sind im Körper natürlich vorhanden, werden aber unter und nach Alkoholkonsum vermehrt gebildet. Betacarboline sind natürliche MAO-A-Inhibitoren und Liganden am GABA$_A$-Rezeptor, wo ja auch Benzodiazepine angreifen. Sie haben dort teilweise eine invers-agonistische Wirkung, d. h., sie sind teilweise anxiogen und prokonvulsiv. Rommelspacher et al. (1996) fanden, daß Norharman mit der Schwere der Alkoholabhängigkeit korreliert und Harman eine anxiogene Wirkung hat. Das Problem bei der genaueren

Erfassung dieser Substanzen ist aber, daß sie zum einen nur eine 20minütige Halbwertszeit haben, zum anderen, daß sie nur mittels eines aufwendigen HPLC-Verfahrens erfaßbar sind, welches relativ große Blutmengen pro Messung benötigt.

Errico et al. (1993) hatten Alkoholabhängige einem standardisierten Streßtest ausgesetzt und dabei festgestellt, daß Alkoholabhängige ca. 3 Wochen nach dem Entzug auf den Stressor mit einem im Vergleich zu Gesunden verminderten Cortisol-Anstieg reagierten. Sie fanden keinen Zusammenhang zu den Ergebnissen im STAI, hatten jedoch keine Komorbiditätsdiagnostik betrieben.

Aus diesen drei Studien zusammen ergaben sich nun die Überlegungen für die zur Zeit noch laufende Studie: Wir wollten Alkoholabhängige, die an unserer 3wöchigen Motivationstherapie teilnehmen, auf Komorbidität untersuchen und aus diesen eine Stichprobe mit Alkoholabhängigen ohne Komorbidität und eine Stichprobe von Alkoholabhängigen mit einer Komorbidität für Angststörungen gewinnen. Diese sollten einem standardisierten sozialen Stimulationstest (TSST), wie er von Kirschbaum und Hellhammer in Trier entwickelt wurde, unterzogen werden. Und nach Abschluß der Motivationstherapie sollten nach 6 Wochen und 3 Monaten Katamnesen zur Rückfallhäufigkeit erfolgen. Unsere Hypothesen waren:

1. Alkoholabhängige mit einer Angst-Komorbidität werden (wiederum) häufiger rückfällig.
2. Es bestätigt sich die Korrelation mit dem STAI-X2 und der Rückfall-Prädiktivität.
3. In dem sozialen Stimulationstest ergibt sich für die Alkoholabhängigen mit einer komorbiden Angststörung (im weiteren AA) ein Abweichen von den anderen Alkoholabhängigen dahingehend, daß die AA entweder mit höheren Cortisolantworten auf den Stressor reagieren und damit zwischen Gesunden und nichtkomorbiden Alkoholabhängigen in ihren Werten liegen, oder aber sie haben besonders niedrige Cortisol-Werte als Ausdruck einer besonderen Sensitivität auf Cortisol.
4. Die Cortisol-Antworten sind rückfallprädiktiv.
5. Zusätzlich oder gesondert von den Cortisolwerten unterscheiden sich die AA von den nichtkomorbiden Alkoholabhängigen (im weiteren AO) und von gesunden altersgematchten Kontrollprobanden (im weiteren G) durch höhere (anxiogene) Harman-Werte im TSST.
6. Die erhöhten Harman-Werte sind rückfallprädiktiv.

Um diese Hypothesen überprüfen zu können, wollten wir jeweils 15 Probanden für jede Gruppe gewinnen. Der genaue Ablauf der Studie sah wie folgt aus (Abb. 5).

Die zur Motivationstherapie kommenden männlichen Probanden wurden nach Aufnahme mittels einer Computerversion des CIDI (Wittchen et al. 1991) auf zusätzliche Süchte, affektive und Angststörungen (inkl. Zwangsstörungen) sowie Psychosen näher untersucht. Zusätzlich wurden ihnen die Selbstratingskalen STAI-X2, BDI und SCL-90-R ausgehändigt und der Addiction-Severity-Index sowie das Trinktagebuch für die letzten vier Wochen mit ihnen ausgefüllt. In der Folgewoche und ca. 21 Tage nach

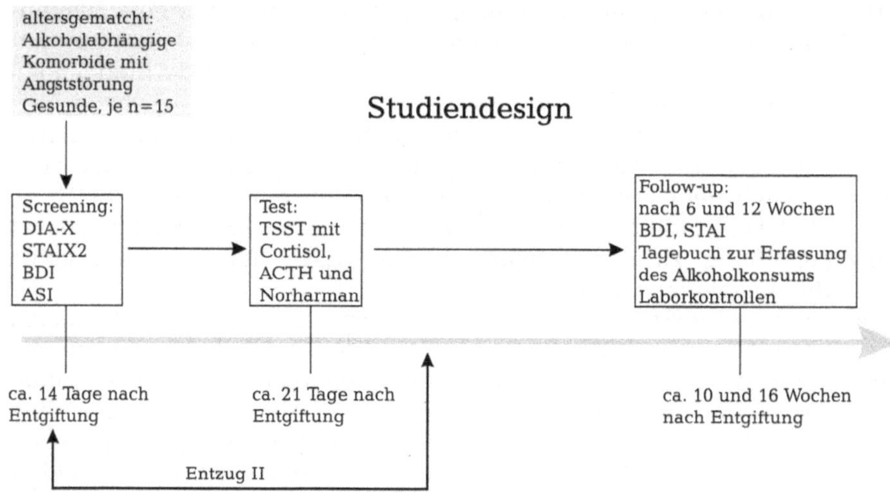

Abb. 5. Studiendesign für die Lübecker Studie zu Alkoholabhängigkeit und Rückfallrisiko bei komorbider Angststörung

Entzug erfolgte dann der TSST, bei dem die Patienten zum einen ein gespieltes Vorstellungsgespräch vor laufender Kamera erbringen müssen und anschließend beginnend mit der Zahl 1013 immer wieder 17 abziehen müssen. Bei Fehlern in dieser Substraktionsaufgabe müssen die Probanden wieder von vorn beginnen.

Um diesen Stimulationstest herum werden ab 60 Minuten vor Beginn und bis 80 Minuten nach Abschluß Cortisol, Betacarboline und ACTH neben Blutdruck und Puls bestimmt. Nach der Motivationstherapie und etwa 10 und 16 Wochen nach Entzug erfolgen dann Follow-ups, bei denen noch einmal STAI und BDI auszufüllen sind. Über Befragung und Blutkontrollen werden Rückfälle erfaßt und deren Ausmaß zusätzlich über das Trinktagebuch möglichst genau dokumentiert. Da Betacarboline über

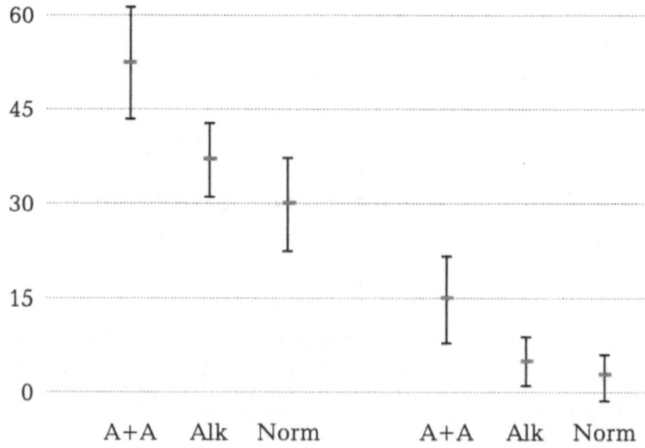

Abb. 6. STAI-X2- (links) und BDI-Werte (rechts) in den untersuchten Subgruppen

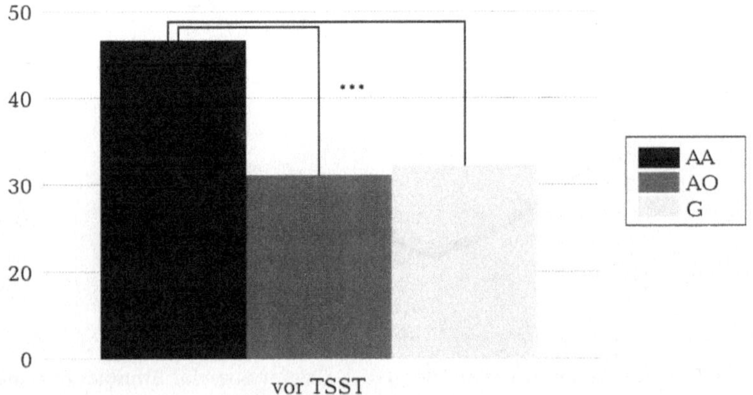

Abb. 7. STAI-X1-Summenscores in Abhängigkeit von Subgruppenbildung

Zigarettenrauch inhaliert werden können, wurde um den Test herum Nikotinkarenz festgelegt.

Zum jetzigen Zeitpunkt können leider nur vorläufige Ergebnisse aus dieser noch laufenden Studie vorgestellt werden. So stehen die Beta-carbolinbestimmungen noch aus. Aktuell ist auch die gesunde Vergleichs-gruppe noch nicht voll erfaßt, das Matching der Stichprobe ist aber sehr gut gelungen. Erwartungsgemäß unterscheiden sich die Stichproben deut-lich in den Ergebnissen von BDI und STAI voneinander (Abb. 6).

Für die Ergebnisse im STAI-X1, der die Zustandsangst abbilden soll und der vor dem TSST auszufüllen war, unterscheidet sich die AA-Gruppe deutlich von der AO- und der G-Gruppe, während sich AO- und G-Gruppe in ihrem Angstausmaß nicht unterscheiden (Abb. 7). Die Patienten mit einer Angststörung hatten also auch vor dem TSST ein im Vergleich zu den beiden anderen Gruppen erhöhtes Angstniveau.

Alle drei Gruppen wurden durch den TSST stimuliert, wie man beim Vergleich der systolischen Blutdruckwerte erkennen kann (Abb. 8). Ähn-

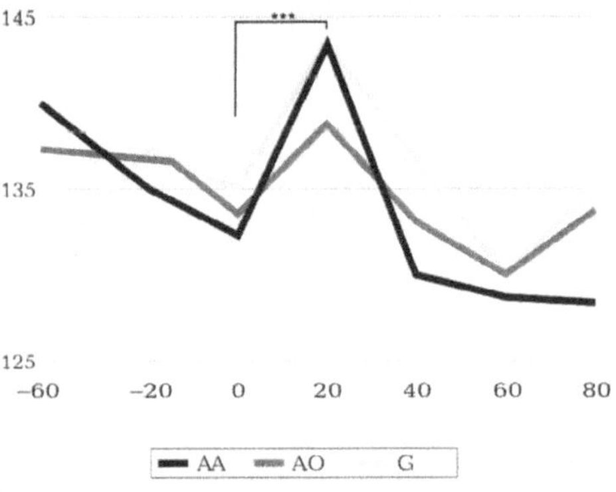

Abb. 8. Systolischer Blutdruckanstieg unter bzw. nach TSST

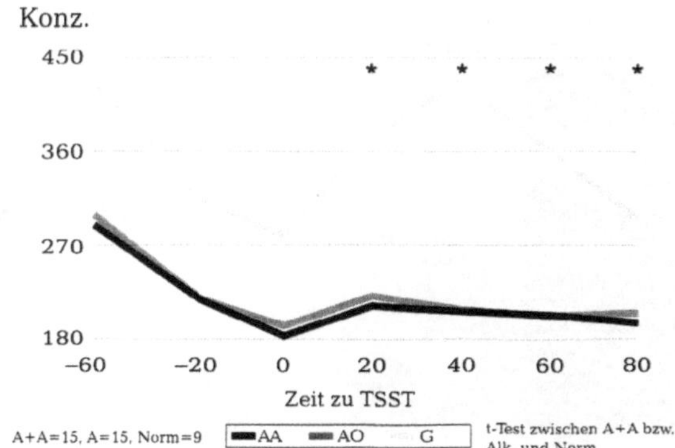

Abb. 9. Cortisol-Werte im Verlauf des TSST (Trierer Sozialer Stimulations-Test)

lich ließ sich dies auch mit den diastolischen Blutdruckwerten nachweisen. Zwischen den Gruppen konnte jedoch kein signifikanter Unterschied gefunden werden.

Der Verlauf der Cortisol-Werte zeigt, daß sowohl AA als auch AO signifikant geringer mit einem Cortisol-Anstieg auf die Stressoren Braunülen-Anlegen (60 Minuten) und TSST (+ 20 Minuten und folgende) reagieren als die G-Gruppe. Zwischen AA und AO ergibt sich geradezu eine Deckungsgleichheit im Cortisol-Kurvenverlauf (Abb. 9).

Der Verlauf der ACTH-Werte erlaubt keine sichere Gruppenunterscheidung (Abb. 10). Für AA und G ergibt sich ein signifikanter ACTH-Anstieg von der Zeit unmittelbar vor dem TSST zum Zeitpunkt 40 Minuten nach dem TSST. 80 Minuten nach dem Test ist die AA-Gruppe noch wesentlich stärker stimuliert hinsichtlich der ACTH-Ausschüttung als die G-Gruppe (p = 0,021). Die AO-Gruppe dagegen scheint keine wesentliche Veränderung der ACTH-Werte durch den TSST zu erfahren.
Zusammenfassend ergeben unsere vorläufigen Befunde damit:

a) Wir können das Ergebnis von Errico et al. (1993) bestätigen: Alkoholabhängige in der frühen Postentzugsphase weisen eine im

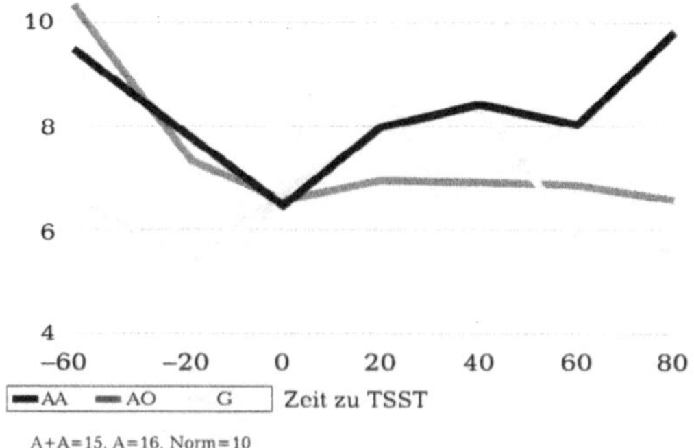

Abb. 10. ACTH-Werte im Verlauf des TSST

Vergleich zu Gesunden verminderte Cortisol-Stimulierbarkeit auf.

b) Die verminderte Cortisol-Stimulierbarkeit in der Postentzugsphase ist unabhängig von einer komorbiden Angststörung.

c) Es ergeben sich Hinweise auf eine im Vergleich zu der A-Gruppe erhöhte und eine insgesamt verlängerte ACTH-Stimulation bei Alkoholabhängigen mit einer komorbiden Angststörung.

Was bedeutet nun aber der verminderte Cortisol-Anstieg unter einem Streßtest bei frisch abstinenten Alkoholabhängigen? Wir wissen es nicht. Es gibt mehrere Hypothesen.

1. Die Alkoholabhängigen haben zu diesem Zeitpunkt eine erhöhte Cortisol-Sensitivität, d. h., weniger Cortisol erzeugt genausoviel Streßreaktion wie bei Gesunden.

2. Die Alkoholabhängigen haben nach chronischem Hypercortisolismus unter Alkoholkonsum und nach dem streßreichen Entzug eine Phase verminderter HPA-Achsenstimulierbarkeit zu durchlaufen. Dies könnte Ausdruck eines Erschöpfungsphänomens und möglicherweise damit verbunden einer erhöhten Infektanfälligkeit sein.

3. Die verminderte Cortisol-Ausschüttung ist ein sekundäres Phänomen, welches wir nicht ausreichend erfaßt haben, zum Beispiel Ausdruck eines gestörten Schlafes nach Entzug mit daraus resultierender Dysregulation der Cortisolausschüttung.

4. Alkoholabhängige reagieren auf den Stressor des TSST nicht wesentlich mit Cortisol, sondern z. B. mit einem erhöhten Noradrenalin-Ausstoß, den wir nicht erfaßt haben.

5. Alkoholabhängige in der frühen Abstinenz sind weniger emotional auslenkbar.

Unseres Erachtens haben die Hypothesen 2 und 4 am meisten für sich. Es ist wenig wahrscheinlich, daß so kurz nach dem Entzug eine Cortisol-Hypersensitivität nach einer Hyposensitivität bei Hypercortisolismus unter Alkoholkonsum sich aufgebaut hat (contra 1. Hypothese), und es ist naheliegender anzunehmen, daß wir hier ein Übergangsphänomen aufzeigen, welches quasi eine Zwischenstation zwischen chronischem Alkoholkonsum und Abstinenz darstellt. Gegen Hypothese 3 und 5 sprechen zum einen, daß ja durchaus eine Cortisolreaktion auf den Stressor zu verzeichnen ist, die nur eben niedriger ausfällt als bei den Gesunden. Und zum anderen belegt zumindest der STAI-X1 unmittelbar vor dem TSST, daß die Alkoholabhängigen zumindest genauso ausgeprägt reagieren wie die Gesunden. Und auch eine systematische Nachbefragung der Patienten nach dem TSST belegt, daß die Patienten allesamt den TSST als Stressor erlebt haben.

Hinsichtlich der Patienten mit einer komorbiden Angststörung muß angemerkt werden, daß es sich hier um eine relativ heterogene Gruppe handelt, in der neben Patienten mit sozialen Phobien und mit Panikstörung auch Patienten mit isolierten Phobien eingegliedert sind. Es wäre durchaus naheliegend, daß der TSST speziell eine sozialphobische Symptomatik stimuliert, während Patienten mit anderen Angststörungen nicht anders reagieren als Patienten ohne Ängste. Wir werden deshalb noch einmal die Ergebnisse der Patienten mit Sozialphobie getrennt betrachten.

Das als anxiogen nachgewiesene Harman ist bei Alkoholabhängigen in der frühen Abstinenz erhöht (Rommelspacher et al. 1996). Möglicherweise ergeben sich für die Alkoholabhängigen mit komorbider Angststörung besonders hohe Werte, die wiederum unter dem TSST ansteigen könnten. Wir haben deshalb die Kooperation mit Herrn Rommelspacher gesucht, der uns die Harman- und Norharman-Werte unter dem TSST bestimmt. Leider stehen die Ergebnisse für die Betacarboline zur Zeit noch aus. Sollten sich hier unsere Hypothesen bestätigen (s. o.), hätten wir es vielleicht mit einer anderen neurobiologischen Streßantwort bei Alkoholabhängigen als bei Gesunden zu tun.

Auch hinsichtlich der katamnestischen Ergebnisse können wir zur Zeit noch keine abschließenden Daten liefern. Unsere Vorstudie läßt nach wie vor erwarten, daß hier zumindest der STAI-X2 eine rückfallprädiktive Aussage erlaubt. Kasuistische Eindrücke lassen aber auch überlegen, ob die Ergebnisse zur Rückfallrate in der Vorstudie durch unterschiedliche Offenheit im Umgang mit Rückfall bedingt sind. Ersten Eindrücken zufolge sind Patienten mit einer komorbiden Angststörung weniger schamhaft und stärker besorgt, wenn sie rückfällig geworden sind. Solche erste Eindrücke bedürfen aber einer empirischen Untermauerung, die noch aussteht, da die Katamnesen noch nicht abgeschlossen sind.

Ich möchte mit einem Ausblick schließen: Wir werden in unserer Klinik den Zusammenhang von Streßstimulierbarkeit und Alkoholabstinenz bzw. Rückfall weiter verfolgen. So werden wir unsere Motivationstherapie verstärkt auf Cue-Exposure zuschneiden und damit ein Expositionsverfahren zum Umgang mit Rückfallrisiko-Situationen zur Hand haben, welches wir mit neurobiologischen Parametern eingehender erfassen und hinsichtlich rückfallprophylaktischer Wirkung näher untersuchen wollen. Ein weiterer Schwerpunkt unserer Arbeit wird in der Beurteilung des Schlafes im frühen Entzug und dessen Bedeutung für kognitive Verbesserungen und Rückfallgefährdung liegen. Vielleicht kann ich Ihnen in nächster Zeit schon erste Ergebnisse liefern.

Literatur

1. Arolt V, Driessen M (1996) Alcoholism and psychiatric comorbidity in general hospital inpatients. General Hospital Psychiatry 18(4): 271–277
2. Beck AT (1995) Beck Depressions Inventar (BDI). Deutsche Bearbeitung: Hautzinger M, Bailer M, Worall H, Keller F: Beck-Depressions-Inventar BDI. Testhandbuch. 2. Aufl. Huber: Bern, Göttingen
3. Driessen M (1996) Psychiatrische Komorbidität und Krankheitsverlauf bei Alkoholabhängigkeit. Habilitationsschrift, Lübeck
4. Driessen M, Meier S, Hill A, Wetterling T, Lange W, Junghanns K (2001) The course of anxiety, depression and drinking behaviours after completed detoxification in alcoholics with and without comorbid anxiety und depressive disorders. Alcohol and Alcoholism 36: 249–255
5. Errico AL, Parsons OA, King AC, Lovallo WR (1993) Attenuated cortisol response to biobehavioral stressors in sober alcoholics. J Stud Alcohol 54(4): 393–398
6. Loranger AW, Sartorius N, Andreoli A et al (1994) The international personality disorder examination. Arch Gen Psychiatry 51: 214–224

7. Regier DA, Farmer ME, Rae DS, Locke BZ, Keith SJ (1990) Comorbidity of mental disorders with alcohol and other drug abuse. JAMA 264: 2511–2518
8. Rommelspacher H, Dufeu P, Schmidt LG (1996) Harman and Norharman in alcoholism: correlations with psychopathology and long-term changes. Alcoholism: Clinical And Experimental Research 10(1): 3–8
9. Spielberger CD, Gorsuch RL, Lushene RE (1976) STAI, Manual for the State-Trait-Inventory. Palo Alto 1970. Deutsche Fassung: Laux L, Glanzmann P: Trait- und State-Angst bei physischer Gefährdung und Antizipation von Versagen, Erstfassung eines Beitrages auf dem 30. Kongreß der dt. Gesellschaft für Psychologie, Regensburg
10. Tómasson K, Vaglum P (1995) A nationwide representative sample of treatment-seeking alcoholics: a study of psychiatric comorbidity. Acta Psychiatr Scand 92: 378–385
11. Veltrup C (1995) Abstinenzgefährdung und Abstinenzbeendigung bei Alkoholabhängigen nach einer umfassenden stationären Entzugsbehandlung. Waxmann: Münster
12. Wittchen HU, Semler G (1991) Composite International Diagnostic Interview. Interviewheft und Manual. Beltz: Weinheim, Basel
13. Wittchen HU, Essau CA, Zerssen D von, Krieg JC, Zaudig M (1992) Lifetime and six-month prevalence of mental disorders in the Munich follow-up study. Eur Arch Psychiatry Clin Neurosci 241: 247–258

Grundlagen und Klinik von Alzheimer- und anderen neurodegenerativen Demenzen

H. Förstl

Klinik und Poliklinik für Psychiatrie und Psychotherapie, Technische Universität München, Deutschland

Einleitung

Derzeit leiden etwa eine Million Bundesbürger unter einer Demenz. Im Verlauf eines Jahres manifestieren sich die Demenzen bei 170.000 bis 240.000 Menschen neu. Demenzen gehören zu den wichtigsten Ursachen für die Entstehung von Pflegebedürftigkeit und sind die Hauptursache für eine Inanspruchnahme von Pflegeheimen (Bickel 1996). In mehreren Metaanalysen (Gao et al. 1998, Jorm und Jolley 1998, Launer et al. 1999) konnte ein exponentieller Anstieg dementieller Erkrankungen (und vor allem der Alzheimer-Demenz) bis zum Alter von 90 Jahren demonstriert werden. Eine prinzipielle Schwierigkeit epidemiologischer Untersuchungen besteht in der Differenzierung zwischen dem allgemeinen Demenzsyndrom und der zahlenmäßig bedeutendsten Demenzform, der Alzheimer-Krankheit. Während sich für andere Demenzformen, wie etwa die vaskulären Demenzen und die Creutzfeldt-Jakob-Krankheit in einer sorgfältigen Testung und apparativen Untersuchung positive Anhaltspunkte finden lassen, zeichnet sich die Alzheimer-Krankheit klinisch gerade durch das Fehlen bestimmter diagnostischer Merkmale aus, die in epidemiologischen Studien eine zuverlässige Identifikation erlauben könnten. Damit muß in diesen Untersuchungen die Differenzierung zwischen Demenz insgesamt und Alzheimer-Krankheit unscharf bleiben. In großangelegten Untersuchungen konnte eine Reihe wesentlicher Risikofaktoren für die Manifestation eines Demenzsyndroms bzw. einer Alzheimer-Demenz nachgewiesen werden. Beispielhaft sind in Tabelle 1 die Ergebnisse der Metaanalyse von Launer et al. (1999) dargestellt.

Die Ergebnisse dieser Metaanalyse aus den prospektiven, populationsbezogenen EURODEM-Studien an Personen über 65 Jahren beruhen auf einer Gesamtbeobachtungsdauer von „28.768 Personenjahren". Weibliches Geschlecht, Rauchen (vor allem bei Männern) und schlechtere Ausbildung erhöhten die Risiken, an einer Alzheimer-Demenz zu erkranken, signifi-

Tabelle 1. Risikofaktoren für die Manifestation einer Demenz (allgemein) und Alzheimer-Demenz (AD) gekürzt nach Ergebnissen der EURODEM-Studien (Launer et al. 1999)

	Demenz (allgemein)	Alzheimer-Demenz (AD)
positive Familienanamnese		
∅	1,0	1,0
1 Erkrankter	0,9	0,9
2 und mehr Erkrankte	1,4	1,6
Rauchen		
nie	1,0	1,0
früher	1,0	1,2
aktuell	1,4 (1,0–1,9)	1,7 (1,2–2,5)
Geschlecht		
männlich	1,0	1,0
weiblich	1,2	1,5 (1,2–2,0)
Erziehung		
weniger als 8 Jahre	1,8 (1,2–2,9)	2,0 (1,1–3,6)
8–11 Jahre	1,3	1,5
mehr als 11 Jahre	1,0	1,0

Angaben als relative Risiken (Konfidenzintervalle werden in Klammern nur bei signifikanten Abweichungen angegeben)

kant. Die Effekte waren für das Demenzsyndrom (allgemein) weniger ausgeprägt. Keine Hinweise fanden sich in dieser Analyse auf signifikante Einflüsse von Schädel-Hirn-Trauma oder einer positiven Familienanamnese auf das Demenzrisiko. Davon bleibt unberührt, daß bei den zahlenmäßig insgesamt wenig bedeutsamen, aber wissenschaftlich hochinteressanten Formen der familiären Alzheimer-Krankheit und anderer familiär auftretender Demenzformen mit dominantem Vererbungsmodus zweifelsfrei molekulargenetische Ursachen der Demenzen aufgedeckt werden

Tabelle 2. Mutationen und Polymorphismen als Grundlage neurodegenerativer, potenziell zu einer Demenz führender Erkrankungen

Morbus	Genmutation	Chromosom	Pathologie
Alzheimer	Amyloidvorläuferprotein, missense	21	PI, NF (LK)
	PS1, missense	14	PI, NF
	PS2, missense	1	PI, NF
	ApoE Polymorphismus	19	PI, NF
	alpha2-Makroglobulin	12	PI, NF
Parkinson	alpha-Synuklein	14q21-23	LK (PI, NF)*
		4p	LK (PI, NF)*
		2	LK (PI, NF)*
„Pick"	Tau, missense	17	NF
		3	?

PI = Alzheimer-Plaques
NF = Neurofibrillen
LK = Lewy-Körperchen

konnten. In Tabelle 2 sind einige der bisher bekannten Mutationen und Polymorphismen aufgelistet, die mit der Alzheimer-Krankheit und anderen neurodegenerativen Erkrankungen assoziiert sind.

Grundlagen und Diagnostik dementieller Erkrankungen

Tabelle 3 gibt in vereinfachter Form die Kriterien für die Diagnose eines Demenzsyndroms nach ICD-10-Forschungskriterien wieder.

Zum praktischen Nachweis eines Demenzsyndroms im Rahmen einer ärztlichen oder psychologischen Untersuchung sind unabdingbar erforderlich: eine zuverlässige Anamnese, Fremdanamnese, eine zumindest kurze standardisierte Testung von Gedächtnis und anderen kognitiven Leistungen. Zur ärztlichen Differentialdiagnose der Demenzerkrankungen sind zusätzlich zur Feststellung behandelbarer und behandlungsbedürftiger Ursachen oder Kofaktoren unbedingt notwendig: eine sorgfältige körperliche Untersuchung einschließlich indizierter Laborwerte (je nach Ergebnis der körperlichen Untersuchung) und ohne Ausnahme eine Darstellung des Gehirns im kranialen Computertomogramm oder Kernspintomogramm. Über diese Minimalforderungen sind sich die Sachverständigen unterschiedlicher Gremien einig. Zum konkreten Vorgehen wurden inzwischen verschiedene Leitlinien entwickelt (z. B. Ihl et al. 1999).

Alzheimer-Demenz

Neurobiologie der Alzheimer-Krankheit

Die Alzheimer-Demenz repräsentiert ein Demenzsyndrom ohne eindeutige zusätzliche klinische Anhaltspunkte für die zugrundeliegende Erkrankung. Dennoch kann die klinische Verdachtsdiagnose durch eine Reihe technischer Untersuchungen gestützt werden. Im EEG findet sich eine Abnahme der normalen alpha-Aktivität und eine Zunahme der langsamen theta- und delta-Tätigkeit (Schreiter-Gasser et al. 1994). Die Komplexität und die Synchronizität der EEG-Signale nehmen ab (Besthorn et al. 1994, 1995). Im Schlaf sind die Dichte und die Länge der cholinerg generierten REM(rapid eye movement)-Phasen reduziert (Montplaisir et al. 1995). Die Single Photon Emission Computed Tomography (SPECT)

Tabelle 3. Vereinfachte Darstellung der obligaten Merkmale eines Demenzsyndroms nach der Internationalen Klassifikation Psychischer Störungen (ICD-10-R-Forschungskriterien)

1.a	Abnahme des Gedächtnisses <u>und</u>
1.b	Abnahme anderer kognitiver Fähigkeiten (Urteilsfähigkeit, Denkvermögen)
2.	kein Hinweis auf vorübergehenden Verwirrtheitszustand
3.	Störung von Affektkontrolle, Antrieb oder Sozialverhalten (mit emotionaler Labilität, Reizbarkeit, Apathie oder Vergröberung des Sozialverhaltens)
4.	Dauer der unter 1. genannten Störungen mindestens 6 Monate

zeigt eine typische asymmetrische temporoparietale Hypoperfusion, sowohl in SPECT- als auch in PET (Positronenemissionstomographie)-Untersuchungen sind enge Beziehungen von reduzierter Perfusion bzw. reduziertem Metabolismus einerseits und andererseits kognitiven Defiziten, Krankheitsstadium und Krankheitsdauer zu registrieren (Bartenstein et al. 1997, Stoppe et al. 1995). Sehr früh im Krankheitsverlauf kann mit der PET eine metabolische Reduktion im posterioren Gyrus cinguli gezeigt werden (Minoshima et al. 1997). Neueste Entwicklungen erlauben die Messung der Azetylcholinesteraseaktivität im Kortex und damit möglicherweise eine Objektivierung des Therapieerfolgs mit Azetylcholinesterasehemmern (Kuhl et al. 1999). Magnetresonanzspektroskopisch kann eine Reduktion der kortikalen N-Azetyl-Verbindungen und ein Anstieg der Cholin-Konzentration bei Alzheimer-Demenz festgestellt werden (Pfefferbaum et al. 1999). In der kranialen Computertomographie (CT) und der Magnetresonanztomographie (MRT) kann im höheren Alter eine leichte Erweiterung der Hirnventrikel und Hirnfurchen gezeigt werden. Diesem altersassoziierten Effekt ist eine signifikante demenzassoziierte Atrophie überlagert (Förstl et al. 1995, Fox et al. 1996, Kidron et al. 1997). Die Reduktion des Hirnvolumens ist signifikant mit einer Abnahme der kognitiven Leistung korreliert.

Neuropathologisch ist die klinische Verdachtsdiagnose einer Alzheimer-Demenz mit operationalisierten Kriterien post hoc angeblich bei mehr als 80 Prozent der Patienten zu bestätigen; dies gilt jedoch nur für jene Patienten, die über lange Zeiträume in anspruchsvollen Forschungsprojekten mehrfach untersucht wurden und vor ihrem Tod im allgemeinen ein fortgeschrittenes Krankheitsstadium erreichten. In neueren neuropathologischen Diagnosekriterien wird klargestellt, daß es sich auch bei der neuropathologischen Validierung der klinischen Diagnose um eine Wahrscheinlichkeitsaussage und nicht um eine kategoriale richtig/falsch-Entscheidung handeln kann (Hyman und Trojanowski 1997; Tabelle 4).

Neben der Dichte der Plaque- und Neurofibrillenablagerungen wird in diesen Kriterien auch die Bedeutung der anatomischen Ausdehnung gewürdigt. Braak und Braak (1991) schufen eine detaillierte neuropathologische Stadieneinteilung der Alzheimer-Krankheit, die sich vorwiegend

Tabelle 4. Neuropathologische Kriterien zur Einschätzung der Wahrscheinlichkeit für das Vorliegen einer Alzheimer-Krankheit (nach Hyman und Trojanowski 1997)

Wahrscheinlichkeit für das Vorliegen einer Alzheimer-Krankheit	Plaque-Dichte	Neurofibrillen-Dichte	Braak-Statium: Ausbreitung der Neurofibrillen
gering	+	+	I/II: (trans)entorhinaler Kortex
mittel	++	++	III/IV: limbisches System
hoch	+++	+++	V/VI: Neokortex

auf die topographische Verteilung der Neurofibrillen stützt. In den Stadien I und II sind die intraneuronalen Neurofibrillen auf die Regio (trans)entorhinalis begrenzt. In den Stadien III und IV sind die Regio ento- und transentorhinalis intensiv betroffen. Plaques und Neurofibrillen werden zusätzlich in weiteren Teilen des limbischen Systems abgelagert. Erst in den Stadien V und VI greift der Prozeß über den Allokortex hinaus und die Neurofibrillenablagerung ist auch im hemisphäralen Neokortex nachzuweisen. Diese neuropathologisch hergeleitete Stadieneinteilung konnte inzwischen durch mehrere Arbeitsgruppen in prospektiven Studien untermauert werden und damit belegen, daß tatsächlich erst in den Stadien V und VI, also bei neokortikaler Beteiligung und massivsten Veränderungen im limbischen System, eindeutig faßbare klinische Störungen auftreten (Bancher et al. 1996, Delacourte et al. 1998, Gertz et al. 1996). Kognitive Defizite waren in Delacourtes Serie stets assoziiert erstens mit einer Neurofibrillenablagerung im Bereich der polymodalen neokortikalen Assoziationsareale und zweitens mit einem Nachweis weniger streng lokalisierter Amyloidplaques.

Klinik der Alzheimer-Demenz

Einige Patienten zeigen bereits fünf Jahre vor der Manifestation eines eindeutigen Demenzsyndroms bei einer sehr genauen neuropsychologischen Untersuchung leichte kognitive Defizite (Linn et al. 1995). Zu diesen leichten Defiziten zählen vor allem Schwierigkeiten beim Abspeichern neuer Informationen, beim planvollen Handeln oder dem Rückgriff auf semantische Gedächtnisinhalte. Die Differenzierung zwischen einer beginnenden Alzheimer-Demenz und einer reversiblen Störung (z. B. Demenzsyndrom der Depression bzw. benignes, nichtprogredientes Gedächtnisdefizit) ist unzuverlässig. Eine nennenswerte Beeinträchtigung der Alltagsaktivität (ADL = Activities of Daily Living) besteht zu diesem Zeitpunkt nicht. Häufig wird schwierigen Herausforderungen ausgewichen oder Probleme werden dissimuliert. Ein sozialer Rückzug und eine Dysphorie fünf Jahre vor der Diagnose einer Alzheimer-Demenz wird wiederholt beobachtet (Jost und Grossberg 1995).

Im Stadium einer leichten Demenz steht bei den meisten Patienten ein signifikantes Defizit von Lernen und Erinnerung im Vordergrund. Bei wenigen Patienten dominieren aphasische oder visuo-konstruktive Defizite. Im Vergleich zum Neugedächtnis sind das Ultrakurzzeit-(Immediat-)gedächtnis sowie sehr alte deklarative Gedächtnisinhalte und das implizite Gedächtnis weit weniger beeinträchtigt. Die kognitiven Defizite machen sich nun auch bei alltäglichen Aufgaben bemerkbar, die planvolles Handeln, organisatorisches Geschick und vernünftiges Urteil erfordern. Das Vokabular nimmt ab, die Sprache wird stockend und weniger präzis, selbst wenn der Patient oberflächlich immer noch einen eloquenten Eindruck erwecken kann. In einfachen neuropsychologischen Untersuchungen können Wortfindungsstörungen und eine Abnahme in der

Generation von Wortlisten nachgewiesen werden (Chobor und Brown 1990, Locascio et al. 1995). Die räumliche Desorientierung stört das Fahrverhalten, weil die Patienten immer weniger imstande sind, Abstände und Geschwindigkeiten zu schätzen. Wegen der hohen Unfallgefahr darf den Patienten das weitere Führen eines Fahrzeugs nicht mehr erlaubt werden (Trobe et al. 1996). In diesem Stadium können die Patienten noch fähig sein, viele Stunden allein zurechtzukommen oder selbst ganz allein zu leben. Bei anspruchsvolleren organisatorischen Aufgaben (Behördengängen, Geldgeschäften) benötigen sie jedoch Unterstützung. Sogenannte „nichtkognitive Störungen", wie etwa depressive Symptome, können in diesem leichten Stadium große Bedeutung gewinnen (Burns et al. 1990, Haupt et al. 1992). Im allgemeinen sind diese Störungen wechselhaft und leicht, gelegentlich können jedoch ausgeprägt depressive Episoden auftreten, die teilweise als verständliche emotionale Reaktionen auf die eingeschränkte Leistungsfähigkeit verstanden werden können.

Ein mittelschweres Demenzstadium entwickelt sich durchschnittlich drei Jahre nach Diagnosestellung. Das Neugedächtnis ist nunmehr schwerwiegend beeinträchtigt, auch logisches Denken, Planen und Handeln. Wortfindungsstörungen, Paraphasien etc. nehmen deutlich zu (Beatty et al. 1988, Romero et al. 1995). Die Patienten sind im allgemeinen stärker ablenkbar und verlieren die Einsicht in ihre Störung. Komplexere Handlungsabläufe wie Aufgaben im Haushalt, beim Anziehen oder selbst beim Essen gehen verloren. Die räumliche Desorientierung nimmt zu (Haupt et al. 1991, Liu et al. 1990). Die Patienten verkennen häufig optische und akustische Umgebungsreize (Förstl et al. 1993, Reisberg et al. 1996). Etwa 20 Prozent der Patienten entwickeln vorwiegend optische Halluzinationen. Die emotionale Kontrolle leidet, und Ausbrüche verbaler oder physischer Aggression können auftreten. Ziel- und ruheloses Wandern, Sammeln und Sortieren sind zu beobachten (Devanand et al. 1997). In diesem Demenzstadium können die Patienten nicht mehr ohne enge Supervision alleine überleben. In dieser Erkrankungsphase ist der Druck auf die pflegenden Angehörigen oder andere Pflegekräfte durch die Störungen des Verhaltens und die vielfältigen körperlichen Beschwerden des Patienten am höchsten (Jost et al. 1995, Steele et al. 1990). Aggressivität, Ruhelosigkeit, Desorientierung und Inkontinenz sind die häufigsten Ursachen für ein Zusammenbrechen der häuslichen Pflege (Haupt und Kurz 1993, Stern et al. 1997).

Etwa sechs Jahre nach Diagnosestellung befinden sich die Patienten mit Alzheimer-Demenz meist in einem schweren Stadium mit ausgeprägter Beeinträchtigung aller kognitiver Funktionen. Es sind auch frühe Erinnerungen kaum mehr abrufbar, die Sprache ist reduziert auf simple Phrasen oder einfache Wörter. Die einfachsten Bedürfnisse können nicht mehr artikuliert werden. Weiterhin können die Patienten jedoch emotionale Signale rezipieren. Sie sind vollkommen abhängig von einer umfassenden Pflege. Aggressive Reaktionen können auftreten, wenn die Patienten sich durch Pflegehandlungen bedroht fühlen. Ein Teil der Kranken behält stereotype motorische Abläufe bei (Schreien, Wandern). Neben einer tiefgreifenden Störung der zirkadianen Rhythmik können Rastlosigkeit und Aggressivität auch Ausdruck von Schmerz sein, den der Patient nicht mehr adäquat artikulieren kann. Die Patienten brauchen intensivste Unterstützung bei einfachsten Handlungen, z. B. bei der Essensaufnahme. Harn- und Stuhlinkontinenz sind häufig (Franssen et al. 1993). Neurologische Störungen (Myoklonie, epileptische Anfälle, Parkinson-Rigor) können auftreten (Förstl et al. 1992b).

Therapie

Die Gruppe der Nootropika umfaßt unterschiedlichste Substanzen mit differenten, zum Teil noch unbekannten Wirkmechanismen. In den letzten Jahren wurden in aufwendigen klinischen Untersuchungen an großen Patientenzahlen signifikante positive Einflüsse auf die kognitive Leistung, möglicherweise sogar auf den Krankheitsverlauf demonstriert (Le Bars et al. 1997, Croisile et al. 1993, Oken et al. 1998). Definierte Wirkprinzipien sind für Nimodipin, einen Antagonisten spannungsabhängiger Calciumkanäle (Müller 1999) sowie für das Memantin, einen Antagonisten der zentralen Glutamatrezeptoren von NMDA-Typ, nachgewiesen worden. Durch Memantine konnte erstmals eine funktionelle Verbesserung im Spätstadium der Demenz belegt werden (Winblad und Poritis 1999).

Die „cholinerge Defizithypothese" der Alzheimer-Demenz steht derzeit im Mittelpunkt pharmakologischer Überlegungen. Tatsächlich ist bei der Alzheimer-Demenz das azetylcholinsynthetisierende Enzym Cholinazetyltransferase post mortem auf 10 Prozent der Normalwerte verringert (Gsell et al. 1993). Frölich et al. (1998) wiesen im Liquor cerebrospinalis eine Minderung des Azetylcholingehalts bei Patienten mit Alzheimer-Demenz nach. Das Ausmaß des cholinergen Defizits ist mit dem Demenzstadium und der Ausprägung der neurodegenerativen Veränderungen korreliert (Bierer et al. 1995). Die symptomatische pharmakologische Steigerung der cholinergen Neurotransmission ist die derzeit bestdefinierte therapeutische Strategie bei der Alzheimer-Demenz. In der Klinik werden derzeit Cholinesterase-Inhibitoren favorisiert, die durch die Hemmung der hydrolysierenden Azetyl- und Butylcholinesterase zu einer zeitweisen Steigerung der Azetylcholinkonzentration im Gehirn sorgen (Frölich et al. 1999). Das Wirkprofil und die kognitiven Effekte von Donepezil und Rivastigmin, zwei der heute zugelassenen Substanzen, sind vergleichbar. Die Substanzen wurden in neuen Phase-III-Studien zwischen 24 und 30 Wochen verabreicht. Insgesamt kann etwa ein Drittel der Patienten als „Responder" mit deutlicher transienter Leistungsverbesserung eingestuft werden, 15 Prozent der Patienten zeigen keinerlei Verbesserungen. Neuere Ergebnisse legen einen stabilisierenden Effekt auf den Krankheitsverlauf nahe. Es ergaben sich sogar Hinweise darauf, daß Patienten, die über einen Zeitraum von zwei Jahren mit einem Azetylcholinesterasehemmer behandelt wurden, signifikant seltener in ein Pflegeheim oder Krankenhaus aufgenommen wurden und eine niedrigere Mortalität zeigten (Knopman et al. 1996).

Zufriedenstellende Behandlungsergebnisse können im allgemeinen nicht mit der Pharmakotherapie allein erzielt werden. Die psychosoziale Behandlung muß sehr individuell auf die Belange des Patienten und seiner Umgebung abgestimmt werden. Es existieren jedoch einige Standardsituationen und entsprechende Standardmethoden, deren Effizienz derzeit aber noch unzureichend untersucht ist. Viele Erfahrungsberichte haben kasuistischen Charakter, und die Wirksamkeit mancher Interventionen wird eher intuitiv gewürdigt. Ein strukturiertes Beratungsprogramm mit einer suffizienten Unterstützung der Angehörigen kann äußerst kosteneffektiv die Aufnahme der Patienten in Pflegeheime oder Krankenhäuser verzögern oder ganz verhindern (Mittelman et al. 1996). Eine Reihe dieser therapeutischen Anmerkungen gilt mit gewissen Abwandlungen auch für die im weiteren erwähnten degenerativen Demenzformen.

Lewy-Körperchen-Variante der Alzheimer-Demenz

Neurobiologie

Die Ablagerung von sogenannten Lewy-Körperchen, den histopathologischen Charakteristika des Morbus Parkinson, ist mit einem schweren Nervenzellausfall im dopaminergen Nigrostriatalsystem sowie in den azetylcholinergen Zellgruppen des basalen Vorderhirns, vor allem des Nucleus basalis Meynert assoziiert. Das cholinerge Defizit kann als Grundlage der Aufmerksamkeits- und Vigilanzstörungen betrachtet werden, die nigrostriatalen Veränderungen erklären die Parkinson-Symptomatik. Zur neuropathologischen Bestätigung einer sogenannten Lewy-Körperchen-Demenz wird von einigen Autoren nicht nur der Nachweis von Lewy-Körperchen verlangt, sondern auch die Quantifizierung von Alzheimer-Plaques und Neurofibrillen (Lowe und Dickson 1997). Insgesamt wurden nur wenige Patienten erfaßt, bei denen ausschließlich Lewy-Körperchen im Neokortex und Hirnstamm nachzuweisen waren. Nahezu 80 Prozent der Patienten weisen sehr hohe Plaquezahlen auf, bei etwa 20 Prozent finden sich Neurofibrillen ausreichender Dichte und Verteilung, um neuropathologische Diagnosekriterien einer Alzheimer-Demenz zu erfüllen (Förstl 1999b). Magnetresonanztomographisch war nachzuweisen, daß Patienten mit der Lewy-Körperchen-Variante der Alzheimer-Demenz einen besser erhaltenen Hippokampus aufweisen als Patienten mit einer „reinen" Alzheimer-Demenz (Hashimoto et al. 1998, Lippa et al. 1998). In der funktionellen Bildgebung konnte eine okzipito-parietale Minderperfusion demonstriert werden, die weiter dorsal als bei der Alzheimer-Demenz gelegen ist (Donnemiller et al. 1997).

Klinik

Bis vor zehn Jahren wurde eine Reihe dementieller Erkrankungen, die mit Bewegungsstörungen assoziiert und typischerweise sehr schwer zu behandeln waren, unter dem unscharfen Begriff „Parkinson-Plus" subsumiert. Diese Erkrankungsgruppe ist durch neue klinische und molekularbiologische Erkenntnisse inzwischen in eine Vielzahl von Begriffen aufgelöst worden. Aus dieser Gruppe ging u. a. die sogenannte „Lewy-Körperchen-Demenz" oder Lewy-Körper-Variante der Alzheimer-Demenz hervor, die – laut Aussagen einiger Autoren – für einen erheblichen Anteil dementieller Erkrankungen von bis zu 20 Prozent verantwortlich ist. Die aktuellen Konsensuskriterien zur Diagnose der Lewy-Körperchen-Variante der Alzheimer-Demenz sind in Tabelle 5 dargestellt.

Bei klinisch diagnostizierter Lewy-Körperchen-Variante der Alzheimer-Demenz waren neben den häufigen Halluzinationen auch eine im Vergleich zur Alzheimer-Demenz häufigere Parkinson-Symptomatik, eine ausgeprägtere Apraxie, Neuroleptikahypersensitivität und stärkere Fluktuationen der kognitiven Leistungen zu beobachten (Ala et al. 1997, Gnanalingham et al. 1997, Olichney et al. 1998).

Patienten mit der Lewy-Körperchen-Variante der Alzheimer-Demenz benötigen wegen der neurologischen Symptomatik häufig eine Anti-Parkinson-Medikation, welche jedoch Halluzinationen und Wahnvorstellungen auslösen oder verstärken kann. Neuroleptika ihrerseits können wiederum zu einer Zunahme extrapyramidal-motorischer Störungen führen. Die Neuroleptika-Hypersensitivität kann zu einer Zunahme der Vigilanzstörungen und damit der kognitiven Beeinträchtigungen führen, aber auch zu einer Verschlechterung der Parkinson-Symptomatik, einem malignen neuroleptikainduzierten Syndrom mit Fieber, vegetativer Entgleisung und hoher Mortalität. Als Ursache kann der Verlust dopaminerger Neuronen der Substantia nigra ohne gleichzeitige Hochregulation der präsynaptischen Dopamin2-Rezeptoren im Striatum angesehen werden. Dieses therapeutische Dilemma erfordert einen besonders zurückhaltenden Umgang sowohl mit der Parkinson-Therapie als auch mit den

Tabelle 5. Konsensuskriterien für die klinische Diagnose einer „wahrscheinlichen" oder „möglichen" Demenz mit Lewy-Körperchen (LK; gekürzt nach McKeith et al. 1996)

1. Demenzsyndrom	
2. essentielle Merkmale (mindestens 2 für wahrscheinliche, 1 für mögliche Demenz mit LK)	(a) fluktuierende kognitive Leistungen (b) visuelle Halluzinationen (c) Parkinson-Symptomatik
3. diagnosestützende Merkmale	(a) wiederholte Stürze (b) Synkopen (c) transienter Bewußtseinsverlust (d) neuroleptische Sensitivität (e) systematischer Wahn (f) Halluzinationen in anderen Modalitäten
4. eine Demenz mit LK ist weniger wahrscheinlich bei Hinweisen auf	(a) einen Schlaganfall (b) andere somatische oder Hirnerkrankungen

Neuroleptika. Die Parkinson-Behandlung muß rationalisiert werden, und alle Medikamente mit nachgeordneter Bedeutung sind zu reduzieren oder abzusetzen (Anticholinergika, Selegelin, Dopaminagonisten). Eine Monotherapie mit der minimal notwendigen Dosis von Levodopa erscheint optimal. Kognitive Defizite, Verwirrtheitszustände, Halluzinationen sind wegen des besonders stark ausgeprägten Azetylcholinmangels mit cholinergen Strategien, z. B. Azetylcholinesterasehemmern erfolgreicher behandelbar als eine reine Alzheimer-Demenz. Falls nach diesen Anpassungen noch eine Neuroleptikatherapie erforderlich ist, sollte die niedrigstmögliche Dosis von Clozapin oder neueren atypischen Neuroleptika verwendet werden.

Fokal beginnende kortikale Hirnatrophien (z. B. Morbus Pick)

Neurobiologie

Histopathologisch werden die fokal beginnenden Hirndegenerationen entweder durch eine Mikrovakuolisierung ohne lichtmikroskopisch faßbare spezifische Veränderungen charakterisiert und bei einer Teilgruppe der Patienten durch eine zusätzliche astrozytäre Gliose mit oder ohne ballonierte Zellen und argyrophile Einschlußkörperchen. Diese Untergruppe kann als Picksche Erkrankung im engeren Sinne bezeichnet werden. Die Neurodegeneration umfaßt alle Schichten des Neokortex und im besonderen Maße die äußere Pyramidenzellschicht (Lamina II und III). Während bei der Alzheimer-Demenz besonders die langen Bahnen aus Lamina V beschädigt werden, handelt es sich bei den fokal beginnenden Hirndegenerationen vor allem um die kürzeren U-Fasern und Kommissuren aus Lamina II und III. Bei den frontal beginnenden kortikalen Degenerationen bleibt das EEG bis in späte Krankheitsstadien unauffällig (Förstl et al. 1996, Yener et al. 1996). Die klinische Symptomatik wird durch SPECT und PET recht genau reflektiert. Die mediotemporale Hirnatrophie ist deutlich weniger ausgeprägt als bei der Alzheimer-Demenz (Frisoni et al. 1999). Anders als bei der Alzheimer-Demenz ist bei den frontalen Hirndegenerationen der Hemisphärenspalt meßbar aufgeweitet und das anteriore Corpus callosum stärker verschmächtigt (Förstl et al. 1996, Kaufer et al. 1997).

Bei den fokal beginnenden Hirndegenerationen konnte eine Assoziation mit Mutationen auf Chromosom 17 in der Region des Tau-Gens gezeigt werden (Foster et al. 1997, Heutink et al. 1997, Hutton et al. 1998). Cholinerge Mechanismen scheinen bei den fokal beginnenden Hirndegenerationen weniger betroffen als bei der Alzheimer-Demenz, stärker reduziert sind jedoch die postsynaptischen Serotoninrezeptoren ($5HT_{1A}$, $5HT_2$) (Francis et al. 1993, Sparks et al. 1991).

Klinik

Bei den fokal beginnenden kortikalen Hirnatrophien handelt es sich nach der Alzheimer-Demenz und der Lewy-Körperchen-Variante der Alzheimer-Demenz um die dritthäufigste neurodegenerativ (nicht vaskulär) bedingte Demenzform. Arbeitsgruppen in Manchester und Lund konnten in prospektiven, klinischen neuroradiologischen und neuropathologischen Untersuchungen die klinische Bedeutung und Häufigkeit der Erkrankung belegen (Brun und Gustafson 1997). Die aktuellen internationalen Konsensuskriterien sind in den Tabellen 6a und 6b aufgeführt (Neary et al. 1998). Drei bedeutende Krankheitsformen sind abzugrenzen: die frontotemporale Demenz, die progrediente Broca(„non-fluent")-Aphasie und die semantische Demenz. Als gemeinsame Eigenschaften werden ein schleichender Krankheitsbeginn vor dem 65. Lebensjahr, eine positive Familienanamnese sowie assoziierte motorische Störungen, Bulbärparalyse, Muskelschwäche und -atrophie sowie Faszikulationen) angesehen.

Veränderungen der Persönlichkeit und des Sozialverhaltens mit Apathie und Abulie oder Enthemmung und starker Ablenkbarkeit stehen im Vordergrund der frontotemporalen Hirndegeneration. Gedächtnisleistungen können lange Zeit erhalten bleiben. Je nach Schwerpunkt des neu-

Tabelle 6a. Konsensuskriterien zur allgemeinen klinischen Diagnose fokal beginnender kortikaler Hirnatrophien (gekürzt nach Neary et al. 1998)

Unterstützende Merkmale	Beginn vor dem 65. Lebensjahr
	Positive Familienanamnese bei einem Angehörigen I. Grades
	Bulbärparalyse, Muskelschwäche und -atrophie

Tabelle 6b. Spezielle Merkmale der frontotemporalen Demenz

Kernsymptome	schleichender Beginn und langsame Progredienz
	frühe Beeinträchtigung des Sozialverhaltens
	frühe emotionale Abstumpfung
	früher Verlust der Einsicht
Unterstützende Merkmale	STÖRUNGEN DES VERHALTENS (Vernachlässigung von Hygiene und Körperpflege, geistige Starrheit, Ablenkbarkeit und Impersistenz, Hyperoralität, verändertes Eßverhalten, Perseverationen und Stereotypien, Utilisationsverhalten);
	SPRECHEN UND SPRACHE (Aspontaneität und Sprachverarmung, Stereotypien, Perseverationen, Echolalie, Mutismus);
	KÖRPERLICHE ZEICHEN (Primitivreflexe, Inkontinenz, Akinesie, Rigor, Tremor, ...);
	NEUROPSYCHOLOGIE (schwere Beeinträchtigung bei „Frontallappentests" ohne schwere Amnesie, Aphasie oder visuo-perzeptive Störung)

rodegenerativen Prozesses kann das Symptommuster unterschiedlich
ausgeprägt sein. Eine ausgeprägte Apathie ist mit Läsionen des frontalen
Cingulum assoziiert, Defizite im Urteilen und Planen mit Veränderungen
des dorsofrontalen Präfrontalkortex und eine Disinhibition mit einem
bevorzugt orbito-basalen Läsionsort. Die Vernachlässigung der äußeren
Erscheinung, ein Verlust der Selbstreflexion, stereotype, perseverierende
und vor allem hyperorale Verhaltensweisen, motorische Primitivschablonen, eine progressive Sprachverarmung bei erhaltener räum-
licher Orientierung und fehlende Apraxie eignen sich zur Abgrenzung
gegenüber der Alzheimer-Demenz (Förstl et al. 1996, Litvan et al. 1997,
Miller et al. 1997). Primitivschablonen und Störungen des Sozialverhaltens werden bei der frontotemporalen Degeneration häufiger beobachtet als bei frontalbetonten vaskulären Demenzformen, bei denen
frühe Gedächtnisstörungen, intermittierende Verwirrtheitszustände,
plötzlich auftretende neurologische Zeichen, visuell-räumliche Probleme
und neuroradiologisch nachweisbare Hirninfarkte mit Leuko-Araiose im
Vordergrund stehen (Sjögren et al. 1997). Details zur progredienten
Broca-Aphasie und zur Semantischen Demenz werden hier nicht separat
aufgeführt.

Systematische Untersuchungen zur Pharmakotherapie existieren bisher nicht. Azetylcholinesterasehemmer scheinen ohne Effekt zu sein.
Selektive Serotonin-Wiederaufnahme-Hemmer (SSRIs) u. a. mit dopaminerger Wirkkomponente versprechen einen günstigeren Effekt (Swartz et
al. 1997). Neue Substanzen sind in Erprobung.

Demenz bei Creutzfeldt-Jakob-Krankheit

Neurobiologie

Prionen (proteinaceous infectious agents) können einerseits als „langsame Viren" übertragen werden. Andererseits existieren auch genetisch
verankerte Prionosen bei bekannten Punkt- oder Insertionsmutationen
im Priongen auf dem langen Arm von Chromosom 20. Ein genetischer
Polymorphismus kann zur Suszeptibilität, Manifestation und Mortalität
beitragen. Das Priongen kodiert 253 Aminosäuren eines Membranglyko-
proteins mit unbekannter Funktion (PrP^C). Bei Konformationsänderung
des Prionproteins (PrP^{SC}), die endogen (genetisch) verursacht und/oder
exogen (infektiös) ausgelöst sein kann, entwickeln sich spongiforme
vakuoläre Veränderungen, eine astrozytäre Gliose sowie ein Nerven-
zellverlust. Beim Gerstmann-Sträussler-Scheinker-Syndrom und Kuru
werden ferner vermehrt β-Amyloid-Plaques nachgewiesen. Die klinische
Verdachtsdiagnose wird durch den PrP^{SC}-Nachweis mit Antikörpern
erhärtet. Der neurotoxische Mechanismus der Prionosen ist noch nicht
ausreichend aufgeklärt.

Tabelle 7. Diagnostische Kriterien für die Creutzfeldt-Jakob-Krankheit (CJD) (EU Concerted Action 1994)

Sporadische CJD

Wahrscheinliche CJD*
- Progressive Demenz von weniger als zwei Jahren Dauer
- Typische EEG-Veränderungen (periodische scharfe Wellen)
- Mindestens zwei der folgenden vier Veränderungen: Myoklonien; visuelle oder zerebelläre Veränderungen; pyramidale oder extrapyramidale Symptome; akinetischer Mutismus

Mögliche Creutzfeldt-Jakob-Krankheit**
- Klinische Charakteristika identisch mit „wahrscheinlicher CJD", aber ohne typische EEG-Veränderungen

Akzidentell (iatrogen) übertragene CJD
- Progressives zerebelläres Syndrom nach Therapie mit Hypophysenhormonen oder
- Sporadische CJD mit anerkanntem Expositionsrisiko (z. B. Dura-mater-Transplantation)

Familiäre CJD
- Definitive oder wahrscheinliche CJD plus definitive oder wahrscheinliche CJD bei einem Verwandten ersten Grades
- Neuropsychiatrische Veränderungen plus krankheitsspezifische PRP-Mutationen

nvCJD (neue Variante der Creutzfeldt-Jakob-Krankheit)
- Derzeit gibt es keine allgemein anerkannten klinischen diagnostischen Kriterien für die nvCJD. Typischerweise sind die betroffenen Patienten jünger als bei der klassischen CJD, zeigen einen verlängerten klinischen Verlauf, Ataxie und in den frühen Stadien prominente psychiatrische Symptome. Demenz und Myoklonien entwickeln sich später.

---

* Die definitive Diagnose erfolgt durch die neuropathologische Untersuchung des Hirngewebes einschließlich Immunhistochemie und Western-Blot-Analyse mit Antikörpern gegen Prionprotein (PrP).

** Nach neuesten Ergebnissen werden Patienten, die klinische Kriterien einer möglichen CJD erfüllen und zusätzlich 14-3-3-Liquor-positiv sind, als „wahrscheinliche" CJD eingestuft.

Klinik

Bei einer rasch über Monate oder wenige Jahre fortschreitenden Demenz muß prinzipiell an eine Creutzfeldt-Jakob-Krankheit gedacht werden. Im Verlauf der Erkrankung treten vielfältige neurologische Symptome auf, in manchen Fällen, wie bei der sogenannten amyotrophen Form, vor Beginn der kognitiven Defizite. Häufig entwickelt sich eine fortschreitende spastische Lähmung der Extremitäten, begleitet von extrapyramidalen Zeichen wir Tremor, Rigor und choreatisch-athetotischen Bewegungen. Andere Varianten können mit Ataxie, Visus-Störungen oder Muskelfibrillationen sowie Atrophie des ersten motorischen Neurons einhergehen. Nach Infektions- oder Vererbungsmodus und klinischer Symptomatik werden unterschieden: die sporadische Creutzfeldt-Jakob-Krankheit, die seltenen autosomal dominanten oder iatrogenen Formen der Creutzfeldt-Jakob-Krankheit. Weitere Prionosen sind die Gerstmann-Sträussler-Scheinker-

Erkrankung, die familiäre fatale Insomnie und Kuru als Folge ritueller Ahnenverzehrung (Collinge und Palmer 1997). Aktuelle Diagnosekriterien für die Creutzfeldt-Jakob-Krankheit sind in Tabelle 7 wiedergegeben.

Zwischen 1993 und 1997 konnten über ein freiwilliges Meldesystem landesweit Verdachtsfälle von Creutzfeldt-Jakob-Krankheiten in der Bundesrepublik untersucht werden (Poser et al. 1997). Bei 232 von 544 Verdachtsfällen konnte die Diagnose gesichert oder wahrscheinlich gemacht werden. Dies entspricht einer Inzidenz zwischen 0,76 (für 1994) und 0,98 (für 1995) und stimmt damit mit Daten anderer europäischer Länder überein. Als Risikofaktoren ergaben sich in dieser Untersuchung weitere Demenzerkrankungen in der Familie und der Umgang mit Hornspänen. Diagnostisch relevanter Marker war ein Konzentrationsanstieg der neuronenspezifischen Enolase und des S100-Proteins neben dem Nachweis bestimmter Proteine im Liquor (p130/131 bzw. 14-3-3). Diese Parameter waren dem EEG überlegen. Nach Poser et al. (1997) war bisher kein Ansteigen der sporadischen Form der Creutzfeldt-Jakob-Krankheit nachzuweisen. Das Auftreten einer neuen Variante (nvCJD) in Großbritannien, möglicherweise eine auf den Menschen übertragene bovine spongiforme Enzephalitis (BSE) erfordere allerdings weitere langfristig angelegte Studien.

Eine symptomatische Behandlung existiert nur für die Myoklonien, die initial gut auf Clonazepam oder andere Benzodiazepine ansprechen. Amantadin, Amphotericin B, Interferon und Anthrazyklin haben sich bisher nicht als wirksam erwiesen (Otto et al. 1998). In Tierversuchen ergaben sich Hinweise auf eine Verlängerung der Inkubationszeit durch antivirale Präparate, immunsuppressiv wirksame Substanzen (Cortison) oder Stoffgruppen, die das retikuloendotheliale System blockieren (Dextransulfat).

Literatur

1. Ala TA, Yang KH, Sung JH et al (1997) Hallucinations and signs of parkinsonism help distinguish patients with dementia and cortical Lewy bodies from patients with Alzheimer's disease at presentation: a clinicopathological study. J Neurol Neurosurg Psychiat 62: 16–21
2. Bancher C, Jellinger K, Lassmann H et al (1996) Correlations between mental state and quantitative neuropathology in the Vienna longitudinal study on dementia. Eur Arch Psychiatry Clin Neurosci 246: 137–146
3. Bartenstein P, Minoshima S, Hirsch C et al (1997) Quantitative Assessment of cerebral blood flow in patients with Alzheimer's Disease by SPECT. J Nucl Med 38: 1095–1101
4. Beatty WW, Salmon DP, Butters N et al (1988) Retrograde amnesia in patients with Alzheimer's disease or Huntington's disease. Neurobiol Aging 9:181–86
5. Besthorn C, Sattel H, Geiger-Kabisch C et al (1994) EEG coherences in Alzheimer's disease. EEG Clin Neurophysiol 90: 242–245
6. Besthorn C, Sattel H, Geiger-Kabisch D et al (1995) Parameters of EEG dimensional complexity in Alzheimer's disease. EEG Clin Neurophysiol 95: 84–89
7. Bickel H (1996) Pflegebedürftigkeit im Alter. Ergebnisse einer populationsbezogenen retrospektiven Längsschnittstudie. Gesundh-Wes 58, Sonderheft 1: 56–62
8. Bierer LM, Haroutunian V, Gabriel S et al (1995) Neurochemical correlates of dementia severity in Alzheimer's disease: relative importance of the cholinergic deficits. J Neurochem 64: 749–760

9. Braak H, Braak E (1991) Neuropathological stageing of Alzheimer-related changes. Acta Neuropathol 82: 239–259
10. Brun A, Gustafson L (1997) Fokal beginnende Hirnatrophie, „Morbus Pick". In: Förstl H (Hrsg) Lehrbuch der Gerontopsychiatrie. Stuttgart: Enke, 278–291
11. Burns A, Jacoby R, Levy, R (1990) Psychiatric Phenomena in Alzheimer's Disease. Brit J Psychiatr 157: 72–94
12. Chobor KL, Brown JW (1990) Semantic deterioration in Alzheimer's: The patterns to expect. Geriatrics 45: 68–75
13. Collinge J, Palmer MS (1997) Prion Diseases. Oxford: Oxford University Press
14. Croisile B, Trillet M, Fondarai J et al (1993) Long-term and high-dose piracetam treatment of Alzheimer's disease. Neurology 43: 301–305
15. Devanand DP, Folz M, Gorlyn M et al (1997b) Questionable dementia: Clinical course and predictors of outcome. J Am Geriat Soc 45: 321–328
16. Delacourte A, Buée L, David JP et al (1998) Lack of continuum between cerebral aging and Alzheimer's disease as revealed by PHF-tau and Aß biochemistry. Alzheimer's Reports 1: 101–110
17. Donnemiller E, Heilmann J, Wenning GK et al (1997) Brain perfusion scintigraphy with 99mTc-HMPAO or 99mTc-ECD and 123I-ß-CIT single-photon emission tomography in dementia of the Alzheimer-type and diffuse Lewy body disease. Eur J Nuclear Med 24: 319–325
18. EU Concerted Action (1994) Surveillance of Creutzfeldt-Jakob disease in the European community (abstrakt). Minutes of the second and third meeting
19. Förstl H (2000b) Clinical issues in current drug therapy for dementia. Alzheimer Dis Assoc Disord (in press)
20. Förstl H, Besthorn C, Hentschel F et al (1996) Frontal Lobe Degeneration and Alzheimer's disease: a controlled study on clinical findings, volumetric brain changes and quantitative electroencephalography data. Dementia 7: 27–34
21. Förstl H, Burns A, Levy R et al (1992b) Neurological signs in Alzheimer's disease. Arch Neurol 49: 1038–1042
22. Förstl H, Geiger-Kabisch C (1995) „Alzheimer-Angehörigengruppe" – Eine systematische Erhebung von Bedürfnissen und Erfahrungen pflegender Angehöriger. Psychiat Praxis 22: 68–71
23. Förstl H, Geiger-Kabisch C, Sattel H et al (1996) Die Selbst- und Fremdeinschätzung klinischer Störungen bei der Alzheimer-Demenz: Ergebnisse eines strukturierten Interviews (CAMDEX). Fortschr Neurol Psychiatr 64: 228-233
24. Förstl H, Hewer W (1993) Medical Morbidity in Alzheimer's disease. In: Burns A (ed) Ageing and Dementia. London: Edward Arnold
25. Foster NL, Wilhelmsen K, Sima AAF et al (1997) Frontotemporal dementia and Parkinsonism linked to chromosome 17: A consensus conference. Ann Neurol 41: 706–715
26. Fox NC, Freebourgh PA, Rossor MN (1996) Visualisation and quantification of rates of atrophy in Alzheimer's disease. Lancet 348: 94–97
27. Francis PT, Holmes C, Webster MT et al (1993) Preliminary neurochemical findings in non-Alzheimer dementia due to lobar atrophy. Dementia 4: 172–177
28. Frisoni GB, Laakso MP, Beltramello A et al (1999) Hippocampal and entorhinal cortex atrophy in frontotemporal dementia and Alzheimer's disease. Neurology 52: 91–100
29. Frölich L, Hampel H, Gorriz C et al (1999) Azetylcholinesterasehemmer. In: Förstl H, Bickel H, Kurz A (Hrsg) Alzheimer Demenz: Grundlagen, Diagnostik und Therapie. Heidelberg: Springer, 153–166
30. Frölich L, Dirr A, Götz ME et al (1998) Acetylcholine in human CSF: methodological considerations and levels in dementia of Alzheimer type. J Neural Transm 105: 961–973
31. Gao S, Hendrie HC, Hall KS et al (1998) The relationships beween age, sex, and the incidence of dementia and Alzheimer disease. Arch Gen Psychaitry 55: 809–815
32. Gertz H-J, Xuereb JH, Huppert FA et al (1996) The relationship between clinical

dementia and neuropathological staging (Braak) in a very elderly community sample. Eur Arch Psychiatry Clin Neurosci 246: 132–136

33. Gnanalingham KK, Byrne EJ, Thornton A et al (1997) Motor and cognitive function in Lewy body dementia: comparison with Alzheimer's and Parkinson's diseases. J Neurol Neurosurg Psychiatry 62: 243–252

34. Gsell W, Moll G, Sofic E et al (1993) Cholinergic and monoaminergic neurotransmitter system in patients with Alzheimer's disease and senile dementia of the Alzheimer type: A critical evaluation. In: Maurer K (ed) Dementias, Neurochemistry, Neuropathology, Neuroimaging, Neuropsychology and Genetics. Braunschweig: Vieweg, 25–51

35. Hashimoto M, Kitagaki H, Imamura T et al (1998) Medial temporal and whole-brain atrophy in dementia with Lewy bodies. Neurology 51: 357–362

36. Haupt M, Kurz A (1993) Predictors of nursing home placement in patients with Alzheimer's disease. Int J Geriat Psychiatr 8: 741–746

37. Haupt M, Kurz A, Romero B et al (1992) Psychopathologische Störungen bei beginnender Alzheimerscher Krankheit. Fortschr Neurol Psychiat 60: 3–7

38. Haupt M, Pollmann S, Kurz A (1991) Disoriented behaviour in familiar surroundings is strongly associated with perceptual impairment in mild Alzheimer's disease. Dementia 2: 259–261

39. Heutink P, Stevens M, Rizzu P et al (1997) Hereditary frontotemporal dementia is linked to chromosome 17q21–q22: A genetic and clinicopathological study of three Dutch families. Ann Neurol 41: 150–157

40. Hutton M, Lendon CL, Rizzu P et al (1998) Association of missense and 5′-splice-site mutations in tau with the inherited dementia FTDP-17. Nature 393: 702–705

41. Hyman BT, Trojanowski JQ (1997) Editorial on consensus recommendations for the postmortem diagnosis of Alzheimer's disease from the National Institute on Aging and the Reagan Institute Working group on diagnostic criteria for the neuropathological assessment of Alzheimer's disease. J Neuropathol Exp Neurol 56: 1095–1097

42. Ihl R, Förstl H, Frölich L (2000) Praxisleitlinien in Psychiatrie und Psychotherapie. Deutsche Gesellschaft für Psychiatrie (Hrsg) Psychotherapie und Nervenheilkunde

43. Jorm AF, Jolley D (1998) The incidence of dementia. A meta-analysis. Neurology 51: 728–733

44. Jost BC, Grossberg GT (1995) The natural history of Alzheimer's disease: A brain bank study. J Am Geriat Soc 43: 1248–1255

45. Kaufer DI, Miller BL, Itti L et al (1997) Midline cerebral morphometry distinguishes frontotemporal dementia and Alzheimer's disease. Neurology 48: 978–985

46. Kidron D, Black SE, Stanchev P et al (1997) Quantitative MR volumetry in Alzheimer's disease – Topographic markers and the effects of sex and education. Neurology 49: 1505–1512

47. Knopman D, Schneider L, Davis MD et al (1996) Long-term tacrine (Cognex) treatment: Effects on nursing home placement and mortality. Neurology 47: 166–177

48. Kuhl DE, Koeppe RA, Minoshima S et al (1999) In vivo mapping of cerebral acetylcholinesterase activity in aging and Alzheimer's disease. Neurology 52: 691–699

49. Launer LJ, Andersen K, Dewey ME et al (1999) Rates and risk factors for dementia and Alzheimer's disease. Results from EURODEM pooled analyses. Neurology 52: 78–84

50. Le Bars PL, Katz MK, Berman N et al for the North American Egb Study Group (1997) A placebo-controlled, double-blind, randomized trial of an extract of ginkgo biloba for dementia. J Am Med Assoc 278: 1327–1332

51. Linn RT, Wolf PA, Bachman DL et al (1995) The 'preclinical phase' of probable Alzheimer's disease. A 13-year prospective study of the Framingham cohort. Arch Neurol 52: 485–490

52. Lippa CF, Johnson R, Smith TW (1998) The medial temporal lobe in dementia with Lewy bodies: a comparative study with Alzheimer's disease. Ann Neurol 43: 102–106

53. Litvan I, Agid Y, Sastrj N et al (1997) What are the obstacles for an accurate clinical diagnosis of Pick's disease? – A clinicopathologic study. Neurology 49: 62–69

54. Liu L, Gauthier L, Gauthier S (1990) Spatial disorientation in persons with early senile dementia of the Alzheimer type. Am J Occup Ther 45: 67–74
55. Locascio JH, Growdon JH, Corkin S (1995) Cognitive test performance in detecting, staging, and tracking Alzheimer's disease. Arch Neurol 52: 1087–1099
56. Lowe J, Dickson D (1997) Pathological diagnostic criteria for dementia associated with cortical Lewy bodies: review and proposal for a descriptive approach. J Neural Transm 51, Suppl: 111–120
57. McKeith IG, Galasko D, Kosaka K et al (1996) Consensus guidelines for the clinical and pathologic diagnosis of dementia with Lewy bodies. Neurology 47: 1113–1124
58. Miller BL, Ikonte C, Ponton M et al (1997) A study of the Lund-Manchester research criteria for frontotemporal dementia: Clinical and single-photon emission CT correlations. Neurology 48: 937–942
59. Minoshima S, Giordani B, Berent S et al (1997) Metabolic reduction in the posterior cingulate cortex in very early Alzheimer's disease. Ann Neurol 42: 85–93
60. Mittelman MS, Ferris SH, Shulman E et al (1996) A family intervention to delay nursing home placement of patients with Alzheimer Disease. A randomized controlled trial. J Am Med Assoc 276: 1725–1731
61. Montplaisir J, Petit D, Lorrain D et al (1995) Sleep in Alzheimer's disease: further considerations on the role of brainstem and forebrain cholinergic populations in sleep-wake mechanisms. Sleep 18: 145–148
62. Müller WE (1999) Nootropika. Präklinische und klinische Bewertung. In: Förstl H, Bickel H, Kurz A (Hrsg) Alzheimer Demenz – Grundlagen, Klinik und Therapie. Heidelberg: Springer, 191–202
63. Neary D, Snowden JS, Gustafson L et al (1998) Frontotemporal Lobar Degeneration – A consensus on clinical diagnostic criteria. Neurology 51: 1546–1554
64. Oken BS, Storzbach DM, Kaye JA (1998) The efficiency of Ginkgo biloba on cognitive function in Alzheimer disease. Arch Neurol 55: 1409–1415
65. Olichney JM, Galasko D, Salmon DP et al (1998) Cognitive decline is faster in Lewy body variant than in Alzheimer's disease. Neurology 51: 351–357
66. Otto M, Ratzka P, Wiltfang J et al (1998) Therapeutische Ansätze bei der Creutzfeldt-Jakob-Krankheit. Deutsches Ärzteblatt 51/52: C 2319–C 2321
67. Pfefferbaum A, Adalsteinsson E, Spielman D et al (1999) In vivo brain concentrations of N-acetyl compounds, creatine, and choline in Alzheimer disease. Arch Gen Psychiatry 56: 185–192
68. Poser S, Zerr I, Schulz-Schaeffer WJ et al (1997) Die Creutzfeldt-Jakob-Krankheit. Eine Sphinx der heutigen Neurobiologie. Dtsch Med Wschr 122: 1099–1105
69. Reisberg B, Auer SR, Bonteiro I et al (1996) Behavioral disturbances of dementia: an overview of phenomenology and methodologic concerns. Int Psychogeriat 8: 169–80
70. Schreiter-Gasser U, Gasser T, Ziegler P (1994) Quantitative EEG analysis in early onset Alzheimer's disease: Correlations with severity, clinical characteristics, visual EEG and CCT. EEG Clin Neurophysiol 90: 105–112
71. Sjögren M, Wallin A, Edman A (1997) Symptomatological characteristics distinguish between frontotemporal dementia and vascular dementia with a dominant frontal lobe syndrome. Int J Ger Psychiatry 12: 656–661
72. Sparks DL, Markesbery WR (1991) Altered serotonergic and choliergic synaptic markers in Pick's disease. Arch Neurol 48: 796–799
73. Steele C, Rovner B, Chase GA et al (1990) Psychiatric symptoms and nursing home placement of patients with Alzheimer's disease. Am J Psychiatry 147: 1049–1051
74. Stern Y, Tang MX, Albert MS et al (1997) Predicting time to nursing home care and death in individuals with Alzheimer disease. J Am Med Assoc 277: 806–812
75. Stoppe G, Schütze R, Kögler A et al (1995) Cerebrovascular reactivity to acetazolamide in (senile) dementia of Alzheimer's type: relationship to disease severity. Dementia 6: 73–82
76. Swartz JR, Miller BL, Lesser IM et al (1997) Frontotemporal dementia: Treatment response to serotonin selective reuptake inhibitors. J Clin Psychiatry 58: 212–216

77. Trobe JD, Waller PF, Cook-Flannagan CA et al(1996) Crashes and violations among drivers with Alzheimer disease. Arch Neurol 54: 411–416
78. Winblad B, Poritis (1999) Memantine in severe dementia. Int J Geriat Psychiatr 14: 135–146

Psychopathologie akuter Exazerbationen bei Borderline-Patienten

P. Danos und M. Brinkers

Uni-Klinik für Psychiatrie, Psychotherapie und Psychosomatische Medizin
Magdeburg, Deutschland

Einführung

Akute Exazerbationen von Borderline-Patienten sind häufig und führen daher zu mehrfachen stationären Einweisungen in psychiatrische Kliniken. Diese Exazerbationen sind in der Literatur auch als „Mikropsychosen" (Hoch und Polantin 1949) beschrieben worden.

Diese akuten Exazerbationen von Borderline-Patienten werden nosologisch unterschiedlich eingeordnet. Manche Autoren betrachten diese Exazerbationen aufgrund ihres kurzfristigen und reversiblen Charakters und aufgrund ihrer Ich-Dystonizität nicht als Psychosen entsprechend den „klassischen" Kriterien (Halluzinationen, Wahn, Ich-Störungen) (Gunderson et al. 1975, Kernberg 1993, Pope et al. 1985).

Andere Autoren vertreten die Auffassung, daß psychotische Exazerbationen bei Borderline-Patienten nicht kurzfristig spontan reversibel sind, so daß sie als Psychosen im engeren Sinne angesehen werden können (Lotterman 1985, Links et al. 1989, Miller et al. 1993). Diese Autoren heben allerdings hervor, daß diese Borderline-Psychosen sich deutlich von schizophrenen Psychosen unterscheiden lassen.

Die hier zitierten Arbeiten basieren auf klinischen bzw. kasuistischen Beobachtungen; psychopathologische psychometrische Studien über Exazerbationen bei Borderline-Patienten sind allerdings kaum durchgeführt worden.

Aufgrund der zum jetzigen Zeitpunkt weiterhin unklaren nosologischen Einschätzung dieser Exazerbationen gibt es in der klinischen stationären Praxis kaum anerkannte psychiatrische oder psychotherapeutische Richtlinien zu der deren Behandlung.

In der vorliegenden Studie sollten akute Exazerbationen bei Borderline-Patienten mittels verschiedener Psychopathologie-Skalen psychometrisch untersucht werden. Da in der klinischen Praxis sowie in bisherigen Studien (Mandes und Kellin 1993) geschlechtsspezifische Unterschiede bei Borderline-Patienten festgestellt wurden, haben wir unsere Studie auf weibliche Patienten limitiert.

Material und Methode

Zwölf Patientinnen mit einer DSM-IV(1996)-Diagnose einer Borderline-Persönlichkeitsstörung wurden psychopathologisch untersucht. Behandelt wurden die Patientinnen in der Uni-Klinik für Psychiatrie Magdeburg. Das Alter der Patientinnen betrug im Durchschnitt 39,7 (SD ± 10,6) Jahre. Der Anlaß der Aufnahme waren in zwei Fällen suizidale Ideen sowie in sieben Fällen ein unmittelbarer Suizidversuch.

Zusätzlich zur DSM-IV-Definition wurde das Revised Diagnostic Interview for Borderlines (DIB-R) (Gunderson et al. 1992) zur Diagnose einer Borderline-Persönlichkeitsstörung angewandt. Eine Borderline-Persönlichkeitsstörung wurde bei einem DIB-R-Score von 7 und mehr Punkten diagnostiziert.

Als psychometrische Skalen zur Beurteilung der Depressivität wurde die Hamilton-Depression-Skala (HAMD), 21-Items-Version (CIPS 1996) angewandt. Dabei wurde ein HAMD-Wert von 18 und mehr Punkten als Indikator für ein depressives Syndrom bewertet.

Für die Beurteilung psychotischer Symptome wurde die Brief Psychiatric Rating Scale, BPRS, (CIPS 1996) angewandt. BPRS-Werte über 40 Punkte gelten als Indikator für das Vorliegen einer akuten Psychose aus dem schizophrenen Formenkreis. Weiterhin kam die Positiv-und-Negativ-Symptom-Skala (PANSS) (Kay et al. 1987) für die Beurteilung von Positiv- und Negativ-Symptomen zur Anwendung. PANSS-Werte über 60 Punkte weisen auf das Vorliegen einer schizophrenen Psychose hin. Die Ergebnisse der PANSS-Subskalen (Positiv-, Negativ- und Allgemeine Psychopathologie-Skala) wurden anschließend getrennt untersucht.

Die psychometrischen Skalen HAMD, PANSS und BPRS wurden 5,4 (SD ± 1,9) Tage nach der stationären Aufnahme erhoben. Der DIB-R-Test wurde nach Abklingen der akuten Exazerbation erhoben. Neun Patienten erhielten zum Zeitpunkt der Untersuchung mittelpotente Neuroleptika,

Tabelle 1. Ergebnisse der psychometrischen Untersuchungen bei Borderline-Patientinnen

DIB-R-Score	5,3 ± 2,5 Punkte
	DIB-R ≥ 7 Punkte= 6 (50%) Pat.
HAMD	24,7 ± 12,6 Punkte
	HAMD ≥ 18 Punkte = 8 (66%) Pat.
BPRS-Score:	47,3 ± 9,9 Punkte
	BPRS ≥ 40 Punkte = 9 (75%) Pat.
PANSS-Score:	89,6 ± 21,3 Punkte
	PANSS ≥ 60 = 11 (92%) Pat.

drei Patienten erhielten atypische Neuroleptika, vier Patienten erhielten Antidepressiva, davon zwei Serotonin-Wiederaufnahme-Hemmer.

Alle Patientinnen gaben im Anschluß an eine Aufklärung über den Hintergrund der Untersuchung ihr Einverständnis zur anonymisierten Speicherung, Verarbeitung und Veröffentlichung ihrer Daten für wissenschaftliche Zwecke.

Um mögliche Interkorrelationen zwischen den einzelnen psychometrischen Untersuchungen festzustellen, wurden Pearsonsche Korrelationen berechnet. Als signifikant galten Korrelationen mit einem Signifikanzniveau von $p < 0,01$ (Bonferroni-Korrektur). Dabei wurde das SPSS-PC+-Programm angewandt.

Ergebnisse

In Tabelle 1 sind die Ergebnisse der psychometrischen Untersuchungen zusammengefaßt. Es wird deutlich, daß nur 6 (50%) von 12 Patientinnen mit einer DSM-IV-Diagnose einer Borderline-Persönlichkcitsstörung die Kriterien einer Borderline-Störung entsprechend dem Diagnostic Index for Borderlines (DIB-R, Gunderson et al. 1992) erreichen.

Die Mehrheit der Patientinnen (66%) weist eine klinisch relevante Depression auf, entsprechend der HAMD-Skala. Fünfundsiebzig Prozent der untersuchten Patienten erfüllen die psychometrischen Kriterien einer Psychose aus dem schizophrenen Formenkreis mit einem BPRS-Durchscnittswert von 47,9 ± 9,9 Punkten und einem PANSS-Durchschnittswert von 89,6 ± 21,3 Punkten

In Tabelle 2 sind die Items der PANSS Aufgelistet, die die höchsten Scores aufwiesen. Dabei zeigt sich, daß die höchsten Scores dem Bereich der „Allgemeinen Psychopathologie" angehören. Die Items „Mangelnde Urteilsfähigkeit", „Mangelnde Impulskontrolle", „Selbstbezogenheit" und „Unkooperatives Verhalten" zeigten besonders hohe Werte.

In Tabelle 3 sind die Ergebnisse der Pearsonschen Korrelation zwischen den einzelnen psychometrischen Tests dargestellt. Die Korrelation ($r = 0,66$) zwischen den HAMD-Scores und den BPRS-Scores erreichte ein Signifikanzniveau von $p < 0,01$. Es fanden sich keine signifikanten Korrelationen zwischen den DIB-R-Scores und den anderen psychometrischen Ergebnissen, das bedeutet, daß die Schwere der Borderline-Störung nicht signifikant mit den Symptomen der Exazerbationen korrelierte.

Diskussion

Aufgrund der relativ geringen Fallzahl sollten die hier vorgestellten Ergebnisse mit einer gewissen Vorsicht interpretiert werden. Auch die Tatsache, daß die Patientinnen zum Zeitpunkt der Untersuchung psychotrope Medikamente erhielten, ist als einschränkender Faktor zu nennen. Dabei ist allerdings zu berücksichtigen, daß eine Untersuchung ohne psychotrope Medikation aus naheliegenden Gründen nur am ersten Tag

                    P. Danos und M. Brinkers

Tabelle 2. Items-PANSS mit den höchsten Scores

G12. Mangel an Urteilsfähigkeit:	4,1 ± 0,9 Punkte
G14. Mangelnde Impulskontrolle:	3,6 ± 1,7 Punkte
G15. Selbstbezogenheit:	3,9 ± 1,0 Punkte
G8. Unkooperatives Verhalten:	3,0 ± 1,3 Punkte

der stationären Aufnahme durchgeführt werden kann, was wiederum die Aussagekraft der psychopathologischen Untersuchungen eingeschränkt hätte.

Auch angesichts der obengenannten Einschränkungen sind wir der Auffassung, daß psychopathologische Studien mit psychometrischen Test-Verfahren einen wichtigen Beitrag leisten können zu der Frage der nosologischen Einordnung akuter Exazerbationen von Borderline-Syndromen.

Bei der Auswertung der obengenannten psychometrischen Ergebnisse zeigt sich zunächst, daß eine Diskrepanz besteht zwischen den DSM-IV-Kriterien einer Borderline-Persönlichkeitsstörung und den Kriterien des Revisited Diagnostic Index for Borderlines (DIB-R, Gunderson et al. 1992). Diese Problematik der Definition des Borderline-Begriffs spiegelt die Tatsache wider, daß in der wissenschaftlichen Literatur und klinischen Praxis immer noch kein Konsens über Borderline-Syndrome bzw. Borderline-Persönlichkeitsstörungen besteht (Rothenhäusler und Kapfhammer 1999). Erwähnenswert ist auch der Befund, daß zwischen der Ausprägung der Borderline-Persönlichkeit, gemessen am DIB-R-Score, und der Ausprägung der akuten Exazerbation, gemessen anhand der HAMD-, PANSS- und PPRS-Scores, keine signifikanten Korrelationen vorlagen.

Die Mehrheit der Patientinnen wies anhand des HAMD-Scores eine klinisch relevante depressive Störung auf, der Durchschnittswert des HAMD-Scores betrug 24,7 Punkte. Dieser Befund entspricht der Einschätzung mancher Autoren, die das Borderline-Syndrom als eine – zwar untypische – affektive Störung betrachten (Davis und Akiskal 1986).

Die Mehrheit der Patientinnen (9 Patientinnen, 75%) wiesen allerdings einen Wert über 40 Punkte auf der BPRS-Skala auf, was dafür spricht, daß die überwiegende Mehrzahl der Patientinnen zumindest die psychometrischen Kriterien einer Psychose aus dem schizophrenen Formenkreis erfüllte.

Für die Beurteilung des psychotischen Charakters von Borderline-Exazerbationen erscheint bedeutsam, welche Items der PANSS-Skala hohe

Tabelle 3. Pearsonsche Korrelationen zwischen den einzelnen psychometrischen Dimensionen

	DIB	HAMD	BPRS	PANSS
DIB	-	0,23	0,20	0,27
HAMD	-	-	0,66*	0,44
BPRS	-	-	-	+
PANSS	0,27	-	+	-

* = p < 0,01

+ = BPRS Teil von PANSS, daher Korrelationen nicht sinnvoll

Werte aufwiesen. Dabei zeigt sich, daß insbesondere die Items aus dem Bereich der „Allgemeinen Psychopathologie" wie „Mangelnde Urteilsfähigkeit", „Mangelnde Impulskontrolle", „Selbstbezogenheit" und „Unkooperatives Verhalten" besonders hohe Werte erreichten.

Dies ist insofern von Bedeutung, als es deutlich macht, daß bei Borderline-Exazerbationen insbesondere die Symptome 1. Ranges nach Schneider (1946) nicht stark ausgeprägt sind. Dies ist auch ein wesentlicher Grund für die geringe Akzeptanz, diese Exazerbationen als Psychosen aus dem schizophrenen Formenkreis zu betrachten. Dabei wird zu wenig berücksichtigt, daß Psychosen aus dem schizophrenen Formenkreis auch andere psychopathologische Ausdrucksformen annehmen können als die von Schneider beschriebene Typologie. Bleuler (1911) war sich der Heterogenität schizophrener Erkrankungen bewußt, als er von der „Gruppe der Schizophrenien" schrieb.

Interessant ist auch, daß wir signifikante Korrelationen zwischen den Werten der HAMD-Skala und der BPRS-Skala fanden, was als Hinweis zu bewerten ist, daß depressive und schizophrene Symptome miteinander verknüpft sind.

Insofern kann man Exazerbationen bei Borderline-Syndromen im Hinblick auf das psychopathologische Querschnittsbild am ehesten einer schizoaffektiven Störung nach ICD 10 (Dilling et al. 1994) zuordnen. Eine solche nosologische Bewertung würde der ursprünglichen klinischen Einschätzung von Borderline-Syndromen als Erkrankungen aus dem schizophrenen Formenkreis entsprechen (Hoch und Polantin 1949).

Allerdings erscheint aufgrund der hohen HAMD-Scores in Zusammenhang mit den hohen BPRS-Scores eine Zuordnung von Borderline-Exazerbationen zu der Kategorie einer Major Depression mit stimmungsinkongruenten psychotischen Merkmalen nach DSM-IV (APA 1996) ebenfalls gerechtfertigt.

Insgesamt weisen Borderline-Exazerbationen deutlich ausgeprägte psychopathologische Symptome aus dem schizophrenen und dem affektiven Formenkreis auf.

Insbesondere stützen die hier vorgestellten Ergebnisse nicht die Einschätzung, daß Borderline-Exazerbationen vom Wesen her etwas anderes sind als Psychosen aus dem schizophrenen oder affektiven Formenkreis (Gunderson et al. 1975, Kernberg 1993, Pope et al. 1985), sondern daß sie vielmehr ein charakteristisches Mischbild aus diesen beiden Gruppen von Psychosen repräsentieren.

In der vorliegenden Studie wurde der Verlauf von Borderline-Exazerbationen nicht untersucht, insofern lassen sich aus diesen Ergebnissen keine Aussagen zum Verlauf dieser Störungen bzw. zu möglichen therapeutischen Strategien machen.

Inwiefern Borderline-Exazerbationen auch vom psychopathologischen Verlauf her eine homogene oder eher eine heterogene Gruppe darstellen, sollte in der Zukunft anhand von psychometrischen Verlaufsstudien systematisch untersucht werden.

Literatur

1. American Psychiatric Association (1996) Diagnostisches und statistisches Manual psychischer Störungen DSM-IV. Hogrefe: Göttingen, Bern, Toronto, Seattle
2. CIPS-, HAMD-, PANSS- und BPRS-Score Collegium Internationale Psychiatrae Scalarum (1996) Internationale Skalen für Psychiatrie. Beltz: Weinheim
3. Bleuler E (1911) Dementia praecox oder Gruppe der Schizophrenien. In: Aschaffenburg G (Hrsg) Handbuch der Psychiatrie. Spez Teil 4. Abtlg /1. Deuticke Verlag: Leipzig, Wien
4. Davis GC, Akiskal HS (1986) Descriptive, biological and theoretical aspects of Borderline personality disorder. Hosp Comm Psychiatry 37: 685-692
5. Dilling H, Mombour W, Schmidt MH, Schulte-Markwort E (1994) Internationale Klassifikation psychischer Störungen. ICD-10 Kapitel V (F). Forschungskriterien. Hans Huber: Bern, Göttingen, Toronto, Seattle
6. Gunderson JG, Carpenter WT, Strauss JS (1975) Borderline and Schizophrenic patients: a comparative study. Am J Psychiatry 132: 1257–1264
7. Gunderson JG, Zanarini MC (1992) Revised Diagnostic Interview for Borderlines (DIB-R) McLean Hospital, Harvard Medical School, Belmont, Massachusetts. In: Rohde-Dachser Ch (1995) Das Borderline-Syndrom. Hans Huber: Bern, Göttingen, Toronto, Seattle
8. Hoch P, Polantin P (1949) Pseudoneurotic forms of schizophrenia. Psychiatric Quarterly 23: 248-276
9. Kay SR, Fisbein A, Opler LA (1987) The Positive and Negative Syndrome Scale (PANSS) for Schizophrenia. Schizophrenia Bull 13: 261-276
10. Kernberg OF (1993) Psychodynamische Therapie bei Borderline-Patienten. Hans Huber: Bern, Göttingen, Toronto, Seattle
11. Links PS, Steiner M, Mitton J (1989) Characteristics of psychosis in Borderline personality disorder. Psychopathology 22: 188-193
12. Lotterman A (1985) Prolonged psychotic states in borderline personality disorder. Psychiatric Quarterly 57: 33-46
13. Mandes E, Kellin J (1993) Male-female response profile differences in the WAIS-R in clients suffering from Borderline personality disorders. J Psychol 127: 565-572
14. Miller FT, Abrams T, Dulit R, Fyer M (1993) Psychotic symptoms in patients with Borderline personality disorder and concurrent axis I disorder. Hosp Comm Psychiatry 44: 59-61
15. Pope HG Jr, Jonas JM, Hudson JI, Cohen BM, Tohen M (1985) An empirical study of psychosis in borderline personality disorder. Am J Psychiatry 142: 1285-1290
16. Rothenhäusler HB, Kapfhammer HP (1999) Der Verlauf von Borderlinestörungen. Fortschr Neurol Psychiatr 200-217
17. Schneider K (1946) Klinische Psychopathologie. Georg Thieme: Stuttgart, New York

Ein diagnostisches Puzzle:
organische und psychogene Amnesien

Chr. Hain

Klinik für Psychiatrie und Psychotherapie, HELIOS-Klinikum Erfurt, Deutschland

Manche von Ihnen werden schon einmal Bekanntschaft mit den Büchern des in New York tätigen Neurologen Oliver Sacks gemacht haben. Ich selbst habe vor einigen Jahren ein Buch von ihm gelesen, welches den befremdlichen Titel „Der Mann, der seine Frau mit einem Hut verwechselte" trägt (Sacks 1987). Darin erzählt der Autor die Geschichten von Patienten, welche ihm mit recht eigenartigen neuropsychologischen Störungen aufgefallen waren. Bei all diesen Patienten erschien in subtiler Weise, jedoch mit gelegentlich dramatischen Konsequenzen die normale Stimmigkeit der individuellen Selbst- und Welterfahrung gestört zu sein, ohne daß anderweitig gravierende neurologische Defizite bestanden. Viele dieser Fälle muten kurios an und stellen im klinischen Alltag sicherlich eine Rarität dar. Seltenes kommt aber bekanntlich nicht niemals vor, und so möchte ich Ihnen heute eine ähnliche Geschichte erzählen, welche von einem Patienten handelt, den wir kürzlich in unserer Klinik sahen.

Kasuistik

Der 57jährige Patient, von Beruf Architekt und Bauleiter, wurde von einer niedergelassenen Nervenärztin mit der Diagnose „Orientierungs- und Merkfähigkeitsstörungen unklarer Genese – Hirnorganisches Psychosyndrom" erstmals in eine psychiatrische Klinik eingewiesen. Zwei Tage zuvor war er seiner Frau zunächst durch ungewöhnliches, von der täglichen Routine abweichendes Verhalten und eine merkwürdige Desorientiertheit aufgefallen. Entgegen seinen Gepflogenheiten suchte er spätabends nochmals eine Baustelle auf, meinte aber seit Jahren nicht mehr als Architekt zu arbeiten und gegenwärtig in einem Fahrdienst tätig zu sein. Nach dem morgendlichen Aufstehen wirkte er ratlos und schien nicht mehr zu wissen, daß programmgemäß die tägliche Rasur anstand. Da er sich in zunehmendem Maße auch an kurz zurückliegende Ereignisse nicht mehr erinnern konnte und es schien, daß er insgesamt den Faden verloren hatte, bedrängte ihn seine Ehefrau, eine Nervenärztin aufzusuchen. Zwei seiner Mitarbeiter, die ihn auf dem Weg dorthin begleiteten, hielt er für ehemalige Arbeitskollegen, indem er wiederum behauptete, seit fünf bis sechs Jahren nicht mehr in dem Architekturbüro zu arbeiten.

Fremdanamnestisch wurde uns mitgeteilt, daß der Patient in den Wochen und Monaten zuvor einer Reihe von Belastungen ausgesetzt war, angespannt erschien und manchmal schlafarme Nächte verbrachte. Erst hatte er einen Verkehrsunfall ohne Schädelhirntrauma erlitten. Dann mußte sich seine Frau einer Unterleibsoperation unterziehen. Schließlich habe es auf einer Baustelle ständig Ärger gegeben, bis ihm wegen eines millionenschweren Wasserschadens ein Haftpflichtprozeß ins Haus stand. An dem Tag, als die oben geschilderte Symptomatik einsetzte, hatte er gerade an einer Besichtigung des Schadens teilgenommen.

Zur Eigenanamnese war zu erfahren, daß der Patient als Jugendlicher angeblich ein SHT mit mehrstündiger Bewußtlosigkeit erlitten hatte. In jüngster Zeit habe er gelegentlich über pektanginöse Beschwerden geklagt. Sonst sei er nie ernsthaft krank gewesen.

Er war Nichtraucher und trank Alkohol nur sporadisch und in kleinen Mengen.

Neuropsychiatrische Erkrankungen waren in seiner unmittelbaren Verwandtschaft bisher nicht vorgekommen.

In der Klinik konnten wir ebenso wie die Nervenärztin massive Erinnerungslücken feststellen, die in erster Linie Vorgänge der letzten zwei Tage betrafen. Zu den gegenwärtigen situativen Gegebenheiten war er hinreichend orientiert, lediglich die Datumsangabe war geringfügig inkorrekt. Besondere Schwierigkeiten hatte er bei der chronologischen Zuordnung des erinnerten Materials. Am auffallendsten war die Störung der aktuellen Merkfähigkeit (ohne daß zu diesem Zeitpunkt eine formale Prüfung erfolgte). Subjektiv schien er diese Störungen zum Teil zu realisieren, er wirkte ausgesprochen ratlos, stellte perseverierende Fragen, starrte an die Wand und bemerkte mit nachdenklicher Miene auf eine entsprechende Äußerung seiner Frau: „... durchgedreht, so etwas gibt's gar nicht ..."

Andere psychopathologische Befunde ergaben sich nicht. Der internistische und neurologische Status war unauffällig.

Die Störung der Merkfähigkeit bildete sich bereits kurz nach der Aufnahme vollständig zurück, für weiter zurückliegende Ereignisse bestanden auch einige Wochen nach dem Ereignis noch vereinzelte Erinnerungslücken.

Bei der psychologischen Diagnostik wurde bei Aufnahme ein MMS (Mini Mental Score) von 26, bei Entlassung ein Score von 30 festgestellt. Der mit dem HAWIE erhobene IQ lag bei 111.

Im kranialen CT (nativ und nach i.v. Applikation von KM) zeigte sich ein gering betontes, mittelständiges Ventrikelsystem. Es fanden sich weder Hinweise auf herdförmige ischämische Veränderungen noch eine intrakranielle Blutung oder einen anderen raumfordernden Prozeß. Auch ein MRT war nicht weiter aufschlußreich. Im Hirn-SPECT stellte sich bei einer leicht inhomogenen Aktivitätsbelegung kein größerer Perfusionsdefekt dar. Ebenso ergab sich bei der transkraniellen Dopplersonographie ein Normalbefund.

Das EEG war über den posterioren Regionen von einer mäßig ausgeprägten α-Aktivität (ca. 9 Hz) bestimmt, frontozentral bds. imponierte eine niedrigamplitudige β-Aktivität (f: 15–20 Hz). Ein Herdbefund war nicht feststellbar. Steile oder langsame Transienten wurden nicht registriert.

Die Resultate der Laboruntersuchungen incl. toxikologisches Screening, TPHA und PCR zum Nachweis von Herpes-simplex-Virus waren bis auf eine geringe Erhöhung des Gesamteiweiß im Liquor (0,7 g/l, normal bis 0,4 g/l) unauffällig.

Diskussion

Die einweisende Ärztin vermutete ein organisches Psychosyndrom. In der Klinik stellten die Ärzte jedoch nach Ausschluß von faßbaren organpathologischen Veränderungen und angesichts der Vorgeschichte von belastenden Lebensereignissen die Diagnose einer dissoziativen Amnesie. Welche Diagnose traf nun zu, die eine oder die andere oder gar keine von beiden? In ICD-10 werden die (reinen) amnestischen Syndrome als eigenständige Entitäten unter folgenden Kategorien rubriziert:
- organisches amnestisches Syndrom, nicht durch Alkohol oder psychotrope Substanzen bedingt (F 04)
- durch Alkohol oder psychotrope Substanzen bedingtes amnestisches Syndrom (F 1x.6)
- dissoziative Amnesie (F 44.0)

Da sich die differentialdiagnostischen Überlegungen in der Klinik zunächst auf das Vorliegen einer dissoziativen Amnesie konzentrierten, ist es an dieser Stelle nützlich, die klinischen Merkmale dieser Störung zu rekapitulieren (Kopelman 1987, Rowan und Rosenbaum 1991).

Eine dissoziative Amnesie wird in der Regel durch stark traumatisierende und extrem belastende Ereignisse ausgelöst. Sie wird nahezu immer retrospektiv entdeckt, indem eine Lücke oder eine Anzahl von Lücken in der Erinnerung an Aspekte der persönlichen Lebensgeschichte auffallen. Nur selten einmal, im Zusammenhang mit komplexeren dissoziativen Störungen wie beispielsweise einer Fugue, kann sich eine dissoziative Amnesie auch als floride Episode mit plötzlichem Beginn manifestieren. In den allermeisten Fällen handelt es sich jedoch um eine retrograde Amnesie ohne Störung der Merkfähigkeit. Sollte die Merkfähigkeit dennoch betroffen sein, zeigen sich – im Gegensatz zu typischen organischen Amnesien – zusätzlich defizitäre Leistungen des Immediatgedächtnisses. Häufig erscheinen die mnestischen Lücken bei dissoziativen Amnesien auch deutlich episodenhaft begrenzt und gleichsam ausgestanzt (insbesondere bei den Prägnanztypen einer „lokalisierten" und „selektiven" Amnesie), während sich bei organischen Amnesien überwiegend ein zeitlicher Gradient feststellen läßt.

Berücksichtigt man – ungeachtet der auslösenden Bedingungen und Mechanismen – all diese charakteristischen Merkmale einer dissoziativen Amnesie, findet sich in dem geschilderten Fall kaum eine Bestätigung für die anfängliche klinische Diagnose.

Ebenso war es weitgehend ausgeschlossen, daß die amnestische Störung des Patienten durch Alkohol oder andere psychotrope Substanzen hervorgerufen war. Eine Alkoholintoxikation mit einem nachfolgenden „Blackout" lag nicht vor, und es ließ sich nicht feststellen, daß der Patient vor Beginn der klinischen Symptomatik eine amnesiogene Substanz wie beispielsweise das Benzodiazepin Triazolam (bekannt durch Fälle einer sogenannten, „travellers amnesia") eingenommen hatte.

Nach all diesen Erwägungen war nun erneut zu diskutieren, ob der Patient nicht doch ein organisches amnestisches Syndrom entwickelt hatte, dessen organpathologisches Substrat sich jedoch mit den herkömmlichen Untersuchungsmethoden nicht definieren ließ. Unter diesem Blickwinkel kam als nächstliegende und am ehesten mit dem dargestellten Fall kompatible Diagnose eine „transitorische globale Amnesie" in Frage.

Dieses seltsame Krankheitsbild wurde erstmals 1956 von Bender als „Syndrom isolierter Verwirrtheit mit Amnesie" beschrieben. Fisher und Adams (1958) prägten dann in einer wenig später erschienenen Publikation den Begriff „Transitorische globale Amnesie".

Hervorspringendes Merkmal dieser Störung ist eine plötzlich einsetzende tiefgreifende Störung der Merkfähigkeit (anterograde Amnesie), während eine begleitende retrograde Amnesie recht unterschiedlich ausgedehnt ist und das Immediatgedächtnis sowie die Orientierung zur Person unbeeinträchtigt sind. Der Patient ist währenddessen bei klarem Bewußtsein und zeigt in der Regel kein grob auffälliges Verhalten. Er ist in der Lage, ein Gespräch zu führen und auch andere komplexe Handlungen auszuführen. Dabei erscheint er jedoch ausgesprochen ratlos und stellt wiederholt Fragen, die seine fehlende Orientierung hinsichtlich der aktuellen Umstände ausdrücken („Welcher Tag ist heute?" – „Was ist passiert ?"). Einige Patienten klagen zusätzlich über Kopfschmerzen, Übelkeit, Schläfrigkeit und ein unspezifisches Schwindelgefühl. Fokale neurologische Defizite sind im allgemeinen jedoch nicht feststellbar. In den meisten Fällen bildet sich die Störung der Merkfähigkeit innerhalb von 24 Stunden zurück, während die retrograde Amnesie langsamer, entlang eines zeitlichen Gradienten von entfernterten zu näher zurückliegenden Ereignissen schwindet und lediglich eine auf die Dauer der Episode limitierte Erinnerungslücke verbleibt (Hodges 1991).

Über die Ätiologie und Pathophysiologie der TGA ist seit den ersten Beschreibungen des Syndroms viel spekuliert worden. Dabei wurden im wesentlichen drei Hypothesen favorisiert (Hodges 1998).

Die erste Hypothese postulierte ein epileptisches Geschehen und erklärte die TGA für einen Sonderfall komplex-partieller Anfälle (Zeman et al. in press). Nach unserem heutigen Kenntnisstand trifft diese Annahme jedoch nur auf eine kleine Gruppe von Patienten (ca. 7%) zu (Hodges und Warlow 1990). Die amnestischen Episoden weisen bei diesen Patienten außerdem einige charakteristische Merkmale auf, welche die Abgrenzung einer transitorischen epileptischen Amnesie (TEA) von einer genuinen TGA ermöglichen (Kapur 1993, Kopelman et al. 1994, Vuilleumier 1996). Im Vergleich zu den letzteren dauern die epileptisch bedingten Episoden erheblich kürzer (< 1 h) an, treten typischerweise beim Erwachen auf und hinterlassen eine weniger vollständige Erinnerungslücke für den Zeitraum des Anfallsgeschehens. Nahezu zwei Drittel aller Patienten mit einer TEA entwickeln früher oder später auch andere Formen epileptischer Anfälle. Die Diagnose kann gelegentlich durch ein Schlaf-EEG bestätigt werden, wenn sich epileptiforme Potentiale über den Temporalregionen finden.

Nach einer zweiten Hypothese liegt der TGA ein vaskuläres thromboembolisches Geschehen im Stromgebiet der A. posterior zugrunde. Die TGA wäre demnach als Sonderfall einer TIA zu betrachten. Obgleich diese Annahme auf einige Fälle zutreffen könnte (z. B. TGA nach einer zerebralen Angiographie), spechen doch gewichtige epidemiologische Befunde gegen die generelle Gültigkeit dieser Hypothese (Hodges 1994). Zum einen sind typische Risikofaktoren für eine TIA wie beispielsweise eine koronare Herzerkrankung oder ein erheblicher Nikotinkonsum bei Patienten mit einer TGA nicht häufiger als in der Allgemeinbevölkerung anzutreffen. Zum anderen ist die spezifische Prognose hinsichtlich vaskulärer Erkrankungen nach einer TGA wesentlich günstiger als nach einer TIA: innerhalb von 30 Monaten erleiden nur 4–15% aller Patienten mit einer TGA erneut eine TGA und höchstens 8% einen ischämischen Infarkt, nach einer TIA ist das jährliche Risiko eines Schlaganfalls etwa doppelt so hoch (Melo et al. 1992, Wilterdink und Easton 1991).

Eine dritte Hypothese geht von einer Analogie zwischen der TGA und der Migräne aus. Beide Störungen verlaufen attackenartig, sind komplett reversibel und weisen kein makropathologisches Korrelat auf. Sowohl die TGA als auch die Migräne werden häufiger durch psychische Belastungen ausgelöst. In einer umfangreichen epidemiologischen Studie (Hodges 1991) fand sich außerdem eine signifikant größere Häufigkeit von Migräne bei Patienten mit einer TGA im Vergleich zu einer Kontrollgruppe. Allerdings weist die Migräne ein wesentlich höheres Rezidivrisiko auf als die TGA (3 per annum), und sie weist allgemein ein früheres Manifestationsalter (Pubertät bis 3. Lebensjahrzehnt) als die TGA (Hauptmanifestationsalter der TGA: 5.–6. Lebensjahrzehnt) auf.

Ungeachtet dieser teils kongruenten, teils inkongruenten phänomenologischen und epidemiologischen Befunde ergeben sich aus Untersuchungen mit bildgebenden Verfahren gewisse Anhaltspunkte für ähnliche Pathomechanismen bei TGA und Migräne. Mittels SPECT (und PET) konnten bereits mehrfach im akuten Stadium einer TGA Perfusionsdefizite vor allem in den temporobasalen Regionen dargestellt werden (Evans et al. 1993, Goldenberg 1995, Kazui et al. 1995). Durch eine neuere Untersuchungstechnik (Le Bihan 1996), die diffusionsgewichtete Magnetresonanztomographie (DWI), scheint es nun möglich, die Art dieser Veränderungen weiter aufzuklären. Die DWI erfaßt die freie Diffusion von Wassermolekülen im interstitiellen Raum. Eine relative Abnahme des interstitiellen Kompartiments, zum Beispiel infolge einer zytotoxischen Schwellung von Neuronen und Gliazellen, führt zur Minderung der Beweglichkeit freien Wassers, die sich in der Diffusionsgewichtung als umschriebene Signalintensitätsänderung zeigt. Das Verfahren ist unter anderem zur frühen Erfassung zerebraler Ischämien geeignet. Es ist jedoch auch für andere reversible oder irreversible Funktionsstörungen von Neuronen und Gliazellen sensibel.

Mit dieser Methode untersuchten Strupp et al. (1997) 10 Patienten, die eine TGA erlitten hatten, zu unterschiedlichen Zeitpunkten (2–144 Stunden) nach Einsetzen der klinischen Symptomatik. Dabei ergaben sich drei wesentliche Befunde (s. Abb. 1):

– bei sieben der zehn TGA-Patienten fanden sich Signalveränderungen im linken medio-basalen Temporallappen, einschließlich des Hippocampus und des angrenzenden entorhinalen Kortex;
– bei drei dieser sieben Patienten, die besonders früh nach Beginn der TGA untersucht werden konnten, ließen sich in beiden mesialen Temporallappen Signalveränderungen nachweisen;
– bei Verlaufsuntersuchungen einige Tage nach der TGA zeigten sich weder im DWI noch in den konventionellen MRT-Aufnahmen pathologische Veränderungen.

In der Diskussion dieser Befunde legen die Autoren dar, daß die reversiblen und zeitlich gestaffelten Signalveränderungen im DWI am ehesten mit einer „spreading depression" (Olesen und Jorgensen 1986), einem auch bei der Migräne vorkommenden pathophysiolgischen Prozeß vereinbar ist. Bei diesem aus Tierexperimenten seit langem bekannten Phänomen breitet sich eine Depolarisationsfront mit einer Geschwindigkeit von zirka drei Millimetern pro Minute über den Kortex aus. Dies führt unter normoxischen Bedingungen zu einem vorübergehenden Funktionsausfall des betroffenen Areals. Aufgrund von Elektrolytverschiebungen kommt es zu einer Schwellung von Neuronen und Gliazellen sowie schließlich zu einer Schrumpfung des Interstitiums, welche im DWI als hyperintenses Signal erfaßt werden kann.

Mit den neueren bildgebenden Verfahren ist es erstmals gelungen, während einer TGA funktionsabhängige Zustandsänderungen in gedächtnisrelevanten anatomischen Strukturen nachzuweisen. Vor diesem Hintergrund erscheint es daher gerechtfertigt, die TGA unter den organisch bedingten amnestischen Syndromen zu klassifizieren. Ursprünglich vermutete man allerdings eine rein psychische Genese dieser Störung (Bender 1956), denn es fiel auf, daß einzelne Episoden nicht nur durch eine Reihe von physischen Einwirkungen (u. a. kaltes Bad, Joggen, Geschlechtsverkehr, leichte Kopfverletzungen), sondern oftmals auch durch emotional belastende Ereignisse ausgelöst wurden (Pillmann und Broich 1998). In früheren Studien wurde die Häufigkeit derartiger Stressoren im unmittelbaren Vorfeld einer TGA mit 14–29% aller Fälle (Hodges und Warlow 1990, Frank 1981) beziffert. Diese Beobachtungen werden durch eine neuere italienische Untersuchung (Inzitari et al. 1997) bestätigt, bei welcher 51 Patienten mit einer TGA und eine gleich große Kontrollgruppe von Patienten mit einer TIA verglichen wurden. In 21% aller Fälle wurde eine TGA offensichtlich durch eine stärkere emotionale Belastung ausgelöst. Bemerkenswerterweise fanden sich bei den Patienten mit einer TGA außerdem im Verlauf der Attacke signifikant häufiger Symptome, welche an

Panikattacken erinnern (Schwitzen, Zittern, Hitzegefühle und Kälte-
schauer, Luftnot, Parästhesien, Schwindel, Derealisationserleben und
Todesangst) sowie im Intervall ein erhöhter Wert auf einer Skala, welche
phobisches Vermeidungsverhalten erfaßt (Phobic Attitudes Scale).

Im Lichte dieser Befunde erscheint es fragwürdig, eine feste Grenzlinie
zwischen organisch bedingten und psychogenen Amnesien ziehen zu

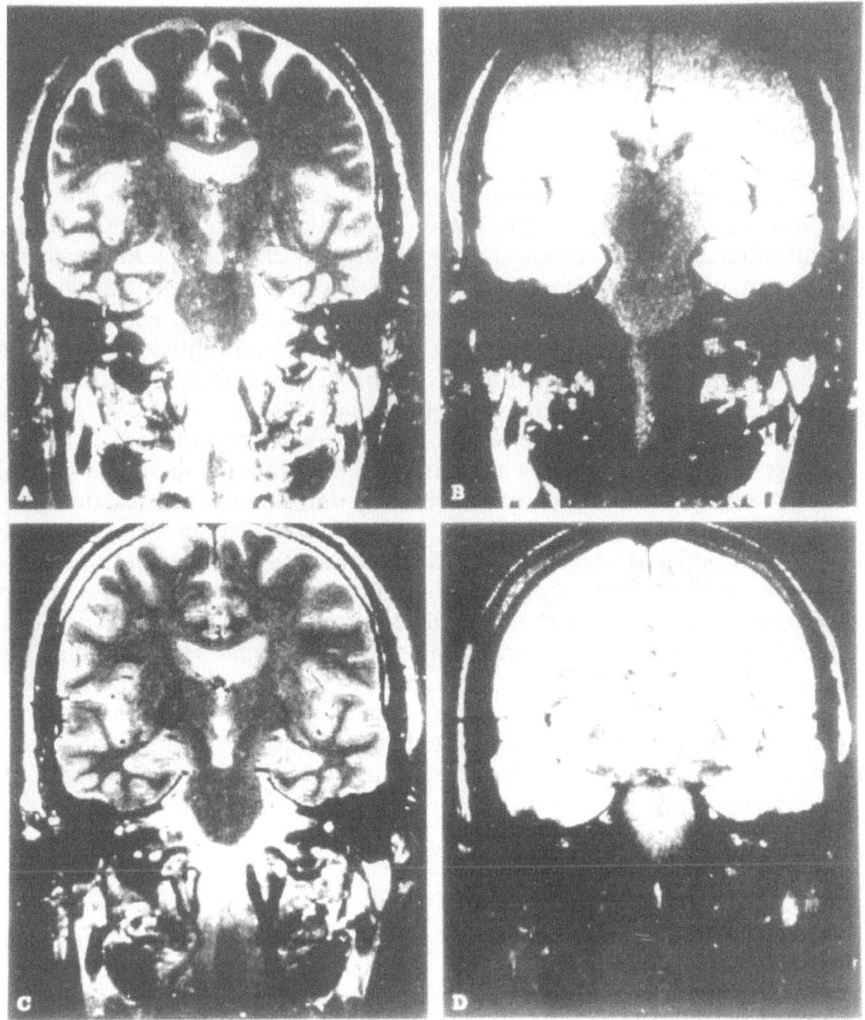

Abb 1. MRT bei einem Patienten mit gerade andauernder TGA zum Zeitpunkt der
Untersuchung: (A) Konventionelle T2-gewichtete Aufnahme (B) Diffusionsgewichtete
Aufnahme mit pathologischen Signalintensitäten in den mediotemporalen Regionen
bds., insbesondere im Hippokampus. – MRT-Kontrolle zwei Wochen später, nach Abklingen der Symptomatik: (C) Konventionelle T2-gewichtete Aufnahme und (D) Diffusionsgewichtete Aufnahme, jeweils Normalbefund [mit freundlicher Genehmigung
von M. Strupp (20)].

Tabelle 1. Organische und psychogene Amnesien. Komlexere Modelle

Auslöser	Neurobiol. Matrix	Klinische Phänomene
Psych. und phys. Traumata	Hippocampus, Thalamus Neocortex	TGA
Emotion. Stressor	GABA-/Gluta- materges System	dissoziative Amnesie
Medikamente, Drogen, Alkohol	Spreading depression	pharmakogene Amnesie
	State-dependent learning	

wollen. Vielmehr muß man annehmen, daß bei einer Reihe von amnestischen Störungen psychische und organische Faktoren in unterschiedlicher Gewichtung zusammenwirken und die klinischen Phänomene hervorrufen. Dies betrifft nicht allein die TGA. Beispielsweise kann bei traumatisch bedingten Amnesien sowohl eine somatische Schädigung als auch eine zusätzliche psychische Traumatisierung (am ausgeprägtesten im Falle einer posttraumatischen Belastungsstörung) zu einer nachfolgenden mnestischen Störung führen. Ebenso findet man bei „klassischen" dissoziativen Amnesien häufiger als erwartet eine organische Disposition.

Da psychogene und organische Amnesien phänomenologisch oft schwer zu unterscheiden sind, ist auch zu vermuten, daß sie teilweise auf den gleichen oder ähnlichen pathophysiologischen Mechanismen der Informationsverarbeitung und molekularen Signaltransduktion basieren. Einige Vorstellungen über konfluierende pathogenetische Faktoren bei den unterschiedlichen Syndromen sind in Tabelle 1 veranschaulicht. Das abgebildete Modell postuliert eine gemeinsame neurobiologische Matrix und soll in diesem rohen Zustand der Generierung weiterer Hypothesen dienen. Zur Klärung vieler offener Fragen könnten sich zumindest einige Formen der TGA als Präzedenzfall einer prima facie psychogenen (durch psychische Faktoren ausgelösten), jedoch organisch fundierten Amnesie in besonderer Weise eignen.

Literatur

1. Sacks O (1987) Der Mann, der seine Frau mit einem Hut verwechselte. Rowohlt-Verlag: Hamburg
2. Kopelman MD (1987) Amnesia: organic and psychogenic. Br J Psychiatry 150: 428–442
3. Rowan AJ, Rosenbaum DH (1991) Ictal amnesia and fugue states. Advances in Neurology 55: 357–367
4. Bender MB (1956) Syndrome of isolated episode of confusion with amnesia. J Hillside Hosp 5: 12–15
5. Fisher CM, Adams RD (1958) Transient global amnesia. Trans Am Neurol Assoc 83: 143–146
6. Hodges JR (1991) Transient global amnesia. WB Saunders: London

7. Hodges JR (1998) Unraveling the Enigma of Transient Global Amnesia. Annals of Neurology 43 2: 151–153
8. Zeman AZJ, Boniface SJ, Hodges JR (2001) Transient epileptic amnesia: a description of the clinical and neuropsychological features in 10 cases and a review of the literature. J Neurol Neurosurg Psychiatry (in press)
9. Hodges JR, Warlow CP (1990) The aetiology of transient global amnesia: A case-control study of 114 cases with prospective follow-up. Brain 113: 639–657
10. Kapur N (1993) Transient epileptic amnesia – a clinical update and a reformulation. J Neurol Neurosurg Psychiatry 56: 1184–1190
11. Kopelman MD, Panayiotopoulos CP, Lewis P (1994) Transient epileptic amnesia differentiated from psychogenic „fugue": neuropsychological, EEG and PET findings. J Neurol Neurosurg Psychiatry 57: 1002–1004
12. Vuilleumier P, Despland PA, Regli F (1996) Failure to recall (but not to remember): pure transient amnesia during nonconvulsive status epilepticus. Neurology 46: 1036–1039
13. Hodges JR (1994) Semantic memory and frontal executive function during transient global amnesia. J Neurol Neurosurg Psychiatry 57: 605–608
14. Melo TP, Ferro JM, Ferro H (1992) Transient global amnesia: A case-control study. Brain 11: 261–270
15. Wilterdink JL, Easton JD (1991) Vascular event rates in patients with atherosclerotic cerebrovascular disease. Arch Neurol 49: 857–863
16. Evans J, Wilson B, Wraight EP, Hodges JR (1993) Neuropsychological and SPECT scan findings and after transient global amnesia: evidence for the differential impairment of remote episodic memory. J Neurol Neurosurg Psychiatry 56: 1227–1230
17. Goldenberg G (1995) Transient global amnesia. In: Baddeley AD, Wilson BA, Watts FN (eds) Handbook of memory disorders. John Wiley and Sons: H Chichester
18. Kazui H, Tanabe H, Ikeda M et al (1995) Memory and cerebral blood flow in cases of transient global amnesia during and after the attack. Behav Neurol 8: 93–101
19. Le Bihan D, Turner R, Donek P, Patronas N (1999) Diffusion MR imaging: clinical application. Am J Neuroradiol 59: 591–599
20. Strupp M, Bruning R, Wu RH (1997) Diffusion-weighted MRI in transient global amnesia: elevated signal intensity in the left mesial temporal lobe in seven of ten patients. Ann Neurol 43: 164–170
21. Olesen J, Jorgensen MB (1986) Leao's spreading depression in the hippocampus explains transient global amnesia. Acta Neurol Scand 73: 219–220
22. Pillmann F, Broich K (1998) Transitorische globale Amnesie – Psychogene Auslösung einer organischen Störung? Psychopathologisches Bild und pathogenetische Überlegungen. Fortschr Neurol Psychiatr 66: 160–163
23. Frank G (1981) Amnestische Episoden. Springer: Berlin
24. Inzitari D, Pantoni L, Lamassa M (1997) Emotional arousal and phobia in transient global amnesia. Arch Neurol 54: 866–873

Psychische Belastung bei Patienten mit Torticollis spasmodicus

H. Gündel[1], A. Wolf[1], V. Xidara[1] und A. O. Ceballos-Baumann[2]

[1] Institut und Poliklinik für Psychosomatische Medizin, TU München, Deutschland
[2] Neurologische Klinik und Poliklinik, TU München, Deutschland

Zusammenfassung

Ziel der vorgestellten Untersuchung war es, die tatsächliche psychosoziale Belastung von Patienten mit Torticollis spasmodicus (ST) festzustellen. Dazu wurden 116 Patienten mit ST (53% w., 47% m.; mittleres Alter 51,5 J.) im Rahmen einer neurologischen Spezialambulanz konsekutiv mittels einer Fremdeinschätzung der Ausprägungsschwere des ST (Tsui-Index), eines strukturierten psychiatrischen Interviews (SKID-I), eines speziell entworfenen Anamnesebogens sowie einiger Selbstbeurteilungsfragebögen untersucht. Ergebnisse: 75,9% aller ST-Patienten wiesen eine *aktuelle* DSM-IV-Erstdiagnose auf: Bezogen auf die Gesamtgruppe lagen als aktuelle Komorbidität bei 50% aller ST-Patienten Angststörungen, bei 16,4% *affektive Störungen*, bei 7,8% *Anpassungsstörungen* sowie bei 1,7% *andere Diagnosen* vor. 41,3% aller Patienten zeigten als psychiatrische Erstdiagnose das klinische Bild einer *sozialen Phobie* (Kriterium A–G, DSM-IV-Kriterien), meist in Folge des ST. Es zeigte sich kein Zusammenhang zwischen der objektiven Schwere des ST (lt. Tsui-Index) und dem Vorliegen einer psychiatrischen Komorbidität. Erst das Vorliegen einer weiteren regional begrenzten dystonen Störung korrelierte mit einem erhöhten Ausmaß an psychiatrischer Komorbidität. Regressionsanalytisch erwies sich ein *depressiver Copingmodus* als bester Prädiktor für eine psychiatrische Kodiagnose.

Bemerkenswert erscheint insbesondere die hohe Prävalenz der meist reaktiv entstandenen sozialen Phobie. Im Zusammenhang mit der Relevanz inadäquater Coping-Mechanismen für die Ausprägung einer krankheitswertigen DSM-IV-Diagnose weist dieses Ergebnis auf die Notwendigkeit eines zusätzlich zur symptomatisch-neurologischen Behandlung anzubietenden, spezifisch orientierten Krankheitsbewältigungstrainings hin.

Einleitung

Die Frage der eher psychogenen oder eher organischen spezifischen Ätiologie, im weiteren Sinne der Interdependenz zwischen primär somatischen und psychoreaktiven Faktoren beim spasmodischen Torticollis (ST) ist schon seit über 100 Jahren Gegenstand wissenschaftlicher Diskussion. Neben dem besonderen, früher „neurotisch" (Charcot 1892) anmutenden Erscheinungsbild der Erkrankung wurden wiederholt bei 50–64% der untersuchten Patienten psychosozial belastende life-events vor Beginn der Erkrankung (Jahanshahi 1988), darüber hinaus gehäuft prämorbide psychische Belastungsfaktoren (Taylor 1993), scheinbare psychodynamische Besonderheiten (Mitscherlich 1979) und (gruppen)kasuistisch eindrucksvolle psychiatrische Komorbiditäten beschrieben (Scheidt 1995).

Die aktuelle diesbezügliche Forschung konzentrierte sich zunehmend darauf, das Ausmaß der jetzt hauptsächlich krankheitsreaktiv verstandenen psychischen Belastung bei ST-Patienten festzustellen. Empirisch ist die Frage einer besonderen Relevanz psychosozialer Belastungsfaktoren beim ST bislang überwiegend mit Hilfe von standardisierten Fragebögen bearbeitet worden (Matthews 1978, Scheidt 1996). Psychiatrische (DSM-IV-) Diagnosen konnten aufgrund der fehlenden klinischen Untersuchungssituation meist nicht gestellt werden (Cockburn 1971; Jahanshahi 1988, 1990, 1992). Allerdings ergaben psychometrische Untersuchungen Hinweise darauf, daß ST-Patienten verstärkt im Sinne der sozialen Erwünschtheit antworten und die eigentliche psychosoziale Beeinträchtigung mit Selbstbeurteilungsinstrumenten allein nicht valide abgeschätzt werden kann (Scheidt 1996, 1999). Ein klinisches Interview, das eine authentischere Beurteilung psychiatrischer Komorbidität erlaubt, kam nur in wenigen aktuellen Studien zum Einsatz (Naber 1988, Wenzel 1998).

Wenngleich sich dabei – ähnlich wie in psychometrischen Untersuchungen – ein Trend zur überwiegend psychoreaktiven Genese psychosozialer Belastungen bei ST-Patienten abzeichnet, erscheinen die diesbezüglichen, z. T. widersprüchlichen Ergebnisse u. a. angesichts kleiner Fallzahlen (N=19–44) noch unsicher. Unklar bleibt daher das tatsächliche Ausmaß der mittels eines strukturierten psychiatrischen Interviews erfaßten psychischen Komorbidität sowie deren Korrelation mit dem tatsächlichen Schweregrad des ST.

Die jetzt vorgelegte Studie untersucht diese Fragestellungen und verbindet dabei einen standardisierten interviewbezogenen, psychometrischen sowie klinisch-neurologischen Untersuchungsansatz (Gündel 1999).

Methodik

116 Patienten mit ST (53% weiblich, 47% männlich; mittleres Alter 51,5 Jahre, mittlere Erkrankungsdauer 11,9 Jahre), die sich in einer neurologischen Spezialambulanz mit dem Wunsch nach einer Wiederbehandlung

mit Botulinumtoxin vorstellten, nahmen konsekutiv an einer standardisierten klinisch-neurologischen Untersuchung inklusive Tsui-Score (Tsui 1986), einer strukturierten Anamneseerhebung sowie dem strukturierten klinischen Interview (SCID-I, Wittchen 1997) nach DSM-IV-Kriterien (APA 1994) teil. Als Selbstbeurteilungsfragebögen wurden der SCL-90R (Psychopathologie; Derogatis 1986), SIAS und SPS (Soziale Ängste; dt. Version Stangier et al. 1999) sowie der FLZ^M (Henrich & Herschbach) eingesetzt. Lebensereignisse im 1-Jahres-Zeitraum vor Erstmanifestation des ST wurden mittels einer Kurzversion der Münchner Ereignisliste (MEL; Maier-Diewald et al. 1983) untersucht.

8 Patienten der 116 Patienten (6,9%) verweigerten die vollständige Teilnahme an der Untersuchung und sendeten die Selbstbeurteilungsfragebögen nicht zurück. Diese Patientengruppe unterschied sich nicht signifikant hinsichtlich Alter, Geschlecht, Dauer oder Ausmaß (Tsui-Index) der Erkrankung, lokaler Schmerzen oder Frequenz bzw. Erfolg der Botulinumtoxin-Behandlung von den vollständig untersuchten Patienten.

Vor Beginn der Studie wurden die Rater sorgfältig mit dem Interviewverfahren SCID-I vertraut gemacht.

Statistik

Der Score der spezifisch sozial-phobische Ängste aufgreifenden Fragebögen (SPS, SIAS) wurde mittels t-Test für unabhängige Stichproben mit den Ergebnissen einer Normalbevölkerungseichstichprobe für diese Fragebögen verglichen. Der Zusammenhang zwischen somatischen (neurologische Untersuchung) und psychosozialen (strukturierte Anamnese, übrige Fragebögen) Einflußfaktoren sowie dem Auftreten einer psychiatrischen Komorbidität wurde zunächst univariat mit dem Chi^2-Test analysiert. Korrelationen zwischen den einzelnen Einflußvariablen wurden mit Hilfe der logistischen Regression berücksichtigt. Damit war die Identifikation von Variablen möglich, die einen unabhängigen signifikanten Beitrag liefern. Das Signifikanz-Niveau wurde auf 5% festgelegt, und alle Tests wurden zweiseitig durchgeführt.

Ergebnisse

Entsprechend der DSM-IV-Richtlinien wurde zwischen aktuellen (= innerhalb der letzten 4 Wochen manifestes Störungsbild) und Lebenszeit-Diagnosen unterschieden. Bei den aktuellen Diagnosen wurde die jeweils klinisch im Vordergrund stehende Störung beschrieben.

Die Daten zeigen, daß eine aktuelle psychiatrische Komorbidität bei 75,9% der ST-Patienten besteht. Diese setzt sich überwiegend aus den Bereichen der Angst- und affektiven Störungen (zusammen 66,4) zusammen.

Auffallend ist vor allem der überraschend hohe Prozentsatz an aktuell bestehenden Angsterkrankungen unter den psychiatrischen Erstdiagnosen: 50% aller untersuchten Patienten litten unter einer Angststörung. Allein 41,3% aller Patienten wiesen als psychiatrische Erstdiagnose eine soziale

Phobie auf, wobei alle diese Patienten die Kriterien A–G der Definition der sozialen Phobie laut DSM-IV erfüllten. Diese DSM-IV-Kriterien beschreiben eine ausgeprägte und anhaltende Angst in mehreren sozialen oder Leistungssituationen, die zu zunehmenden psychosozialem Rückzug und einer deutlichen Beeinträchtigung der normalen Lebensführung einer Person führt. Gefürchtete soziale Situationen werden entweder ganz gemieden oder nur unter intensiver Angst und Unwohlsein ertragen.

Lediglich DSM-IV-Kriterium H besagt, daß die soziale Angst nicht in Verbindung mit einem „medizinischen Krankheitsfaktor" stehen dürfe. Diese Einschränkung trifft für 38,7% von insgesamt 41,3% aller Patienten unserer Untersuchungsgruppe mit klinisch eindeutiger soziale Phobie zu.

Die daraus formal resultierende Zuordnung dieser Patientengruppe zur Diagnose der DSM-IV-„Restkategorie" *Angststörung NNB* beschreibt zwar ein klinisch relevantes psychiatrisches Störungsbild, verwischt aber dessen spezifischen klinischen Ausdrucksgehalt völlig. Daher schlagen wir vor, die durch die Erfüllung der Kriterien A–G des DSM-IV definierte gravierende sozial-phobische Symptomatik unserer Patienten dennoch als *soziale Phobie* zu bezeichnen (s. a. Gündel et al., 2001). 41,3% aller ST-Patienten hatten dieses mit den klinischen DSM-IV-Kriterien der sozialen Phobie identische Störungsbild als psychiatrische Erstdiagnose in der Folge der ST-Erstmanifestation entwickelt. Diese Einschätzung wird durch die psychometrischen Daten untermauert: Die Selbstbeurteilungsfragebögen SPS und SIAS, die gezielt eine sozial-phobische Symptomatik erfassen, zeigten gegenüber der Normstichprobe aus der Allgemeinbevölkerung signifikant (SPS, p < 0,01) bzw. tendenziell (SIAS, p = 0,07) erhöhte Scores unserer Untersuchungsgruppe.

Als zweithäufigste aktuelle und Lebenszeit-Diagnosen wurden affektive Störungen – meist im Sinne einer mittelgradigen bis schweren depressiven Störung – festgestellt (Tabelle 1): 16,4% aller Patienten wiesen eine aktuelle affektive Störung, 53,4% eine affektive Lebenszeit-Diagnose auf.

Neben der Diagnosegruppe soziale Phobie bzw. mittelgradige bis schwere depressive Störung kommen keine psychiatrischen Diagnosen in nennenswertem Ausmaß vor.

Vergleich mit einer repräsentativen Normalbevölkerungsstichprobe

Interessant erscheint ein orientierender Vergleich der Prävalenz der psychiatrischen Komorbidität innerhalb unserer Untersuchungsgruppe (ST) mit dem Ausmaß der aktuellen (6-month-) und Lebenszeit-Prävalenz psychiatrischer Störungen, die im Rahmen einer repräsentativen Erhebung zur psychiatrischen Morbidität in der deutschen Allgemeinbevölkerung (Wittchen et al. 1992) festgestellt wurde. Bezogen auf eine repräsentative Stichprobe aus der Gruppe der älteren Normalbevölkerung (range: 45–65 years) ergaben sich für die Prävalenz psychischer Störungen die in Tabelle 2 angegebenen Unterschiede.

Tabelle 1. Psychiatrische Diagnosen (nach DSM-IV) in einer Gruppe von 116 Patienten mit Torticollis spasmodicus

DSM-IV-Diagnosen	Lebenszeit		Aktuell	
	N	(%)	N	(%)
Affektive Störungen	**62**	**53,4**	**19**	**16,4**
Einzelne depressive Episoden	53	45,7	15	12,9
Dysthymie	3	2,6	1	0,9
Depressive Episoden (bipolar oder wiederholt)	9	7,8	3	2,6
Angststörungen	**97**	**83,6**	**58**	**50,0**
Panikstörung mit oder ohne Agoraphobie	8	6,9	3	2,6
Agoraphobie	9	7,8	1	0,9
Soziale Phobie	82	70,7	48	41,3
Posttraumatische Belastungsstörung	6	5,2	1	0,9
Einfache Phobie	13	11,2	–	–
Alkohol- oder andere(r) Substanzmißbrauch/ abhängigkeit	**9**	**7,8**	**2**	**1,7**
Eßstörung	**1**	**0,9**	**–**	**–**
Anpassungsstörung	**27**	**23,3**	**9**	**7,8**
Keine Diagnose	**10**	**8,6**	**28**	**24,1**

Im Vergleich zu einer repräsentativen Normalbevölkerungsstichprobe ist die Prävalenz der aktuellen sozialen Phobie um ca. das 10fache, der aktuellen *affektiven Störungen* um ca. das 2,4fache sowie der *psychiatrischen Lebenszeit-Komorbidität* um ca. das 2,6fache erhöht.

Prädiktoren der psychischen Belastung bzw. der Diagnose sozial-phobisches Syndrom

In eine logistische Regression mit der abhängigen Variable „aktuelle psychiatrische Diagnose" bzw. „sozial-phobisches Syndrom" gingen alle

Tabelle 2. Vergleich der Prävalenz der häufigsten psychiatrischen Diagnosegruppen der ST-Patienten mit der entsprechenden Prävalenz innerhalb einer alters entsprechenden repräsentativen Normalstichprobe

Angaben in % T: n=116; Vgl.: n=483	Aktuell ST	Aktuell Allg.-Bevölk.	Lebenszeit ST	Lebenszeit Allg.-Bevölk.
Keine	24,1	85,4	8,6	65,0
Affektive Störungen ges.	16,4	6,9	53,4	13,0
Depressive Episoden (F 31–33)	15,5	3,0	52,6	9,0
Angststörungen ges.	50,0	8,1	83,6	14,0
Soziale Phobie	41,4	4,1	70,7	6,5
(F 40.1) Panikstörung	2,6	1,1	6,9	2,8
(F.41.0) andere	6,0	0,0	45,7	2,4

wesentlichen, innerhalb der Studie erfaßten objektiven und subjektiven Parameter des somatischen und psychischen Befundes ein. Es zeigte sich kein signifikanter Zusammenhang zwischen den objektivierbaren Parametern des ST, insbesondere klinischer Schweregrad laut Tsui-Index, Häufigkeit der Botulinumtoxin-Injektionen oder Dauer der Erkrankung, und psychiatrischer Komorbidität. Vielmehr konnten im Rahmen einer logistischen Regression ganz überwiegend subjektive Parameter (d. h. persönliche Einstellungen der Patienten, vor allem depressives Coping) das Vorhandensein einer psychiatrischen Komorbidität erklären.

An erster Stelle stand hier sowohl bei der Erklärung einer aktuellen psychiatrischen Komorbidität als auch bei der Vorhersage eines sozialphobischen Syndroms ein depressiver Krankheitsbewältigungsmodus. Als weitere wichtige unabhängige Einflußvariable folgt das Ausmaß der subjektiven Beeinträchtigung durch das äußere Erscheinungsbild.

Diskussion

Zwei Studienergebnisse sind aus unserer Sicht besonders festzuhalten:
– Das mit 75,9% ausgesprochen hohe Ausmaß aktueller psychiatrischer Komorbidität bei ST-Patienten. 50% aller Patienten wiesen eine überwiegend sozialphobisch geprägte Angststörung als psychiatrische Erstdiagnose nach DSM-IV-Kriterien zum Untersuchungszeitpunkt auf.
– Die signifikante Korrelation zwischen psychiatrischer Komorbidität nach DSM-IV-Kriterien und einem depressiv-getönten, maladaptiven Krankheitsbewältigungsstil, aber nicht mit objektiven, den Schweregrad des ST bestimmenden somatischen Parametern.

ad 1) Das mit 75,9% hohe Ausmaß der aktuellen psychiatrischen Komorbidität bei ST-Patienten liegt erheblich oberhalb der Werte, die bislang weltweit in epidemiologischen Studien zur psychiatrischen Morbidität innerhalb der Allgemeinbevölkerung festgestellt worden sind. Die Lebenszeit-Prävalenz psychiatrischer Morbidität liegt hierbei zwischen 29 und 34% (Wittchen et al. 1992). Die kürzlich gefundene psychische Komorbidität von 33% bei 400 konsekutiven chirurgischen bzw. internistischen Patienten eines deutschen Allgemeinkrankenhauses belegt ebenso den Eindruck einer besonderen psychischen Belastung von Torticollis-

Tabelle 3. Prädiktoren Psychiatrischer Komorbidität bzw. sozialer Phobie

Vorhersage einer psychiatrischen Kodiagnose (log. Regression)	Vorhersage der sozialen Phobie (log. Regression)
1. Depressives Coping (p<0,01, OR=10,8)	1. Depressives Coping (p<0,01, OR=5,6)
	2. Subjektive Beeinträchtigung des äußeren Erscheinungsbildes (p=0,05, OR=2,4)

Patienten (Arolt et al. 1997). Selbst im Vergleich mit bekanntermaßen mit hohen psychiatrischen Komorbiditäten einhergehenden chronisch-neurologischen Erkrankungen – wie z. B. Epilepsie- und Pseudoepilepsie-Patienten (65% psychiatrische Komorbidität, Blumer et al. 1995) oder Migräne-Patienten (65% psychiatrische Komorbidität, Guidetti et al. 1998) – erscheinen ST-Patienten noch stärker belastet.

Gerade das im strukturierten klinischen Interview gefundene und psychometrisch bestätigte hohe Ausmaß der meist reaktiv auf die ST-Erstmanifestation entstehenden sozialphobischen Komorbidität erscheint uns als wichtiges Ergebnis unserer Untersuchung. Als diesbezügliche Erklärung kann zunächst das oft äußerlich auffällige, stigmatisierende Erscheinungsbild vieler ST-Patienten sowie die andauernde muskuläre Beeinträchtigung mit oft nicht unerheblichen lokalen Schmerzen vermutet werden.

ad 2) Das Ausmaß an psychiatrischer Komorbidität unserer Untersuchungsgruppe korreliert nicht mit der objektiven Schwere des ST, sondern vor allem mit einer depressiv getönten, maladaptiven Einstellung des Patienten zu seiner Erkrankung. Eine geringe Korrelation zwischen objektiver Krankheitsschwere und psychischer Belastung ist zwar bereits bei einzelnen chronisch verlaufenden somatischen Erkrankungen beschrieben worden (Herschbach und Henrich 1998). Für die Krankheitsgruppe der Dystonien konnte ein solcher Befund unter Zuhilfenahme eines über orientierende psychometrische Untersuchungsmethoden hinausgehenden strukturierten psychiatrischen Untersuchungsverfahrens bislang nicht bestätigt werden. Angesichts dieses hohen Einflusses maladaptiver Krankheitsbewältigungsmechanismen auf die aktuelle psychische Belastung von ST-Patienten erscheint die Einbeziehung realistischer psychiatrisch-psychotherapeutischer Behandlungsmaßnahmen in den Gesamtbehandlungsplan einzelner, psychisch belasteter ST-Patienten angeraten. Dies gilt wohl auch für die mehrdimensionale Behandlung von Patienten mit anderen potentiell stigmatisierenden Dystonieformen, wie z. B. generalisierte Dystonie, Blepharospasmus, Meige-Syndrom etc. Dabei spricht vieles für das initiale Angebot eines niedrigschwelligen, problemfokussierten und kosteneffektiven Krankheitsbewältigungstrainings. Ohnehin existieren zur Behandlung der sozialen Phobie effektive Kurzbehandlungsmaßnahmen, die mit überschaubarem Aufwand den spezifischen Bedürfnissen der ST-Patienten angepaßt werden könnten. Empirische Wirksamkeitsnachweise diesbezüglicher Behandlungsansätze liegen u. W. allerdings noch nicht vor.

Literatur

1. American Psychiatric Association (1994) Diagnostic and statistical manual of mental disorders, 4th edn. American Psychiatric Association: Washington, DC
2. Arolt V, Driessen M, Dilling H (1997) Psychische Störungen bei Patienten im Allgemeinkrankenhaus. Dt Ärztebl 94: A-1354–1358
3. Blumer D, Montouris G, Herrmann B (1995) Psychiatric morbidity in seizure patients on a neurodiagnostic monitoring unit. J Neuropsychiatry Clin Neurosci 7: 445–456

4. Charcot IM (1892) Leçons du Mardi. Poliklinik 1887 / 88. Paris
5. Cockburn JJ (1971) Spasmodic torticollis: a psychogenic condition? J Psychosom Res 15: 471–477
6. Dorogatis LR (1986) SCL-90-R. Self Report Symptom Inventory. In: Cips. Internationale Skalen für Psychiatrie. Beltz: Weinheim
7. Gündel H, Wolf A, Xidara V, Jahn T, Ceballos-Baumann AO (1999) Psychiatric comorbidity in patients with spasmodic torticollis. A prospective study using the structured clinical interview for DSM IV (SKID-I). Abstract. Neurology 52 (Suppl. 2): A 118
8. Gündel H, Wolf A, Xidara V, Busch R, Ceballos-Baumann AO (2001) Social phobia in spasmodic torticollis. J Neurol Neurosurg Psychiatry 71: 499–504
9. Guidetti V, Galli F, Fabrizi P et al (1998) Headache and psychiatric comorbidity. Clinical aspects and outcome in an 8-year follow-up study. Cephalalgia 18: 455–462
10. Henrich G, Herschbach P (2001) Questions on life satisfaction (FLZ^M) – A short questionnaire for assessing subjective quality of life. Eur J Psychological Assessment (in press)
11. Herschbach P, Henrich G (1998) The significance of objective determinants for the subjective quality of life. Psychsom Med 60 (1): 113–114
12. Jahanshahi M, Marsden CD (1988) Personality in torticollis: a controlled study. Psychol Med 18: 375–387
13. Jahanshahi M, Marsden CD (1990) Body concept, disability and depression in patients with spasmodic torticollis. Behav Neurol 3: 117–131
14. Jahanshahi M, Marsden CD (1992) Psychlogical functioning before and after treatment of torticollis with botulinum toxin. J Neurol Neurosurg Psychiatry 55: 229–231
15. Maier-Diewald W, Wittchen HU, Hecht H, Werner-Eilert K (1983) Die Münchner Ereignisliste (MEL) – Anwendungsmanual. Max-Planck-Institut für Psychiatrie, Munich
16. Matthews WB, Beasley P, Parry-Jones W, Garland G (1978) Spasmodic torticollis: a combined clinical study. J Neurol Neurosurg Psychiatry 41: 485–492
17. Mitscherlich M (1979) The theory and therapy of hyperkineses (torticollis). Psychother Psychosom 32: 306–312
18. Naber D, Weinberger DR, Bullinger M, Polsby M, Chase TN (1988) Personality variables, neurological and psychopathological symptoms in patients suffering from spasmodic torticollis. Comprehensive Psychiatry 29 (2): 182–187
19. Scheidt CE (1995) Psychological distress and psychopathology in spasmodic torticollis – clinical assessment and psychometric finding. PPmP 45: 183–191
20. Scheidt CE, Heinen F, Nickel T et al (1996) Spasmodic torticollis – a multicentre study on behavioural aspects IV: psychopathology. Behavioural Neurology 9: 97–103
21. Scheidt CE, Waller E, Schnock C et al (1999) Alexithymia and attachment representation in idiopathic spasmodic torticollis. J Nerv Ment Dis 187: 47–52
22. Stangier U, Heidenreich T, Beradi A et al (1999) Die Erfassung sozialer Phobie durch die Social Interaction Anxiety Scale (SIAS) und die Social Phobia Scale (SPS). Zeitschrift für klinische Psychologie 28: 28–36
23. Taylor GJ (1993) Clinical application of a dysregulation model of illness and disease: A case of spasmodic torticollis. Int J Psycho-Anal 74: 581–595
24. Tsui JKC, Eisen AJ, Stoessl AJ, Calne S, Calne DB (1986) Double-blind study of botulinum toxin in spasmodic torticollis. Lancet ii : 245–247
25. Wenzel T, Schnider P, Wimmer A, Steinhoff N, Moraru E, Auff E (1998) Psychiatric comorbidity in patients with spasmodic torticollis. J Psychosom Res 44 (6): 687–690
26. Wittchen HU, Essau CA, Zerssen D, Krieg JC, Zaudig M (1992) Lifetime and six-month prevalence of mental disorders in the Munich Follow-up Study. Eur Arch Psychiatry Clin Neurosci 241: 247–258
27. Wittchen HU, Wunderlich U, Gruschwitz S, Zaudig M (1997) Strukturiertes klinisches Interview für DSM-IV, Achse I (SKID). Hogrefe: Göttingen

Internistische Probleme in der psychiatrischen Krankenversorgung

W. Hewer

Zentralinstitut für Seelische Gesundheit Mannheim, Klinik für
Psychiatrie und Psychotherapie (Dir.: Prof. Dr. Dr. F. A. Henn)

Wenn wir bei einem Patienten sowohl eine psychiatrische als auch eine
internistische Erkrankung diagnostizieren, so können wir diese komorbiden
Erkrankungen unter ganz unterschiedlichen Konstellationen vorfinden.
Neben einem zufälligen Zusammentreffen von internistischer Erkrankung
und psychischer Störung können beide auch – so etwa bei angeborenen
Stoffwechselstörungen – die Manifestation des gleichen Grundleidens darstellen, ebenso wie die internistische Erkrankung Risikofaktor für die
Entstehung oder den Verlauf der psychischen Störung sein kann. Nicht
zuletzt ist die Möglichkeit einer symptomatischen psychischen Störung, hervorgerufen durch eine internistische Grunderkrankung, zu bedenken.
Umgekehrt können – worauf an anderer Stelle ausführlich eingegangen
wurde (Hewer 1999) – psychische Störungen bekanntlich die körperliche
Gesundheit in unterschiedlicher Weise ungünstig beeinflussen. Angesichts
dieses weitgespannten thematischen Rahmens können nachfolgend nur
ausgewählte Aspekte aus dem weiten Spektrum möglicher Wechselbeziehungen zwischen innerer Medizin und Psychiatrie besprochen werden.

1. Häufigkeit internistischer Komorbidität bei psychiatrischen Patienten

Körperliche Begleiterkrankungen treten bei psychiatrischen Patienten häufig auf. So ergab etwa eine eigene an einer großen repräsentativen
Stichprobe psychisch Kranker in stationärer Akutbehandlung durchgeführte
Untersuchung, in der die von den behandelnden Psychiatern gestellten
Diagnosen ausgewertet wurden, daß ca. jeder dritte Patient auch von einer
körperlichen Erkrankung betroffen war (Hewer et al. 1991). Dabei zeigte
sich erwartungsgemäß eine deutliche Zunahme der komorbiden Erkrankungen mit steigendem Lebensalter. Etwa zwei Drittel der Erkrankungen
waren dem Fachgebiet innere Medizin zuzuordnen. Ein bemerkenswertes

Ergebnis sei noch aus dieser Studie herausgegriffen, und zwar der Vergleich zwischen den Krankheitsgruppen Schizophrenie und den – seinerzeit noch nach ICD-9 klassifizierten – neurotischen Störungen, wobei hinzuzufügen ist, daß sich diese beiden Gruppen in ihrer Altersverteilung nicht unterschieden. Dabei betrug die Häufigkeit der somatischen Komorbidität bei schizophrener Erkrankung 18,7%, während die Vergleichszahl für Patienten mit neurotischen Störungen mit 25,5% signifikant höher lag (p < 0,01). Aus diesem Ergebnis darf jedoch nicht die Schlußfolgerung gezogen werden, daß bei schizophrenen Patienten ein geringeres Maß an körperlicher Beeinträchtigung bestünde, worauf in Abschnitt 3 noch näher eingegangen werden soll.

Die o. g. Zahlen zeigen von ihrer Größenordnung her eine recht gute Übereinstimmung mit den Ergebnissen der methodisch aufwendigsten Studie zur somatischen Komorbidität, die an einer repräsentativen Stichprobe von psychiatrischen Patienten in Kalifornien durchgeführt wurde (Koran et al. 1989). In diesem Kollektiv mit einem nur geringen Anteil von Personen im höheren Lebensalter wurden von den behandelnden Psychiatern bei 20% der Patienten körperliche Erkrankungen diagnostiziert. Die tatsächliche Prävalenz somatischer Komorbidität war jedoch deutlich höher und betrug 39%. Bei sorgfältiger Durchsicht der Vorbefunde und ebenso sorgfältiger somatischer Befunderhebung konnten die Autoren der Studie bei etwa jedem siebten Patienten eine vordiagnostizierte, aktuell aber von den behandelnden Ärzten nicht wahrgenommene Erkrankung konstatieren und bei ca. 12% der Patienten bis dato nicht bekannte körperliche Erkrankungen diagnostizieren.

Aufgrund einer vor wenigen Jahren erschienenen Metaanalyse der Literatur ist davon auszugehen, daß der Anteil psychiatrischer Patienten mit komorbiden körperlichen Erkrankungen im Mittel bei 50% liegt und daß bei etwa jedem dritten Patienten damit zu rechnen ist, daß beim Eintritt in das psychiatrische Versorgungssystem eine nicht vordiagnostizierte körperliche Erkrankung besteht (Felker et al. 1996). Es sei an dieser Stelle ergänzt, daß sich alle Prozentzahlen auf klinisch bedeutsame körperliche Erkrankungen beziehen, d. h., Auffälligkeiten ohne klinische Relevanz wurden in den zitierten Studien nicht berücksichtigt. Beachtenswert ist ferner, daß sich nichtdiagnostizierte körperliche Erkrankungen in einer beachtlichen Häufigkeit nicht nur bei Patienten, die von Psychiatern oder von einer nichtmedizinischen Instanz überwiesen werden, finden, sondern auch bei denjenigen Patienten, die zuvor von Allgemeinärzten, Internisten oder anderen Fachärzten mit somatischer Ausrichtung gesehen wurden. Diese von Koranyi (1979) anhand der Untersuchung einer großen klinischen Stichprobe getroffene Feststellung kann aufgrund eigener Erfahrungen voll und ganz bestätigt werden (Hewer et al. 1992, Hewer und Förstl 1998). Deshalb sei an dieser Stelle die Aussage einer amerikanischen Arbeitsgruppe zitiert, in der die eindrückliche Warnung ausgesprochen wird, die Feststellung der einweisenden Instanz, daß ein psychiatrischer Patient medizinisch unauffällig sei („medically clear"), ungeprüft zu übernehmen (Vieweg et al. 1995). Zur Erklärung des Phänomens, daß

Tabelle 1. Warum bleiben internistische Erkrankungen häufig undiagnostiziert?

Arzt:	– mangelnde Vertrautheit mit der Problematik
	– „Schubladendenken"
Patient:	– gestörte Symptomwahrnehmung
	– Defizite im Krankheitsverhalten
Institution:	– fehlende organisatorische und personelle Voraussetzungen für sachgerechte internistische Diagnostik
Krankheit:	– Merkmale, die Diagnose erschweren

körperliche Erkrankungen bei psychiatrischen Patienten häufig undiagnostiziert bleiben, werden in der Literatur verschiedene Hypothesen diskutiert (Tabelle 1); empirische Daten liegen hierzu bislang allerdings nur in geringem Umfang vor.

2. Prognostische Aspekte internistisch-psychiatrischer Komorbidität

Psychiatrische Erkrankungen sind nicht generell mit einer erhöhten Rate körperlicher Morbidität verknüpft. So liegen beispielsweise Anhaltspunkte dafür vor, daß schizophrene Patienten im Vergleich zur Allgemeinbevölkerung seltener von rheumatoider Arthritis und allergischen Erkrankungen betroffen sind (Goldman 1999). Interessant sind ferner ältere Befunde bei langzeithospitalisierten Patienten im Sinne einer erniedrigten Prävalenz der arteriellen Hypertonie (Masterton et al. 1981). Auch wurde darauf hingewiesen, daß in bestimmten Fällen das Auftreten einer akuten körperlichen Erkrankung einen symptommildernden Einfluß auf eine vorbestehende psychiatrische Erkrankung haben kann (Deahl 1990).

Überwiegend muß jedoch von einem wechselseitig komplizierenden Einfluß von internistischen und psychiatrischen Erkrankungen ausgegangen werden. Dies betrifft beispielsweise eine Vielzahl von Befunden, die aufzeigen konnten, daß Depressionen im höheren Lebensalter in beträchtlichem Umfang durch komorbide körperliche Erkrankungen determiniert werden (Lyness et al. 1996, Linden et al. 1998). Umgekehrt konnte gezeigt werden, daß psychische Störungen im Sinne eines Risikofaktors auf die Entstehung und den Verlauf körperlicher Erkrankungen einen wesentlichen Einfluß nehmen können (Vaillant 1998, Glassman und Giardina 1999).

Interessant sind in diesem Zusammenhang kürzlich publizierte Daten, wonach das Bestehen eines Diabetes mellitus mit einer höheren Krankheitsschwere bei bipolaren Störungen korreliert (Cassidy et al. 1999). Daß die Komorbidität von somatischen und psychiatrischen Erkrankungen in überzufälliger Häufigkeit beobachtet werden kann, wird auch eindrucksvoll belegt durch dänische Fallregisterdaten zur Inanspruchnahme stationärer Behandlung. Fink (1990) konnte zeigen, daß Personen, die der Behandlung in einem Allgemeinkrankenhaus bedurften, mit 4fach erhöhter Wahrscheinlichkeit auch stationär psychiatrisch aufgenommen werden mußten.

Die Komplikationsträchtigkeit somatisch-psychiatrischer Komorbidität wird insbesondere durch die Ergebnisse einer Vielzahl von Mortalitätsstudien belegt. Harris und Barraclough (1998) kommen in einer eingehenden Metaanalyse der Literatur zu dem Ergebnis eines für psychisch Kranke in ihrer Gesamtheit auf das Doppelte erhöhten relativen Mortalitätsrisikos aufgrund natürlicher Todesursachen. Bemerkenswert sind ferner die Ergebnisse von Mortalitätsstudien, die bei Kollektiven internistisch Kranker durchgeführt wurden. So konnte gezeigt werden, daß das Bestehen einer komorbiden depressiven Erkrankung bei Herzinfarktpatienten auch bei Kontrolle anderer prognosebestimmender Faktoren einen hochsignifikanten ungünstigen Einfluß auf die Überlebenswahrscheinlichkeit ausübte (Glassman und Giardina 1999).

3. Diagnostische Aspekte

In Anbetracht der dargestellten Befunde zur internistischen Komorbidität psychisch Kranker und unter Berücksichtigung der Tatsache, daß ein weites Spektrum internistischer Erkrankungen den in der ICD 10 unter F 0 klassifizierten organischen psychischen Störungen zu Grunde liegen kann, ist eine internistisch-allgemeinmedizinische Basisdiagnostik integraler Teil der psychiatrischen Untersuchung (Tabelle 2). Dabei stehen Anamnese und klinische Befunderhebung im Vordergrund, ergänzt durch ausgewählte Laboruntersuchungen und weitere zusatzdiagnostische Verfahren. In welchem Umfang eine apparative Diagnostik im Einzelfall zum Einsatz kommt, sollte immer individuell in Anbetracht der jeweiligen klinischen Befundkonstellation entschieden werden.

Auch wenn sich das internistisch-allgemeinmedizinische diagnostische Vorgehen bei psychiatrischen Patienten nicht prinzipiell von dem Procedere bei psychisch Gesunden unterscheidet, so sollte andererseits doch darauf geachtet werden, daß sich in einigen Untergruppen psychisch Kranker mit einer gewissen Häufung bestimmte Verhaltensmerkmale finden, die die Diagnosestellung erschweren können (Adler und Griffith 1991). Als Beispiel sei die bei manchen schizophrenen Patienten veränderte Schmerzwahrnehmung genannt, ein Phänomen, das bereits aus der Vorneuroleptikaära bekannt ist (Jakubaschk und Böker 1991). In Verbindung damit kann es in Einzelfällen dazu kommen, daß schwerste körperliche Erkrankungen,

Tabelle 2. Internistische Basisdiagnostik in der Psychiatrie

1. Anamnese

2. Klinischer Befund

3. Zusatzdiagnostik
    – „Routinelabor" (BKS, BB, Leber-/Nierenfunktion, BZ etc., bei älteren Patienten TSH-Bestimmung wünschenswert)
    – bei Erstbehandlung: EKG, Rö Thorax bei älteren Patienten
    – gezielte Diagnostik bezüglich spezieller Risiken (Bsp.: Clozapin)
    – weitere apparative Diagnostik nach Maßgabe der individuellen Befundkonstellation

Tabelle 3. Typische internistische Probleme bei schizophrenen Patienten (I)

---

nicht oder nur partiell medikamentenassoziierte Probleme:
- kardiovaskuläre und bronchopulmonale Erkrankungen (bei Häufung
  entsprechender Risikofaktoren: Rauchen, Übergewicht, Diabetes, Hyperlipidämie,
  Bewegungsmangel)
- erhöhte Aspirationsrate (Bolustod!)
- Polydipsie mit resultierenden Problemen (Hyponatriämie, Wasserintoxikation)
- Folgen von begleitendem Substanzmißbrauch, Mangel- und Fehlernährung

---

beispielsweise ein akutes Abdomen, ohne erkennbare Schmerzäußerung toleriert werden.

Für eine im Durchschnitt höhere Symptomtoleranz bzw. eine Häufung oligosymptomatischer Krankheitsverläufe bei schizophrenen Patienten sprechen auch die Ergebnisse einer vor wenigen Jahren publizierten amerikanischen Studie (Jeste et al. 1996). Diese Autoren konnten zeigen, daß sich bei der Erfassung der körperlichen Komorbidität bei schizophrenen Patienten dann eine signifikant niedrigere Erkrankungshäufigkeit im Vergleich mit einem Kontrollkollektiv fand, wenn die Untersuchung unter den Bedingungen einer Routinediagnostik erfolgte. Der Unterschied zwischen den beiden Gruppen glich sich jedoch aus bei Anwendung eines strukturierten diagnostischen Vorgehens mit gezielter Suche nach Auffälligkeiten im Bereich der verschiedenen Organsysteme. Im Lichte dieser Ergebnisse ist es nicht sehr wahrscheinlich, daß der oben zitierte Befund einer vergleichsweise niedrigen Rate komorbider internistischer Erkrankungen bei schizophrenen Patienten Ausdruck einer besseren körperlichen Gesundheit ist, wogegen auch die in vielen Mortalitätsstudien nachgewiesene Übersterblichkeit bei Schizophrenie sprechen würde (Hewer und Rössler 1997). Eher ist zu vermuten, daß bei dieser Krankheitsgruppe im Vergleich zu psychisch weniger stark beeinträchtigten Patienten ein höherer Anteil von komorbiden körperlichen Leiden klinisch nicht diagnostiziert wird. Um den Anteil an Fehldiagnosen möglichst niedrig zu halten, sollten die behandelnden Ärzte deshalb eine Vorstellung von denjenigen internistischen Problemen haben, die bei schizophrenen Patienten mit einer gewissen Häufung gesehen werden. In den Tabellen 3 und 4 findet sich dementsprechend einen Aufstellung ausgewählter inter-

Tabelle 4. Typische internistische Probleme bei schizophrenen Patienten (II)

---

medikamentenassoziierte Probleme:
- Hämatopoese: u. a. Agranulozytose, Granulopenie, Leukozytose, Eosinophilie
- Herz-Kreislauf: u. a. Hypotonie, (Sinus)Tachykardie, Erregungsleitstörungen,
  Arrhythmien, QT-Verlängerung (→ ventrikuläre Tachykardie vom Typ Torsade
  de pointes)
- hepato-biliär: Cholestase, Verschlechterung einer vorbestehenden hepatischen
  Schädigung, Transaminasenanstieg durch Enzyminduktion
- gastrointestinal: Koprostase, paralytischer Ileus
- Harnwege: Blasenentleerungsstörungen, Harnaufstau
- Verschiedenes: u. a. Ödembildung, Hyperprolaktinämie, Fieber ohne Infektion,
  malignes neuroleptisches Syndrom

---

nistischer Krankheitsbilder, die teils medikamentenassoziiert, teils auch unabhängig von pharmakogenen Einflüssen auftreten.

4. Therapeutische Aspekte

Als Beleg für die Annahme, daß psychisch Kranke aus medizinischer Sicht ein Risikokollektiv darstellen, können neben den erwähnten Mortalitätsdaten auch die Ergebnisse von Inanspruchnahmestudien herangeführt werden. So konnten Berren et al. (1999) zeigen, daß psychisch Kranke zum einen medizinische Leistungen in einem quantitativ geringerem Umfang in Anspruch nahmen, zum anderen aber gehäuft notfallmedizinischer Interventionen bedurften. Diese Daten sprechen – ähnlich wie diejenigen von Druss und Rosenheck (1997) – dafür, daß psychisch Kranke mit komorbiden medizinischen Leiden häufiger als psychisch Gesunde erst verspätet in medizinische Behandlung gelangen, während elektive, ein weiteres Fortschreiten einer Erkrankung verhindernde Behandlungsmaßnahmen seltener in Anspruch genommen werden.

Aus den vorangehenden Ausführungen darf nicht abgeleitet werden, daß im Kontext der psychiatrischen Behandlung jede körperliche Begleiterkrankung weiterführender diagnostischer und therapeutischer Maßnahmen bedarf. Ein solches Unterfangen wäre allein schon aus ökonomischen Erwägungen heraus völlig unrealistisch. Ob und in welchem Umfang bei Patienten, die sich in psychiatrischer Behandlung befinden, internistische Maßnahmen eingeleitet werden müssen, richtet sich im wesentlichen nach zwei Kriterien:
– der Schwere und Akuität der komorbiden internistischen Erkrankung;
– dem Einfluß der internistischen Erkrankung auf Entstehung und Verlauf der psychischen Störung.

So naheliegend es ist, diese beiden Kriterien zu formulieren, so schwierig kann es in der Praxis sein festzustellen, ob sie erfüllt sind. Aus den Gründen, die weiter oben angerissen wurden, kann die Bestimmung des Schweregrads einer körperlichen Begleiterkrankung gerade bei Patienten mit ausgeprägter psychischer Beeinträchtigung auf Schwierigkeiten stoßen. Ebenso wie Patienten mit dramatisch imponierender Symptomatik objektiv in vielen Fällen nicht gefährdet sind, gibt es Situationen, in denen lebensbedrohliche Erkrankungen atypisch oder asymptomatisch verlaufen können, wie beispielsweise ein schmerzloser Herzinfarkt oder ein gleich-

Tabelle 5. Internistische Erkrankungen bei psychiatrischen Patienten: therapeutische Aspekte

---

– Therapeutische Maßnahmen häufig auch im psychiatrischen Kontext erforderlich (auch bei kritischer Prüfung der Indikation)
– Koordination von internistischer und psychiatrischer Therapie erforderlich
– Beachtung von Risiken, die bei bestimmten Krankheiten gehäuft auftreten (einschl. typischer Verhaltensmerkmale bestimmter Patientengruppen)
– Ausgleich bestehender Versorgungsdefizite: allgemeinmedizinischer Auftrag psychiatrischer Institutionen?

---

falls nicht von Schmerzen begleitetes akutes Abdomen. Auch bei dem zweiten Kriterium können sich erhebliche Probleme ergeben, wenn es um die Frage geht, ob eine psychische Störung hinsichtlich ihrer Verursachung und ihres Verlaufs Einflüssen komorbider internistischer Erkrankungen unterliegt oder ob es sich eher um eine zufällige Koinzidenz von psychischer Störung und internistischer Problematik handelt. Auf die Schwierigkeiten, die sich bei der Beurteilung solcher Fragen häufig ergeben, wurde an anderer Stelle ausführlich eingegangen (Hewer 1999).

Auch bei kritischer Überprüfung der Indikation bleiben dennoch viele Situationen übrig, in denen im Rahmen der psychiatrischen Behandlung internistische Therapiemaßnahmen in die Wege geleitet werden müssen (Tabelle 5). Die Notwendigkeit hierfür ergibt sich häufig aus der internistischen Befundlage per se, nicht selten resultiert sie aber auch daraus, daß internistische und psychiatrische Behandlungsmaßnahmen einer Abstimmung bedürfen. Als Beispiel hierfür seien die Auswirkungen von Antidepressiva auf die Herz-Kreislauf-Funktion angeführt, die es in manchen Fällen erforderlich machen, etwa die Dosierung internistisch angewandter Pharmaka, wie von Antihypertensiva, zu verändern.

Aus naheliegenden Gründen ist es notwendig, internistische und psychiatrische Therapie möglichst gut zu koordinieren, auch unter dem Aspekt, daß bei Remission der psychiatrischen Erkrankung internistische Behandlungsmaßnahmen sehr viel leichter als unter gegenteiligen Bedingungen realisiert werden können. Krankheitsassoziierte Risiken, wie wir sie bei bestimmten Patientengruppen finden, sollten besondere Beachtung finden. Schließlich stellt sich – angesichts der diskutierten Versorgungsdefizite – die prinzipielle Frage, ob psychiatrische Institutionen unter bestimmten Voraussetzungen nicht auch einen allgemeinmedizinischen Behandlungsauftrag wahrzunehmen haben. Solche Überlegungen ergeben sich vor allem im Hinblick auf Patientengruppen, die gehäuft in einem auch somatisch behandlungsbedürftigen Zustand mit psychiatrischen Institutionen in Berührung kommen, wie etwa Patienten mit psychischen Alterserkrankungen, Substanzabhängigkeit oder chronischen Psychosen.

5. Ausblick

Ziel der vorangegangenen Ausführungen war es, exemplarisch einige Aspekte aus der Vielfalt der Wechselbeziehungen der Fächer innere Medizin und Psychiatrie herauszugreifen. Insbesondere sollte deutlich werden, daß das gleichzeitige Bestehen einer internistischen Erkrankung und einer psychischen Störung in vielen Fällen eine risikoträchtige Konstellation darstellt, und zwar im Hinblick auf die Prognose des körperlichen wie auch des psychischen Leidens. Wenn in den zurückliegenden Jahren das Konzept der Doppeldiagnosen in der Psychiatrie Eingang gefunden hat und damit in der Regel das Vorliegen einer Suchterkrankung bzw. einer Persönlichkeitsstörung als Zweitdiagnose gemeint ist, so darf aufgrund des heutigen Kenntnisstandes über die Wechselwirkungen von internistischen und psychiatrischen Erkrankungen vermutet werden, daß in der Zukunft komorbide körperliche Erkrankungen eine vergleichbare Bedeutung als relevante Zweitdiagnosen erlangen werden.

Literatur

1. Adler LE, Griffith JM (1991) Concurrent medical illness in the schizophrenic patient: epidemiology, diagnosis, and management. Schiz Res 4: 91-107
2. Berren MR, Santiago JM, Zent MR, Carbone CP (1999) Health care utilization by persons with severe and persistent mental illness. Psychiatr Serv 50: 559-561
3. Cassidy F, Ahearn E, Carroll BJ (1999) Elevated frequency of diabetes mellitus in hospitalized manic-depressive patients. Am J Psychiatry 156: 1417-1420
4. Deahl MP (1990) Physical illness and depression: the effects of acute physical illness on the mental state of psychiatric inpatients. Acta Psychiatr Scand 81: 83-86
5. Druss BG, Rosenheck RA (1997) Use of medical services by veterans with mental disorders. Psychosomatics 38: 451-458
6. Felker B, Yazel JJ, Short D (1996) Mortality and medical comorbidity among psychiatric patients: a review. Psychiatric Services 47: 1356-1363
7. Fink P (1990) Mental illness and admission to general hospitals: a register investigation. Acta Psychiatr Scand 82: 458-462
8. Glassman AH, Giardina E-GV (1999) Eine Untersuchung der Zusammenhänge zwischen koronarer Herzkrankheit und Depression. In: Helmchen H et al (Hrsg) Psychiatrie der Gegenwart. 4. Aufl., Band 4: Psychische Störungen bei somatischen Erkrankungen. Springer: Berlin, Heidelberg, New York, pp 319-333
9. Goldman LS (1999) Medical illness in patients with schizophrenia. J Clin Psychiatry 60 (Suppl 21): 10-15
10. Harris CE, Barraclough B (1998) Excess mortality of mental disorder. Br J Psychiatry 173: 11-53
11. Hewer W, Rössler W, Jung E, Fätkenheuer B (1991) Somatische Erkrankungen bei stationär behandelten psychiatrischen Patienten. Psychiat Prax 18: 133-138
12. Hewer W, Biedert S, Förstl H, Alm B (1992) Unentdeckte körperliche Erkrankungen bei psychiatrischen Neuaufnahmen. Psychiatr Prax 19: 171-177
13. Hewer W, Rössler W (1997) Mortalität von Patienten mit funktionellen psychischen Erkrankungen während des Zeitraums stationärer Behandlung. Fortschr Neurol Psychiatr 65: 171-181
14. Hewer W, Förstl H (1998) Häufige internistische Probleme bei psychisch Kranken im höheren Lebensalter. In: Hewer W, Lederbogen F (Hrsg) Internistische Probleme bei psychiatrischen Erkrankungen. Enke: Stuttgart, pp 13-28
15. Hewer W (1999) Psychische Störungen und internistische Erkrankungen. In: Helmchen H et al (Hrsg) Psychiatrie der Gegenwart. 4. Aufl., Band 4: Psychische Störungen bei somatischen Erkrankungen. Springer: Berlin, Heidelberg, New York, pp 289-317
16. Jakubaschk J, Böker W (1991) Gestörtes Schmerzempfinden bei Schizophrenie. Schweiz Arch Neurol Psychiat 142: 55-76
17. Jeste DV, Gladsjo JA, Lindamer LA, Lacro JP (1996) Medical comorbidity in schizophrenia. Schiz Bull 22: 413-430
18. Koran LM, Sox HC, Marton KI et al (1989) Medical evaluation of psychiatric patients. Arch Gen Psychiatry 46: 733-740
19. Koranyi EK (1979) Morbidity and rate of undiagnosed physical illnesses in a psychiatric clinic population. Arch Gen Psychiatry 36: 414-419
20. Linden M, Kurtz G, Baltes MM et al (1998) Depression bei Hochbetagten: Ergebnisse der Berliner Altersstudie. Nervenarzt 69: 27-37
21. Lyness JM, Bruce ML, Koenig HG et al (1996) Depression and medical illness in late life: report of a symposium. J Am Geriat Soc 44: 198-203

22. Masterton G, Main CJ, Lever AF, Lever RS (1981) Low blood pressure in psychiatric
    inpatients. Br Heart J 45: 442-446
23. Vaillant GE (1998) Natural history of male psychological health, XIV: relationship of
    mood disorder vulnerability to physical health. Am J Psychiatry 155: 184-191
24. Vieweg V, Levenson J, Pandurangi A, Silverman J (1995) Medical disorders in the
    schizophrenic patient. Int J Psychiatry Med 25: 137-172

„Heavy Users": Probleme bei der Identifikation von Patienten mit überdurchschnittlicher Inanspruchnahme stationärer Akutversorgung

U. M. Junghan

Universitäre Psychiatrische Dienste Bern,
Direktion Mitte/West, Bern, Schweiz

Zusammenfassung

Literaturdaten zur Nutzung psychiatrischer Einrichtungen zeigen übereinstimmend eine erhebliche Ungleichverteilung bei den in Anspruch genom-
menen stationären Behandlungstagen unter den jeweils behandelten
Patienten. Eine relativ geringe Anzahl von ihnen beansprucht einen überproportional hohen Anteil der gesamten stationären Behandlungsleistungen.

Diese Patientengruppe wird in der überwiegend englischsprachigen
Literatur zu diesem Thema häufig als „Heavy Users", „High Users" oder
„Frequent Users" bezeichnet. (Wegen des Fehlens einer entsprechenden
deutschsprachigen Bezeichnung soll im vorliegenden Text weiter der Begriff
„Heavy Users" für diese Patientengruppe verwendet werden.) Bisher gibt es
keine Übereinkunft darüber, welche psychiatrischen Patienten dieser
Gruppe zuzuordnen sind. Gerade einer Reduktion der stationären Behand-
lungsdauer bei „Heavy Users" räumen viele Experten jedoch eine
Schlüsselstellung bei dem Versuch ein, die Kosten effektiver und qualitativ
guter psychiatrischer Versorgung zu senken.

Die vorliegende Arbeit gibt einen Überblick über den Stand der
Diskussion zur Frage der „Heavy Users" und beschäftigt sich mit möglichen Definitionen für diese Patientengruppe. Auf der Basis eigener Daten
wird ein Modell zur Quantifizierung der ungleichen Inanspruchnahme stationärer Versorgung vorgestellt.

Einleitung

Die psychiatrische Regelversorgung durchlief in den letzten Jahrzehnten
eine Reihe von einschneidenen Veränderungsprozessen. Eingeläutet durch
die Deinstitutionalisierungsbewegung, deren Zielsetzung es war, die

Behandlung in dezentralen psychiatrischen Großkliniken durch geeignete gemeindeintegrierte Versorgungseinrichtungen zu ersetzen, kam es zu einem Transfer von langzeithospitalisierten, schwer und anhaltend psychisch Kranken in gemeindenahe Behandlungseinrichtungen. Damit einhergehend fand eine massive Reduktion von Betten in psychiatrischen Großkrankenhäusern statt (Rössler et al. 1994, Redick et al. 1994). Die anfänglich auch durch „ideologische" Standpunkte getragene Überzeugung, daß psychiatrische Kliniken durch diese Entwicklung in nicht allzu ferner Zukunft vollständig überflüssig würden, hat sich nach und nach als nicht einlösbare Illusion erwiesen (Bachrach 1996). Heute ist deutlich geworden, daß der Schlüssel zu einer bedarfsgerechten und humanen psychiatrischen Versorgung wesentlich in einer ausgeglichenen Balance zwischen stationären und gemeindeintegrierten Versorgungsangeboten liegt (Brenner 1995, Knapp et al. 1997). Erfolgte der Abbau von Behandlungsplätzen in psychiatrischen Krankenhäusern ohne ein bereits bestehendes gemeindepsychiatrisches Angebot, das den Bedürfnissen psychiatrischer Patienten Rechnung trug, entstand ein oft als „Versorgungskrise" charakterisierter Zustand (Goldberg und Thornicroft 1997, Lamb 1993, Shepherd et al. 1997).

Obwohl der weitere Ausbau gemeindepsychiatrischer Behandlungsangebote vielerorts als prioritäre Zielrichtung für eine Weiterentwicklung der psychiatrischen Regelversorgung formuliert worden war (Thornicroft und Bebbington 1989, Bachrach 1986), geriet die Umsetzung dieser Zielvorgaben in den letzten Jahren ins Stocken. Unter dem aktuell zunehmenden Kostendruck im Gesundheitswesen zeichnen sich nun neuerliche Veränderungen der psychiatrischen Versorgungsstruktur ab. Zielsetzung ist gegenwärtig eine übergreifende Kostenreduktion, sowohl durch Begrenzung von Neuinvestitionen als auch durch Kürzung bestehender Versorgungsangebote. Dies verhindert einerseits den angestrebten Ausbau gemeindepsychiatrischer Einrichtungen und konfrontiert andererseits den stationären Teil der psychiatrischen Versorgungskette wiederum mit drohenden Kürzungen der zur Verfügung stehenden Ressourcen.

Unter diesen Rahmenbedingungen gerät die Patientengruppe der „Heavy Users" speziell in den Brennpunkt des Interesses. Ihre stationäre Behandlung verschlingt einen unverhältnismäßig hohen Anteil der insgesamt für psychiatrische Behandlung aufgewendeten direkten Kosten, was auf einen möglichen Mangel im bestehenden psychiatrischen Versorgungssystem hinweist (Hadley et al. 1992, Semke und Hanig 1995).

Um mögliche Alternativen zur stationären Akutbehandlung für diese Patienten zu entwickeln, sind für die Versorgungspraxis brauchbare und reliable Kriterien zur Identifikation von „Heavy Users" eine Voraussetzung. Die in der Literatur gebrauchten Definitionen variieren hier jedoch erheblich und bedürfen gegenwärtig noch weiterer Forschung zu ihrer Spezifizierung. Das Konzept der „Heavy Users" wird dabei üblicherweise auf eine Gruppe von psychisch Kranken bezogen, die sich hinsichtlich der Häufigkeit ihrer Aufnahmen in psychiatrischen Akutstationen und/oder hinsichtlich der Dauer ihrer Behandlung dort deutlich von der

Mehrzahl derjenigen Patienten abheben, die eine ähnliche Behandlung benötigen (Hadley 1990). Neuere Untersuchungen nutzen für die Definition von „Heavy Users" den von diesen Patienten beanspruchten Anteil an den gesamten, in einem umschriebenen Versorgungssystem über einen bestimmten Zeitraum hinweg aufgewendeten direkten Behandlungskosten (Hadley 1990, Holohean et al. 1991). Solche Kostenrechnungen weisen aus, daß in einzelnen der untersuchten psychiatrischen Versorgungssysteme bis 80% aller für stationäre Akutbehandlung aufgewendeten Kosten von nur knapp 30% der insgesamt behandelten Patienten verursacht werden (Kent und Fogarty 1995).

Ein Teil der Forscher auf diesem Gebiet machte initial sogenannte „neue chronische Patienten" („new chronic patients") oder „junge erwachsene, chronische Patienten" („young adult, chronic patients") als Hauptanteil der „Heavy Users" aus (Surles und McGurrin 1987, Surber et al. 1987, Lamb 1982). Diese Patientengruppe zeigte in einigen Studien eine Tendenz, die Versorgung in psychiatrischen Akutstationen gegenüber der gemeindeintegrierten Betreuung vermehrt in Anspruch zu nehmen (Bachrach 1982). Es wurden jedoch auch Zweifel an der These geäußert, daß „Heavy Users" und „new chronic" oder „young adult chronic patients" identische Patientenpopulationen darstellen (Hadley et al. 1992, Bachrach 1984). Als Folge dieser begrifflichen Unklarheiten ist die Frage, ob sich die Gruppe der „Heavy Users" in verschiedenen psychiatrischen Versorgungssystemen aus vergleichbaren Patienten zusammensetzt, bisher offen. Nur einzelne Untersuchungen sprechen für eine solche Annahme (Caspar et al. 1991, Casper 1995). Weiter komplizierend kommt hinzu, daß bisher keine Forschungsresultate vorliegen, die sicher belegen können, daß eine homogene Gruppe der „Heavy Users" innerhalb eines Versorgungssystemes über die Zeit stabil bleibt (Hadley et al. 1992). Lediglich für einen kleineren Teil möglicherweise besonders schwerkranker Patienten unter den „Heavy Users" scheint das Kriterium der Zeitstabilität zuzutreffen (Hadley et al. 1990).

Allgemeine Gültigkeit scheint hingegen die Beobachtung zu haben, daß in den meisten psychiatrischen Versorgungssystemen eine ausgeprägte Ungleichverteilung bei der Inanspruchnahme von stationärer Versorgungsleistung besteht (Kent und Fogarty 1995, Kastrup 1987, Junghan et al. 1999). Vor dem Hintergrund der höchst uneinheitlich gebrauchten Definitionen für „Heavy Users" könnte dies ein Anhaltspunkt dafür sein, daß diese Patientengruppe eher durch ein multifaktoriell beeinflußtes Nutzungsverhalten von Versorgungseinrichtungen als durch spezifische, individuelle Patientenmerkmale charakterisiert wird (Junghan et al. 1999, Kent und Yellowlees 1994).

Angesichts der sehr vielfältigen und verwirrenden Terminologie für eine Reihe von schwer abgrenzbaren Patientengruppen, die sich durch eine hohe Nutzung stationärer Behandlungseinrichtungen auszeichnen, sollen im Folgenden die unterschiedlichen Perspektiven, die bei der Entstehung des Begriffes „Heavy Users" bedeutsam erscheinen, skizziert werden.

Begriffsentwicklung und Problematik bei der Identifikation einzelner „Heavy Users"

Die Beobachtung, daß sich einzelne unter den stationär behandelten psychiatrischen Patienten durch eine dysproportional hohe Inanspruchnahme dieser Behandlungseinrichtungen von der Mehrzahl der dort stationär behandelten Patienten abheben, beschäftigt eine Reihe von Untersuchern bereits über längere Zeit. Die Betrachtung dieser überdurchschnittlichen Inanspruchnahme erfolgte dabei allerdings aus sehr verschiedenen Blickwinkeln heraus. In der Folge konzentrierte sich die Evaluationsforschung auf unterschiedliche Aspekte dieses Nutzungsverhaltens.

Im Kontext der „Deinstitutionalisierung" wurden von zahlreichen Untersuchern zunächst in erster Linie Rehospitalisationen als Indikator für einen Mangel des psychiatrischen Versorgungssystems angesehen (Abramowitz et al. 1984, Pigott und Trott 1993, Geller 1986). Entsprechend lag ein Schwerpunkt der Forschungsbemühungen darauf, Prädiktoren für ein erhöhtes Rehospitalisierungsrisiko herauszuarbeiten. Als Gründe für rasch aufeinanderfolgende Rehospitalisationen mit hohen Rehospitalisationsraten dieser in der Folge als „Drehtürpatienten" bezeichneten Patientengruppe wurden unter anderem ein Fehlen geeigneter Wohn- und Betreuungsmöglichkeiten, krankheitsbedingt inadäquates Verhalten sowie Krankheitsverleugnung und mangelnde Compliance genannt (Kent und Yellowlees 1994, Franklin et al. 1975, Green 1988, Harris et al. 1986, Joyce 1985). Aus der Vielzahl der gefundenen Einflußfaktoren erwies sich letztlich jedoch lediglich die Anzahl der vorangehenden Hospitalisationen als ein in Grenzen stabiler Prädiktor für die Rehospitalisationsrate eines Patienten (Rosenblatt und Mayer 1974, Korkeila et al. 1998, Haywood et al. 1995, Havassy und Hopkin 1989, Kastrup 1987).

Im weiteren Verlauf der „Deinstitutionalisierung", verbunden mit dem damit einhergehenden Bettenabbau in psychiatrischen Großkliniken, wurde eine weitere, durch ihr Nutzungsverhalten von psychiatrischen Einrichtungen auffallende Patientengruppe beobachtet. Diese Patienten, die häufig nie über eine längere Zeit hospitalisiert worden waren, jedoch im weiteren Verlauf nach einer ersten Krankheitsepisode wiederholt und häufig auf die Unterstützung psychiatrischer Versorgungseinrichtungen angewiesen waren, wurden als „neue chronische Patienten" bezeichnet (Schwartz und Goldfinger 1981). Da wiederholt berichtet wurde, daß diese Patienten mit oft frühem Krankheitsbeginn im Vergleich mit anderen „Drehtürpatienten" ein geringeres Durchschnittsalter aufwiesen, wurde die Bezeichnung „junge erwachsene chronische Patienten" geprägt (Bachrach 1982). Eine genauere Untersuchung dieser Patientengruppe führte zur Abgrenzung von Untergruppen, deren Nutzungsverhalten psychiatrischer Einrichtungen auf abgrenzbare Einstellungen, Persönlichkeitseigenschaften und schwierige Verhaltensmuster zurückgeführt wurde (Hoffmann et al. 1993, Sheets et al. 1982). Bei Betrachtung des prädiktiven Wertes solcher Patientenvariablen zeigte sich allerdings, daß diese überwiegend retrospektiv gefundenen Merkmale nur einen geringen Anteil zu einer allgemeinen Erklärung von Rehospitalisationsraten beitragen konnten (Klinkenberg und Calsyn 1996).

Bald geriet auch die Frage nach der zukünftigen Rolle des psychiatrischen Krankenhauses zunehmend in die Diskussion (Okin 1983). Hintergrund dieser Entwicklung war wiederum die Beobachtung einer speziellen Variante des Nutzungsverhaltens psychiatrischer Patienten. Eine Gruppe von Patienten wurde erstmals, aber dafür überdurchschnittlich lange hospitalisiert. Diese „neuen Langzeitpatienten" („new long-stay patients") führten zu verstärkten Anstrengungen, Faktoren zu identifizieren, die zu einer überdurchschnittlich langen Hospitalisationsdauer beitragen. Wiederum wurde eine Anzahl von ausschlaggebenden Einflußgrößen in der Fachliteratur publiziert. Diese zeigten aber einerseits Überschneidungen mit den für „Drehtürpatienten" und bei den anderen genannten Patientengruppen gefundenen Merkmalen und erlaubten andererseits durch ihre mangelnde Spezifität ebenfalls nur in sehr begrenztem Ausmaß eine Vorhersage von überdurchschnittlicher Hospitalisationsdauer (Caton und Gralnick 1987, Lelliott et al. 1994).

Aktuell läßt die fortschreitende Verknappung der finanziellen Ressourcen im Gesundheitswesen zunehmend die Frage nach einem ökonomischen Einsatz der zur Verfügung stehenden Mittel aufkommen (Häfner 1997, Budson 1994). Speziell die Kostenintensität der vollstationären Akutbehandlung psychisch Kranker führte vor diesem Hintergrund zu erneuten Bestrebungen in der Entwicklung alternativer, weniger kostenintensiver Behandlungsangebote (Brenner et al. 1999, Quinlivan und McWhirter 1996). Da bereits aus den bisherigen Erfahrungen mit dem Abbau psychiatrischer Akutbetten deutlich geworden war, daß bei einem einseitigen Abzug der finanziellen Mittel aus der stationären Versorgung eine erhebliche Gefährdung der Qualität psychiatrischer Versorgung insgesamt resultierte, gerieten wiederum Patienten mit einer dysproportional hohen Inanspruchnahme stationärer Akutversorgung in den Mittelpunkt des Interesses. Diese nun als „Heavy Users" bezeichnete Patientengruppe trägt überwiegend zu den Gesamtkosten stationärer Akutversorgung bei (Kent und Fogarty 1995). Ihre genauere Betrachtung zeigt jedoch wiederum eine breite konzeptuelle Überschneidung mit Patientengruppen wie den sogenannten „Drehtürpatienten", den „neuen Langzeitpatienten", oder den „jungen erwachsenen chronischen Patienten" (Kent und Fogarty 1995). Entsprechend variieren die in der Literatur gebräuchlichen Definitionen für diese Patientengruppe stark (Tabelle 1). Als Folge hieraus ergibt sich die Frage nach einer geeigneten Definition eines „Heavy Users".

Das nach wie vor gebräuchlichste Kriterium hierfür ist eine überdurchschnittliche Rate an Rehospitalisationen innerhalb eines oft willkürlich gewählten Zeitabschnittes. Daß dieses Kriterium allein nicht zufriedenstellend ist, spiegelt sich in einer in der Literatur anhaltenden Diskussion über seine Gültigkeit wider (Kent und Fogarty 1995).

Argument gegen eine alleinige Betrachtung der Rehospitalisierungsraten ist unter anderen die Tatsache, daß eine Reihe von Patienten zwar

Tabelle 1. Eine Auswahl von Studien über „Heavy User" (HU) psychiatrischer Akutstationen

Studie	Stichprobe	Dauer d. Studie	Patientenmerkmale	Definition HU	Anteil HU
Abramowitz et al. 1984 (26)	psychiatrische Station Allgemeinkrankenhaus USA (1919 Patienten)	48 Monate	Alter k. A. Geschlecht k. A. Schizophrenie 30% Affektive Strg. 30% Persönlichkeitsstrg. 40%	1 Wiederaufnahme im Studienzeitraum	441 (23%)
Surber et al. 1984 (17)	psychiatrische Station Allgemeinkrankenhaus u. Notfallaufnahme USA (1200 Patienten)	12 Monate	Alter: Mittel: 33 Jahre Geschlecht: m 69% w 31% Schizophrenie 28% Affektive Strg. 23% Persönlichkeitsstrg. 9%	mehr als 3 Aufnahmen im Studienzeitraum	99 (8%)
Geller 1986 (28)	psychiatrisches Bezirkskrankenhaus USA (191 Patienten)	Stichtagserhebung	Alter: Mittel: 33 Jahre Geschlecht: m 42% w 58% Schizophrenie 42% Persönlichkeitsstrg. 58%	Quotient aus Anzahl Aufnahmen und Lebensalter; Analyse der Verteilung dieser Quotienten i. d. Stichprobe	12 (6%)
Hadley et al. 1990 (13)	Versorgungsregion eines Kostenträgers (Medicaid) New York State, USA (27846 Pat.)	24 Monate	Alter: 68% <39 Jahre Geschlecht m 47,5% w 52,5% Schizophrenie 44,6% Affektive Strg. 20,9% andere 34,5%	Patienten, deren Kosten den Durchschnitt der ges. Kosten für Akutbehandlung pro Jahr übersteigen	9016 (32%)
Junghan et al. 1999 (24)	4 Akutstationen eines psychiatrischen Krankenhauses Schweiz (1459 Patienten)	36 Monate	Alter: Mittel: 36 Jahre Geschlecht m 52% w 48% Schizophrenie 53% Affektive Strg. 23% Persönlichkeitsstrg. 9% Suchterkrankungen 9%	20% Patienten mit der höchsten Anzahl Behandlungstage aller im Studienzeitraum behandelten Patienten	292 (20%)

überdurchschnittlich häufig stationär in Akutabteilungen aufgenommen wird, jedoch durch die jeweils nur kurze Dauer dieser Aufenthalte keinen überdurchschnittlich hohen Anteil der insgesamt für stationäre Akutbehandlung aufgewendeten Kosten verursacht (Junghan et al. 1999). Außerdem weisen Studien, die Indikationsstellungen für stationäre Aufnahmen untersuchen, darauf hin, daß die Entscheidung, einen Patienten zu hospitalisieren, in erheblichem Umfang von Strukturmerkmalen des untersuchten Versorgungssystems beeinflußt wird (Rabinowitz et al. 1994). Schließlich erfolgt bei diesem Zugang die Zuordnung eines Patienten als „Heavy User" überwiegend in Abhängigkeit von der Länge des untersuchten Beobachtungszeitraums. Dies ist von besonderer Bedeutung, da individuelle Nutzungsmuster über den Verlauf der Zeit nur bei wenigen Patienten stabil zu bleiben scheinen (Hadley et al. 1992). Daß Wiederaufnahmeraten dennoch in der überwiegenden Anzahl der Untersuchungen über „Heavy Users" Verwendung finden, liegt vermutlich nicht zuletzt daran, daß sie ein relativ einfach und ohne methodische Schwierigkeiten zu erfassendes Maß darstellen (Rosenblatt und Mayer 1974).

Um den genannten Einwänden Rechnung zu tragen, wird von einer Reihe von Untersuchungen zusätzlich zur Wiederaufnahmerate die kumulative Dauer der stationären Akutbehandlung in einem umschriebenen Zeitraum verwendet. Dies schließt Patienten mit mehrfachen, jeweils nur sehr kurzen Hospitalisationen aus und berücksichtigt, daß zahlreiche der Patienten mit überproportional hoher Nutzung stationärer Akutversorgung (im Sinne einer langen kumulativen Aufenthaltsdauer in einem Zeitraum) mehrfache Rehospitalisationen aufweisen. Es bleibt hier allerdings eine Gruppe von Patienten ausgeschlossen, die in dem für die Definition gewählten Zeitraum nur einmal, aber dafür überproportional lange stationäre Akutbehandlung benötigt. Diese „neuen Langzeitpatienten" lassen sich jedoch kaum anhand reliabler Kriterien von Patienten mit überproportional hoher kumulativer Aufenthaltsdauer bei mehrfachen Aufnahmen unterscheiden. Eine eigene Untersuchung zeigt zudem, daß eine Reihe von Patienten im Verlauf ihrer Krankheitsentwicklung in einem Zeitabschnitt mehrfach und kumulativ überproportional lange aufgenommen wurden, im Verlauf jedoch ihr Nutzungsmuster ändern und weniger häufig, aber dafür jeweils sehr lange Einzelaufenthalte im stationären Akutbereich haben (Junghan et al. 1999). Stützt sich die Definition für „Heavy Users" demnach auf eine Kombination von Aufnahmerate und Aufenthaltsdauer, wird wiederum der für die Untersuchung gewählte Zeitabschnitt zum ausschlaggebenden Kriterium dafür, welche Patienten ausgewählt werden.

Wenige Untersucher haben den überproportional hohen Anteil direkter Behandlungskosten, den einzelne gegenüber der Mehrzahl von Patienten mit vergleichbaren Behandlungsbedürfnissen verbrauchen, als Charakteristikum herangezogen (Hadley et al. 1990, Holohean et al. 1991). Dieses Vorgehen trägt am ehesten einigen Schwächen der übrigen Definitionsversuche Rechnung, ist jedoch mit erheblichem Aufwand verbunden. Zudem ist es nur in Gesundheitssystemen mit zentraler Finanzierung von Behandlungsleistungen (etwa „Managed Care" in den USA) ohne Probleme möglich.

Ein weiterer, bisher kaum gebrauchter Zugang ist das fortlaufende „Monitoring" der Nutzung stationärer Akutbehandlung zur Identifikation von Patienten mit überproportionaler Inanspruchnahme. Untersuchungen über die Nutzung stationärer Behandlungseinrichtungen mit großen Fallzahlen zeigen auf, daß sich durchgehend ein Anteil von 20–30% der insgesamt behandelten Patienten durch das Ausmaß ihrer Nutzung deutlich abhebt (Häfner 1997). Werden „Heavy Users" demnach als der Prozentanteil der insgesamt in Behandlung stehenden Patienten definiert, die den höchsten Anteil der insgesamt für stationäre Akutversorgung innerhalb eines gewählten Zeitraums aufgewendeten Behandlungstage beanspruchen, bietet dies gegenüber konventionellen Definitionen Vorteile. Zwar wird hierdurch das Problem des für die Untersuchung gewählten „Zeitfensters" nicht beseitigt, es können jedoch eine Reihe anderer methodischer Probleme vermieden werden. Zum einen werden Patienten unabhängig von ihrem individuellen Nutzungsmuster berücksichtigt, zum anderen umgeht dieser Zugang das Dilemma einer eingeschränkten Brauchbarkeit von Definitionen von „Heavy Users" in unterschiedlichen Versorgungssystemen, das durch den Einfluß jeweils gegebener struktureller Besonderheiten (z.B. Praxis der stationären Einweisung, unterschiedliche Ausstattung des Versorgungssystems) entsteht. Außerdem ist dieses Vorgehen, wenn auch mit gering erhöhtem Aufwand, auf der Basis von administrativen Behandlungsdaten, auch bei Fehlen von Fallregistern, möglich. Einzelne Patienten, die sich durch das Ausmaß ihrer Nutzung deutlich von der Mehrzahl der behandelten Patienten abheben, können so frühzeitig im Krankheitsverlauf identifiziert werden, und die Möglichkeit individueller Behandlungsbedürfnisse kann am Einzelfall überprüft werden.

Heavy Users aus der Perspektive des Versorgungssystems

Aus den bisherigen Ausführungen ergibt sich, daß eine vorausschauende Identifizierung individueller Patienten, die sich im Verlauf ihrer Krankheitsgeschichte zu sog. „Heavy Users" entwickeln, anhand personenspezifischer Merkmale gegenwärtig praktisch kaum möglich ist. Die Eigenschaft, ein „Heavy User" einer oder mehrerer bestimmter Versorgungseinrichtungen zu sein, entsteht im Rahmen einer komplexen Interaktion zwischen individuellen Merkmalen eines Patienten, dessen jeweiliger Lebenssituation und den Charakteristika des zur Verfügung stehenden psychiatrischen Versorgungssystems. Neben der Möglichkeit, durch die Betrachtung einzelner Nutzungsmuster innerhalb einer abgrenzbaren Patientengruppe mit überdurchschnittlich hoher Inanspruchnahme retrospektiv das individuelle Nutzungsverhalten einzelner Patienten zu erfassen, bietet sich hier zusätzlich eine Betrachtung dieses Nutzungsverhaltens aus der Systemperspektive an. Der Begriff System meint hier ein aus mehreren miteinander in Interaktion stehenden Komponenten aufgebautes Gebilde, das gegenüber einer „äußeren Umgebung" abgegrenzt und beobachtet werden kann. Im Falle eines psychiatrischen Versorgungssystems kann dies sowohl eine einzelne Versorgungseinrichtung (z. B. eine Akutstation eines Krankenhauses) als auch der Verbund mehrerer Einrichtungen, etwa im Rahmen einer psychiatrischen Versorgungsregion, sein. Im Gegensatz zur Frage, welche Faktoren die individuelle Inanspruchnahme von Versorgungsleistung bei einzelnen Patienten bestimmen, steht hier die Suche nach „generellen Mustern" für das jeweils untersuchte Versorgungssystem im Vordergrund. Eine Betrachtung aus dieser Systemperspektive heraus bietet dabei die Möglichkeit, den Einsatz der für psychiatrische Versorgung zur Verfügung stehenden Ressourcen als „Ganzes" zu betrachten. Man gelangt so zu einer in Relation auf das speziell zu untersuchende Versorgungssystem abgeleiteten Definition von „überdurchschnittlich hoher Inanspruchnahme" (und damit von „Heavy Use"). Dies ist etwa für die

Frage, ob die zur Verfügung stehenden Mittel entsprechend den bestehenden Versorgungsbedürfnissen der zu behandelnden Patienten eingesetzt werden, von Bedeutung. Außerdem erlaubt diese Betrachtungsweise am ehesten, die Auswirkungen struktureller Veränderungen innerhalb eines Versorgungssystems zu erfassen.

Um das Ergebnis einer solchen Evaluation von Nutzungsverhalten für ein Versorgungssystem allgemein und vergleichbar darstellen zu können, ist es neben einer Definition von „Heavy Use" als prozentualer Anteil des Ausmaßes der insgesamt erfolgten Nutzung notwendig, ein Maß für die Verteilung (im Falle psychiatrischer Versorgung „Ungleichverteilung") von in Anspruch genommener Versorgungsleistung zur Verfügung zu haben. In der Literatur über den Umfang der Nutzung psychiatrischer Einrichtungen wurde bisher kein solches „Ungleichheitsmaß" eingesetzt, da sich die Evaluation überwiegend auf Muster individueller Behandlungsverläufe als Ergebnisvariablen beschränkte. In den Wirtschafts- und Sozialwissenschaften hingegen sind „Ungleichverteilungen" ein seit längerem beachtetes Phänomen. Im Umfeld dieser Disziplinen wurde eine Reihe von „Ungleichheitsmaßen" entwickelt, die zu einer systemübergreifenden Beschreibung von Ungleichverteilungszuständen herangezogen werden können (Marsh 1994). Eines dieser Ungleichheitsmasse, das auch für die Beschreibung der Inanspruchnahme stationärer psychiatrischer Versorgung geeignet erscheint, ist der sog. Gini-Index (Marsh 1994). Dieser Koeffizient beschreibt ganz allgemein das Ausmaß, in dem eine empirisch gefundene Verteilung einer Variablen von einer hypothetisch angenommenen, idealen „Gleichgewichtsverteilung" dieser Variablen abweicht. (Ein häufig gebrauchter Zusammenhang, in dem der Gini-Index herangezogen wird, ist beispielweise die Verteilung von Einkommen oder Besitz in verschiedenen Ländern). Der Gini-Index wird in Relation zur sogenannten „Lorenz-Kurve" bestimmt. Diese „Lorenz-Kurve" ist die grafische Darstellung der kumulativen Häufigkeitsverteilung einer nach zunehmender Ausprägung geordneten Variablen (Abb. 1). Der Gini-Index stellt dabei grafisch die Differenz zwischen der Fläche unter einer 45°-Linie, die eine absolute Gleichverteilung einer Variablen markiert, und der von der Lorenz-Kurve eingenommenen Fläche dar. Er kann numerische Werte zwischen 0 und 1 annehmen, wobei der Wert 0 eine vollkommene Gleichverteilung und der Wert 1 eine maximale Ungleichverteilung anzeigt. Der grafisch sehr anschauliche Index bietet allerdings in der Berechnung eine Reihe von Problemen, die im vorliegenden Rahmen nicht näher erläutert werden können.

Die Kenntnis des Prozentsatzes von Patienten, der den höchsten Anteil der stationären Behandlungstage beansprucht, sowie die zusätzliche Beschreibung der gleichzeitig bestehenden „Ungleichverteilung" bei der Inanspruchnahme stationärer Akutversorgung erlauben so, die Auswirkungen von „Heavy Use" innerhalb verschiedener Versorgungssysteme zu vergleichen.

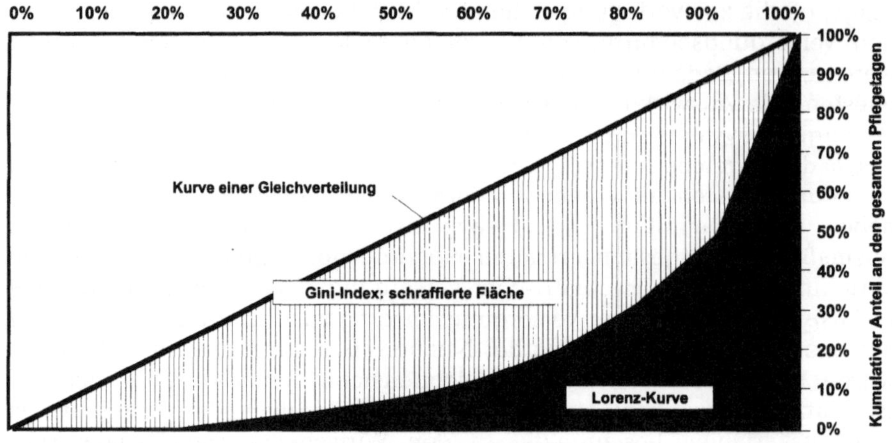

Abb. 1. Gini-Index und Lorenz-Kurve für die Verteilung der Aufenthaltsdauern

Eine eigene Untersuchung zum Nutzungsverhalten stationärer Akutversorgung

Im Rahmen einer größeren Studie zur Evaluation eines gemeindepsychiatrischen Behandlungsansatzes für „Heavy User" wurde das Nutzungsverhalten für Akutstationen im Bereich der Universitären Psychiatrischen Dienste Bern (UPD) von uns untersucht. Die Aufnahme- und Entlassungsdaten aller Patienten, die in der Zeit von Januar 1995 bis Dezember 1997 in den vier Akutabteilungen der UPD (vor 1996 der psychiatrischen Universitätsklinik Bern) stationär behandelt worden waren, wurden ausgewertet. Im Untersuchungszeitraum stationär behandelte Langzeitpatienten, die vor Januar 1995 aufgenommen worden waren, wurden für die Auswertung nicht berücksichtigt. Ebenso wurden Patienten, die zum Aufnahmezeitpunkt älter als 65 Jahre waren, für die vorliegende Auswertung nur berücksichtigt, wenn sie auf einer der allgemeinpsychiatrischen Akutstationen aufgenommen wurden und nicht auf einer gerontopsychiatrischen Spezialstation, was die Regel ist. Gleiches gilt für Patienten mit primärer Suchterkrankung.

In dieser Zeit erfolgten in den Akutstationen der UPD 2.234 stationäre Aufnahmen, die insgesamt 1.459 Patienten betrafen. Sowohl die Dauer der einzelnen Behandlungen als auch die Anzahl der Rehospitalisationen einzelner Patienten in diesem Zeitraum waren extrem ungleich unter der Gesamtzahl behandelter Patienten verteilt. Diese Ungleichverteilung bestand sowohl bezüglich der Häufigkeit von Rehospitalisationen als auch hinsichtlich der kumulativen stationären Behandlungsdauer im Untersuchungszeitraum (Abb. 2).

Allerdings wurde deutlich, daß nur etwa bei der Hälfte der Patienten, die im Untersuchungszeitraum mehrfach aufgenommen wurden, gemes-

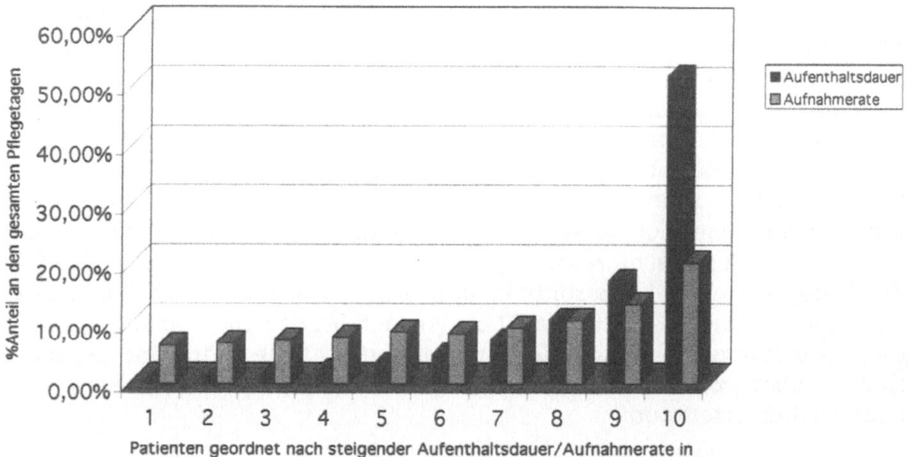

Abb. 2. Verteilung von Aufenthaltsdauer und Aufnahmeraten bei den auf Akutstationen der UPD Bern von 1995 bis 1998 behandelten Patienten (n = 1.459)

Tabelle 2. Vergleich von Patienten mit überproportional langer Behandlungsdauer auf Akutstationen mit jeweils einer bzw. mehreren stationären Aufnahmen (n = 305)

	1 stationäre Aufnahme	>2 stationäre Aufnahmen	
Durchschnittsalter: in Jahren	Männer/Frauen 35 / 37	Männer Frauen 36 / 38	
	n (%)	n (%)	Signifikanz
gesamt	120	185	
Männer:	64 (53,3)	93 (50,2)	NS
Frauen:	56 (46,7)	92 (49,8)	NS
Diagnose nach ICD 10:[1]			
organische Störungen:	1 (0,8)	2 (1,1)	NS
psychische u. Verhaltensstörungen durch psychotrope Sybstanzen	8 (6,7)	20 (10,8)	NS
Schizophrenie, schizotype und wahnhafte Störungen	59 (49,2)	102 (55,1)	NS
Affektive Störungen:	32 (26,7	38 (20,5)	NS
Persönlichkeits- und Verhaltensstörung	9 (7,5)	18 (9,7)	NS
andere	11 (9,2)	5 (2,7)	NS
Zweitdiagnose einer psychischen u. Verhaltensstörung durch psychotrope Substanzen:[2]	16 (13,3)	69 (37,3)	p<0,000

[1]$X^2=0{,}774$, df=1 Mantel-Haenszel-Trend-Test für lineare Assoziation
[2]$X^2=18{,}4$, df=1 Vier-Felder-X^2-Test mit Kontinuitätskorrektur

şen an der Anzahl benötigter stationärer Behandlungstage eine überproportional hohe Inanspruchnahme stationärer Akutversorgung vorlag. Unter den Patienten, die sich durch eine überproportional hohe Inanspruchnahme stationärer Akutversorgung auszeichneten, war im Untersuchungszeitraum eine Reihe nur einmal, dafür aber sehr lange hospitalisiert worden. Eine Unterscheidung zwischen Patienten mit überproportional hohem stationären Versorgungsbedarf mit nur einer Aufnahme und denen mit mehrfachen Aufnahmen war anhand von Variablen wie Diagnose, Alter, Geschlecht, Abhängigkeitserkrankung nicht möglich (Tabelle 2). Lediglich eine Komorbidität mit Suchtmittelproblematik (Hauptdiagnose der Diagnosegruppen F2 bis F6 nach ICD 10 und Nebendiagnose einer begleitenden Problematik durch mißbräuchliche Einnahme psychotroper Substanzen) war assoziiert mit einer höheren Aufnahmerate im Untersuchungszeitraum.

Schlußfolgerungen

Die Inanspruchnahme von Einrichtungen zur stationären psychiatrischen Akutbehandlung erfolgt in erheblich ungleichem Ausmaß. Unabhängig von individuellen Merkmalen psychiatrischer Versorgungseinrichtungen läßt sich aufzeigen, daß ein jeweils nur zahlenmäßig kleiner Anteil unter den psychisch Kranken, die stationäre Akutbehandlung benötigen, einen überproportional hohen Anteil der insgesamt aufgewendeten stationären Behandlungsleistungen beansprucht. Diese häufig als „Heavy Users" bezeichnete, in sich inhomogene Patientengruppe verdient aus Sicht der psychiatrischen Versorgungsplanung eine erhöhte Aufmerksamkeit. Zum einen ist das Ergebnis der stationären Akutbehandlung für diese Patientengruppe, gemessen an den hierfür aufgewendeten Mitteln, nicht zufriedenstellend, zum anderen läßt sich im Hinblick auf eine zunehmende Verknappung der finanziellen Ressourcen im Gesundheitswesen eine weitere Kostenreduktion im stationären Bereich ohne Einbußen in der Qualität psychiatrischer Versorgung nur erreichen, wenn für diese Patientengruppe sinnvolle Alternativen oder Ergänzungen zur stationären Akutversorgung entwickelt werden können. Die gegenwärtig größte Problematik bei der Entwicklung von geeigneten Behandlungsansätzen für „Heavy Users" besteht darin, daß bisher keine in der klinischen Praxis brauchbaren Patientenmerkmale identifiziert werden konnten, die eine frühe Vorhersage von überdurchschnittlicher Nutzung stationärer Akutversorgung für einzelne psychisch Kranke erlauben. Die „Eigenschaft", ein „Heavy User" stationärer Akuteinrichtungen zu sein, stellt sich eher als Ergebnis einer komplexen Interaktion zwischen Patientenmerkmalen, sozioökonomischen Variablen und spezifischen Strukturmerkmalen eines Versorgungssystems dar. Entsprechend bietet sich eine Definition für „Heavy Users" an, die einerseits das Nutzungsverhalten in Relation zum untersuchten Versorgungssystem berücksichtigt, andererseits einen Vergleich zwischen verschiedenen Versorgungssystemen erlaubt. Das Vorgehen, die Nutzung von Akutstationen fortlaufend zu erfassen und den prozentualen Anteil der insgesamt behandelten Patienten als „Heavy Users" zu definieren, die sich im Vergleich mit der gesamten versorgten Patientenpopulation durch eine überproportional hohe Inanspruchnahme auszeichnen, erscheint gegenwärtig der geeignetste Zugang. Als Richtwert ergibt sich aus den vorliegenden Literaturdaten, daß es sich, unabhängig vom untersuchten Versorgungssystem, dabei um etwa 20–30% aller stationär im Akutbereich behandelten Patienten handelt.

Diese Form der Identifizierung von „Heavy Users" läßt eine Bewertung aus zwei sich ergänzenden Perspektiven zu. Hier ist zum einen die Betrachtung individueller Patienten innerhalb der „Heavy-Users"-Gruppe und ihrer Versorgungsbedürfnisse, zum anderen die Betrachtung der Auswirkungen des unterschiedlichen Ausmaßes von Inanspruchnahme aus der Systemperspektive, die durch Hinzufügen eines geeigneten „Ungleichheitsmaßes" einen Vergleich zwischen verschiedenen oder sich im Zeitverlauf strukturell verändernden Versorgungssystemen erlaubt. Beide Perspektiven sind zentral für die zukünftige Weiterentwicklung einer bedarfsgerechten, qualitativ hochstehenden und dabei möglichst kostenbewußten psychiatrischen Regelversorgung.

Literatur

1. Rössler W, Salize HJ, Biechle U, Riecher-Rössler A (1994) Stand und Entwicklung der psychiatrischen Versorgung: Ein europäischer Vergleich. Nervenarzt 65: 427–437
2. Redick R, Witkin M, Atay J, Manderscheid R (1994) Availability of Psychiatric Beds, United States: Selected Years, 1970–1990. Mental Health Statistical Note 213, U.S. Department of Health and Human Services, 1–7
3. Bachrach LL (1996) Deinstitutionalisation: Promises, problems an prospects. In: Knudsen H, Thornicroft G (eds) Mental Health Service Evaluation. Cambridge University Press: Cambridge, pp 3–18
4. Brenner HD (1995) Stand der Diskussion zur Kosten-Effektivitätsfrage in der Gemeindepsychiatrie und Klinikpsychiatrie. Schweizer Archiv für Neurologie und Psychiatrie 146: 24–32
5. Knapp M, Chisholm JA, Astin J, Lelliott P, Audini B (1997) The cost consequences of changing the Hospital-community balance: the mental health residential care study. Psychological Medicine 27: 681–692
6. Goldberg D, Thornicroft G (1997) Crisis in London's mental health services Providing cash is not the only answer for ailing mental health services [letter]. Br Med J 314: 1279
7. Lamb HR (1993) Lessons learned from deinstitutionalisation in the US. Br J Psychiatry 162: 587–592
8. Shepherd G, Beadsmore A, Moore C, Hardy P, Muijen M (1997) Relation between bed use, social deprivation, and overall bed availability in adult acute psychiatric units and alternative residential options: a cross sectional survay on day census data and staff interviews. BMJ 314: 262–266
9. Thornicroft G, Bebbington P (1989) Deinstitutionalisation – from hospital closure to service development. Br J Psychiatry 155: 739–753
10. Bachrach LL (1986) The challenge of service planning for chronic mental patients. Commun Ment Health J 22: 170–174
11. Hadley TR, Culhane DP, McGurrin MC (1992) Identifying and Tracking „Heavy Users" of Acute Psychiatric Inpatient Services. Adm Policy Ment Health 19: 279–290

12. Semke J, Hanig D (1995) A State Management Planning System for Adressing High Levels of Use of Inpatient Psychiatric Services. Psychiatric Services 46: 238–242
13. Hadley TR, McGurrin MC, Pulice RT, Holohean EJ (1990) Using fiscal data to identify heavy service users. Psychiatric Quarterly 61: 41–48
14. Holohean EJ, Pulice RT, Donahue S (1991) Utilization of Acute Inpatient Psychiatric Services „Heavy Users" in New York State. Adm Policy Ment Health 18: 173–181
15. Kent S, Fogarty M (1995) A review of studies of „Heavy Users" of psychiatric services. Psychiatric Services 46: 1247–1253
16. Surles RC, McGurrin MC (1987) Increased Use of Psychiatric Emergency Services. Hospital and Community Psychiatry 38: 401–405
17. Surber RW, Winkler EI, Montelone M, Havassy BE, Goldfinger SM, Hopkin JT (1987) Characteristics of High Users of Acute Psychiatric Inpatient services. Hospital and Community Psychiatry 38: 1112–1114
18. Lamb HR (1982) Young Adult Chronic Patients: The New Drifters. Hospital and Community Psychiatry 33: 468
19. Bachrach LL (1982) Young adult chronic patients – an analytical review of the literature. Hospital and Community Psychiatry 33: 189–197
20. Bachrach LL (1984) The concept of young adult chronic psychiatric patients: Questions from a research perspective. Hospital and Community Psychiatry 35: 573–580
21. Caspar ES, Romo JM, Fasnacht R (1991) Readmission Patterns of Frequent Users of Inpatient Psychiatric Services. Hospital and Community Psychiatry 42: 1166–1167
22. Casper ES (1995) Identifiying Multiple Rezidivists in a State Hospital Population. Psychiatric Services 46(10): 1074–1075
23. Kastrup M (1987) Prediction and profile of the long-stay population: A nation-wide cohort of first time admitted patients. Acta psychiatr Scand 76: 71–79
24. Junghan U, Tschacher W, Pfammatter M, Brenner HD (1999) Die ungleiche Inanspruchnahme stationärer psychiatrischer Akutversorgung: Eine zentraler Aspekt für die gemeindepsychiatrische Versorgungsplanung (eingereicht zur Publikation)
25. Kent S, Yellowlees P (1994) Psychiatric and social reasons for frequent rehospitalization. Hospital and Community Psychiatry 45: 347–350
26. Abramowitz S, Tupin J, Berger A (1984) Multivariate Prediction of Hospital Readmission. Comprehensive Psychiatry 25 (1): 71–76
27. Pigott HE, Trott L (1993) Translating research into practice: The implementation of an in-home crisis intervention triage and treatment service in the private sector. Am J Med Qual 8(3): 138–144
28. Geller JL (1986) In again, out again: a preliminary evaluation of a state hospital's worst recidivists. Hospital and Community Psychiatry 37: 386–390
29. Franklin JL, Kittredge LD, Thraser JH (1975) A survey of factors related to mental hospital readmissions. Hospital and Community Psychiatry 26: 749–751
30. Green J (1988) Frequent rehospitalization and noncompliance with treatment. Hospital and Community Psychiatry 39: 963–966
31. Harris M, Bergmann H, Bachrach LL (1986) Psychiatric and nonpsychiatric indicators for rehospitalization in a chronic patient population. Hospital and Community Psychiatry 40: 958–960
32. Joyce PR (1985) Illness behavior and rehospitalization in bipolar affective disorder. Psychological Medicine 15: 521–525
33. Rosenblatt A, Mayer JE (1974) The recidivism of mental patients: a review of past studies. Am J Orthopsychiatry 44: 697–706
34. Korkeila J, Lehtinen TT, Helenius H (1998) Frequently hospitalised psychiatric patients: a study of predictive factors. Soc. Psychiatry Psychiatr Epidemiol 33: 528–534
35. Haywood TW, Kravitz H, Grossman L, Cavanaugh J, Davis J, Lewis D (1995) Predicting the „Revolving Door" Phenomenon Among Patients with Schizophrenic Schizoaffective and Affective Disorders. Am J Psychiatry 152: 856–861

36. Havassy B, Hopkin JT (1989) Factors predicting Utilization of Acute Psychiatric Inpatient Services by Frequently Hospitalized Patients. Hospital and Community Psychiatry 40(8): 820–823
37. Kastrup M (1987) Who became a revolving door patient: Findings from a nation-wide cohort of first time admitted psychiatric patients. Acta psychiatr Scand 76: 80–88
38. Schwartz SR, Goldfinger SM (1981) The New Chronic Patient: Clinical Charac-teristics of an Emerging Subgroup. Hospital and Community Psychiatry 32: 470–474
39. Hoffmann H, Wyler A, Kupper Z (1993) Young adult chronic patients – empirical results on subgroups and age. Psychopathology 26: 266–273
40. Sheets JL, Prevost JA, Reihman J (1982) Young Adult Chronic Patients – Three Hypothesized Subgroups. Hospital and Community Psychiatry 33: 197–203
41. Klinkenberg D, Calsyn R (1996) Predictors of receipt of aftercare and recidivism among persons with severe Mental illness: A review. Psychiatric Services 47: 487–496
42. Okin RL (1983) The future of state hospitals: should there be one? Am J Psychiatry 140(5): 577–81
43. Caton C, Gralnick A (1987) A Review of Issues Surrounding Length of psychiatric Hospitalization. Hospital and Community Psychiatry 38: 858–863
44. Lelliott P, Wing J, Clifford P (1994) A National Audit of New Long-Stay Psychiatric Patients I: Method and Description of the Cohort. Br J Psychiatry 165: 160–169
45. Häfner H (1997) Ein Vierteljahrhundert Rehabilitation psychisch Kranker in Deutschland. Gesundheitswesen 59: 69–78
46. Budson RD (1994) Community residential and Partial Hospital Care: Low-Cost alter-native Systems in the spectrum of care. Psychiatric Quarterly 65(3): 209–220
47. Brenner HD, Junghan U, Pfammatter M (1999) Gemeindeintegrierte Akutbehand-lung: Möglichkeiten und Grenzen. (eingereicht zur Publikation)
48. Quinlivan R, McWhirter D (1996) Designing a Comprehensive Care Program for High-Cost Clients in a Managed Care Environment. Psychiatric Services 47: 813–817
49. Rabinowitz J, Mordechai M, Slyuzberg M (1994) How Individual Clinicians Make Admission Decisions in Psychiatric Emergency Rooms. J Psychiat Res 28(5): 475–482
50. Marsh MT (1994) Equity measurement in facility location analysis: A review and framework. Eur J Operational Research 74: 1–17

Probleme der Labordiagnostik in der Psychiatrie – ausgewählte Aspekte

K. Petereit und K. Peter

Klinik für Psychiatrie und Psychotherapie, Klinikum Erfurt GmbH,
Erfurt, Deutschland

1. Einleitung

Das Problem der Labordiagnostik ist in jedem Fachgebiet der Medizin aktuell. So stellt sich häufig die Frage, welche Laboruntersuchungen bei welcher Krankheit sinnvoll sind und in welchem Labor neuere Spezialuntersuchungen durchgeführt werden können.

Um den Problemen aus dem Weg zu gehen, verläßt sich der Arzt oft auf weit gefächerte Routineuntersuchungen und ergänzt diese spontan durch einige Parameter, beruhend auf individueller Erfahrung und Erinnerung an aktuell Gelesenes.

Manchmal ist das Ergebnis erschreckend, da die gefundenen pathologischen Parameter mit den Symptomen nicht in Einklang zu bringen und die Spezialuntersuchungen wider den Erwartungen normal sind und desweiteren gerade die eine wichtige Untersuchung vergessen wurde.

Hinzu kommen die speziellen Probleme der Labordiagnostik in der Psychiatrie. Einerseits gibt der Patient nicht immer wegweisende Auskunft über Symptome und andererseits, allerdings selten, wehrt sich der Arzt gegen organische Ursachen einer psychischen Krankheit.

Im folgenden werden einige ausgewählte Aspekte und Probleme der Labordiagnostik in der Psychiatrie vorgestellt.

2. Routine, erweiterte Routine und Standards

2.1 Routine

Die Routineuntersuchungen im Blut sind diejenigen, die bei jedem Patienten bei Aufnahme vorgenommen werden sollten. Diese Blutuntersuchungen sind genauso unverzichtbar wie Anamnese, psychopathologischer Befund, internistischer und neurologischer Status sowie EKG.

Mit den Routineuntersuchungen können nicht alle Eventualitäten erfaßt, sondern nur die wirklich elementaren Parameter untersucht werden.

So ist es z. B. wenig hilfreich, das Differentialblutbild bestimmen zu lassen, wenn man mit den häufig nur „wenig auffälligen" Parametern im

Tabelle 1. Routineblutuntersuchungen

* Blutbild

* Glucose

* ALAT, ASAT, γ-GT

* Kreatinin, Harnstoff

* Natrium, Kalium, Kalcium, Chlorid

* BSG, CRP

* TSH (zusätzlich nur bei Frauen und „alten" Patienten)

Alltag wenig anfangen kann. Natürlich sollte auch nicht ganz auf die Routineparameter verzichtet werden.

Es bestehen verschiedene Auffassungen, welche Parameter zu den Routinewerten gehören. Das liegt daran, daß die Routineparameter sich nach den verschiedenen Ansprüchen und Krankheitsschwerpunkten der jeweiligen Klinik richten.

Über die Notwendigkeit der ersten in Tabelle 1 genannten Parameter (bis einschließlich BSG) besteht unserer Ansicht nach weitgehend Einigkeit. Problematisch erscheint die Notwendigkeit der Bestimmung von Schilddrüsenparametern und Luesmarkern. Die beiden häufigen Schilddrüsenfunktionsstörungen, die Hyperthyreose und die Hypothyreose, ebenso wie die Neurolues, können zu vielfältigen psychischen Symptomen führen und auf diese Weise einige psychiatrische Krankheiten vortäuschen. Dennoch wird die Notwendigkeit als Routineuntersuchung nicht selten in Frage gestellt.

Die in Tabelle 2 genannten psychopathologischen Auffälligkeiten legen nahe, daß man bei Verzicht auf die Schilddrüsenparameter Gefahr läuft, einen Patienten möglicherweise falsch zu behandeln.

Andererseits weisen z. B. Leo et al. (1997) darauf hin, daß ein routinemäßiges Schilddrüsenscreening ungerechtfertigt und nur in den Fällen sinnvoll ist, in denen sich allgemeinklinisch Hinweise auf eine Schilddrüsenfunktionsstörung ergeben.

Tabelle 2. „Psychopathologie" bei Hyper- und Hypothyreose (mod. nach Awad 1986)

HYPERTHYREOSE	HYPOTHYREOSE
• Angst und Anspannung	• Verlangsamung kognitiver Funktionen
• Emotionale Instabilität	• Antriebs- und Interessenverlust
• Reizbarkeit und Ungeduld	• Merkfähigkeitsstörungen
• Überaktivität	• Ungeordnetes Denken
• Erhöhte Geräuschempfindlichkeit	• Intellektuelle Einbußen
• „Fluktuierende" Depression	• Paranoid gefärbte Depression
• Psychotische Episode (selten)	• Psychose
• Delirium (selten)	• Demenz (selten)

Wir haben uns auf Basis unserer klinischen Erfahrung dafür entschieden, bei Frauen und bei Patienten jenseits des 60. Lebensjahres ein Schilddrüsenscreening zur Routine werden zu lassen.

Auch dem Problem des Luesscreenings sollte man sich stellen. Die Frage nach der Notwendigket des Luesscreenings ist eine Frage der Epidemiologie und des Zeitgeistes. Berichte über die Zunahme der Lueserkrankungen in den 80er Jahren in den USA, das gehäufte Auftreten in Kombination mit HIV-Infektionen und Fallberichte mit den verschiedensten psychopathologischen Symptomen sind unserer Ansicht nach nicht ausreichend, sich für ein generelles Luesscreening auszusprechen. Es sollte jedoch innerhalb der Differentialdiagnostik nicht vergessen werden.

Weiterhin stellt sich die Frage, ob ein Borreliosescreening sinnvoll ist. Diese Erkrankung tritt vor allem in endemischen Gebieten wesentlich häufiger als die Lues auf und kann sich primär ebenfalls mit psychiatrischen Symptomen manifestieren. Zwar liegt eine Reihe von Arbeiten über psychopathologische Veränderungen bei Neuroborreliose vor, jedoch keine verläßlichen Zahlen über die Häufigkeit und Wertigkeit der Neuroborreliose als Ursache psychischer Krankheiten und Symptome. Somit kann die Borreliosediagnostik bisher noch nicht als Routineuntersuchung empfohlen werden.

2.2 Erweiterte Routine

Die erweiterte Routine sind diejenigen Parameter, die je nach Syndrom oder Krankheit eine anerkannte Wertigkeit oder Spezifität haben und zusätzlich zu den Routineparametern bestimmt werden sollten.

Ebenso wie bei der Routineuntersuchung ist bei der „erweiterten Routine" kein wilder Aktionismus angezeigt. Der Übergang von einzelnen Zusatzparametern zu erweiterten Routinen ist fließend. Die „erweiterten Routinen" werden dem individuellen Anspruch der Patienten auf ausreichende Diagnostik eher gerecht als die alleinigen Routineuntersuchungen.

Der Vorteil dieser durchdachten erweiterten Untersuchungen liegt insbesondere in der Notfall- und Aufnahmesituation, da man seltener etwas übersieht, Zeit spart und sich rasch einen Überblick über die organischen Differentialdiagnosen verschaffen kann. Als Beispiel seien hier die notwendigen Untersuchungen bei Patienten mit „Alkoholproblemen" angeführt (Tabelle 3).

Tabelle 3. Erweiterte Routine „Alkoholismus"

- P-Amylase

- Lipase

- Äthanol

- CDT

- Gerinnungsparameter

Genauso wie beim „Alkoholismus" sollte man sich über die notwendigen Untersuchungen z. B. bei einem geriatrischen, drogenabhängigen oder deliranten Patienten einig sein.

2.3 Standards

Bezüglich Standards in der Labordiagnostik müssen zwei Probleme unterschieden werden. Zum einen das Problem der Standardisierung einer bestimmten Laboruntersuchung und zum anderen ein Standard von notwendigen Untersuchungen bei bestimmten Krankheiten oder Symptomen.

Die Standardisierung einer bestimmten Laboruntersuchung ist sicherlich nicht allein das Problem des Labors. So führen gerade die Untersuchungen mit neueren Markern und Parametern häufig zu unterschiedlichen Ergebnissen und des weiteren zu Verunsicherungen des Untersuchers. Dieses liegt meistens an unterschiedlichen Untersuchungstechniken und Schwellenwerten.

Um das Problem zu lösen, muß erstens die angewandte Methode für jeden nachvollziehbar sein und zweitens müssen die Ergebnisse vergleichbar werden. Allerdings ist dies nur im regelmäßigen Austausch und bei anhaltender Diskussion möglich, was hinsichtlich der Laboruntersuchungen in der Psychiatrie derzeit nicht der Fall ist. Bis auf weiteres kann man sich bezüglich einiger weniger Untersuchungsmethoden auf die Mitteilungen der Deutschen Gesellschaft für Liquordiagnostik und Klinische Neurochemie berufen, welche allerdings bei weitem nicht ausreichend die Probleme der psychiatrischen Labordiagnostik behandeln.

Das andere Problem ist der Standard für die notwendigen Laboruntersuchungen bei den verschiedenen Krankheiten und Syndromen. Bei manchen Krankheiten kann man sich auf die Empfehlungen der Consensus Reports stützen, wobei die Labordiagnostik meistens nur beiläufig Erwähnung findet. Im folgenden soll die Labordiagnostik der Demenz näher diskutiert werden.

3. Labordiagnostik der Demenz

In einigen Übersichtsarbeiten zur Demenz (1) findet man eine Reihe von Laborparametern, die immer wieder zur Untersuchung empfohlen werden.

Auf den ersten Blick erscheinen diese Parameter (Tabelle 4) sinnvoll und ausreichend. Zu beachten ist jedoch, daß die verschiedenen Demenzformen (58% Alzheimer-Demenzen, 31,5% vaskuläre Demenzen, 10,5% andere Demenzen (Bachman et al. 1992, Wells 1978), unterschiedliche Ansprüche an eine Labordiagnostik stellen. So kann mit den in Tabelle 4 genannten allgemein bekannten Parametern allenfalls ein Teil der reversiblen Demenzen und dieser auch nur unvollständig erfaßt werden.

Selbstverständlich gibt es Übersichtsarbeiten, die bezüglich der Labordiagnostik wesentlich differenzierter sind, siehe Tabelle 5.

Wegen der unterschiedlichen empfohlenen Laborparameter ist für die Labordiagnostik der Demenz ein Standard möglicherweise sinnvoll. Es

Tabelle 4. Häufig empfohlene Routineparameter bei der Demenz

- Urinstatus
- Blutbild
- BSG
- Elektrolyte
- Retentionswerte
- Leberenzyme
- Schilddrüsenparameter
- Vitamin B12
- Luesserologie

Tabelle 5. Obligatorische und fakultative Laboruntersuchungen nach J. Bauer (1994)

Klinisch-chemisches Labor:

obligatorisch: Blutsenkung, Differentialblutbild, Elektrolyte, Leberwerte, Retentionswerte, Glukose, CRP, T3, T4, TSH, Vitamin B12, Folsäure
fakultativ: Parathormon, Kupfer, Coeruloplasmin

Serologisch-immunologische Untersuchungen:

obligatorisch: Luesserologie
fakultativ: ANA, ANCA, Phospholipid-Antikörper; Virusserologie

Liquordiagnostik (nicht obligatorisch, aber wünschenswert):
Zellzahl, Albumin-Quotient, IgG-Quotient

sollte darauf geachtet werden, daß die meisten in Frage kommenden Krankheiten auch tatsächlich mit den Laborwerten erfaßt werden oder zumindest Hinweise auf eine der häufigsten Demenzformen gefunden werden. Somit müssen die Laborparameter auf die Alzheimer-Demenz, vaskuläre Demenz und reversible Demenz abgestimmt sein.

3.1 Alzheimer-Demenz

Pathophysiologisch spielen bei der Alzheimer-Demenz diverse Proteine und genetische Faktoren eine Rolle, einige lassen sich direkt oder indirekt laborchemisch erfassen. Dabei müssen genetische, serologische und Untersuchungen des Liquor cerebrospinalis voneinander unterschieden werden. Derzeit spielen die serologischen Parameter eine untergeordnete, meistens nur experimentelle Rolle, weswegen nicht weiter darauf eingegangen wird.

3.1.1 Genetische Untersuchungen

Bevor genetische Untersuchungen durchgeführt werden, muß sich der Untersucher der ethischen Probleme solcher Tests bewußt sein. So sind bei den genetischen Untersuchungen bezüglich der Alzheimer-Demenz grund-

sätzlich zwei Untersuchungsarten zu unterscheiden. Das eine sind die prädiktiven genetischen Untersuchungen, daß heißt, mit diesen Tests kann bei
klinisch unbetroffenen Personen mit einer Wahrscheinlichkeit von 100 %
vorausgesagt werden, ob sie eine Alzheimer-Demenz entwickeln oder
nicht. Dies kann bei autosomal dominant vererbten Erkrankungen der Fall
sein.

Das andere sind die Untersuchungen zum genetischen Risikopotential,
wie z. B. die Untersuchungen auf die ApoE-ε4-Isoform.

3.1.1.1 „Präsenilin 1", „Präsenilin 2", Amyloidvorläuferprotein (APP)

Zur Zeit sind 3 autosomal dominante Gene der Alzheimer-Krankheit gut
dokumentiert. Bei allen handelt es sich um Punktmutationen. Das
Krankheitsgen auf Chromosom 14 bezeichnet man als „Präsenilin 1" (hier
sind die verschiedensten Punktmutationen bekannt), das auf Chromosom 1
„Präsenilin 2". Auch im Gen für das APP sind Mutationen bekannt, die zu
familiären Alzheimer-Demenzen führen. Bei den einigen hundert Familien,
in denen eine dieser drei Mutationen identifiziert werden konnte, handelte
es sich meistens um „Präsenilin 1"-Mutationen, bei den anderen beiden
sind nur wenige Familien identifiziert. Bei denen mit Mutationen des
„Präsenilin 2" handelt es sich um Familien wolgadeutscher Abstammung.
Meistens beginnen die genetisch bedingten Alzheimer-Demenzen „früh".
Somit sind die diesbezüglichen Untersuchungen bei Patienten jenseits des
50. Lebensjahres und selbstverständlich bei „negativer" Familienanamnese
wenig aussichtsreich (Crowdon 1999).

3.1.1.2 Apolipoprotein E

Das Apolipoprotein-E (ApoE) ist ein Protein, welches an der Steuerung der
Blutfette beteiligt ist. Bezüglich der Alzheimer-Demenz ist es interessant, da
es auch bei der Bildung der senilen Plaques eine Rolle spielt. Untersuchen
lassen sich die verschiedenen Allele des Gens (auf Chromosom 19) für
ApoE, von denen nur das ε4-Allel einen relativen Risikofaktor der Alzheimer-
Demenz darstellt. Das relative Risiko bei Anwesenheit des ε4-Alles
(Homozygote) ist größer als 10 (Zubenko et al. 1999, Slooter et al. 1998).
Übereinstimmung besteht darin, daß die Apolipoprotein-E-Genotypisierung
zur Zeit eine der wichtigsten Untersuchungen bezüglich der Risikofaktoren
der Alzheimer-Demenz ist, aber nur zusammen mit klinischen Kriterien
seine Spezifität gewinnt (Mayeux et al. 1998).

3.1.2 Untersuchungen des Liquor cerebrospinalis

Liquordiagnostische Untersuchungen bilden die Basis der Diagnostik
einer Alzheimer-Demenz. Keine Liquordiagnostik bei dementiellen
Erkrankungen durchzuführen ist nur in den Fällen zu rechtfertigen, in
denen andere Untersuchungen fast zweifelsfrei eine ätiologische Klärung
erbracht haben.

3.1.2.1 Tau-Protein

Das Tau-Protein ist ein kleines phosphorhaltiges Protein, welches an der Stabilisierung zellulärer Transportstrukturen beteiligt ist und sich im Liquor cerebrospinalis mit mittlerweile kommerziellen ELISA-Kits nachweisen läßt. Das Tau-Protein ist bei Alzheimer-Patienten im Vergleich zu gesunden Kontrollpersonen mit einer hohen Sensitivität (95%) und Spezifität (97%) erhöht (Buch et al. 1998), wobei sich allerdings in der Abgrenzung zu anderen Demenzen noch keine Testmodifizierung etabliert hat. Die Vorteile der Bestimmung des Tau-Proteins liegen zum einen darin, daß das Tau-Protein im Verlauf der Erkrankung stabil bleibt (Sunderland et al. 1999, Andreasen et al. 1999). Zum anderen ist es schon zu einem sehr frühen Zeitpunkt der Erkrankung erhöht, einem Zeitpunkt, an dem leichte kognitive Defizite noch erhebliches differentialdiagnostisches Kopfzerbrechen bereiten können.

3.1.2.2 Beta-Amyloid(1-42)

Das Beta-Amyloid führt bei der Alzheimer-Krankheit, wahrscheinlich schon vor klinischem Erkrankungsbeginn, zu den typischen pathologischen Ablagerungen in der Hirnrinde. Zur Messung der Beta-Amyloid-Liquor-Konzentration gibt es noch widersprüchliche Ergebnisse, was an den schon unter 1.3 genannten Gründen wie Technik, cut off und auch Studiendesign liegt. Betrachtet man nur neuere Studien, so berichten Andreasen et al. (1999) von einer signifikanten Erniedrigung des Beta-Amyloid(1-42)-Spiegels bei AD im Vergleich zur Kontrollgruppe und keiner Veränderung im Verlauf der Krankheit. Hulstaert et al. (1999) berichten genauso von einer Erniedrigung des Beta-Amyloid(1-42)-Spiegels und Jensen et al. (1999) von einer Erhöhung bei Patienten mit früher sporadischer Alzheimer-Krankheit und einer Abnahme der Konzentration im Verlauf der Krankheit. Zur Zeit kann man noch keine Empfehlung aussprechen, das Beta-Amyloid(1-42) routinemäßig bei Demenzen im Liquor cerebrospinalis zu bestimmen, es sei denn, das untersuchende Labor kann überzeugende Ergebnisse vorlegen.

3.1.2.3 AD7C-NTP

Der NTP(neural thread protein)-Spiegel, speziell ein 41-kD-Peptid mit dem Namen AD7C-NTP, soll mit einer Sensitivität von 87% und einer Spezifität von 90% bei Alzheimer-Demenz erhöht sein (Monte et al. 1997). Der AD7C^{TM}-Test ist zur Zeit noch kritisch zu beurteilen, obwohl er recht valide zu sein scheint. Die Veröffentlichungen zum Test stammen fast ausschließlich aus einer Arbeitsgruppe, der Test ist recht teuer und wird offensiv von der Hersteller-Firma vermarktet. Möglicherweise ist es jedoch ein Test, der sich etablieren wird und wegen der hohen Spezifität auf jeden Fall erwähnenswert ist.

3.2 Vaskuläre Demenz

Es gibt keinen laborchemischen Parameter, der sicher zur Diagnose einer vaskulären Demenz führt, sieht man von molekulargenetischen Untersuchungen zum Nachweis z. B. des CADASIL-Syndromes ab. Wesentlich

Tabelle 6. Vaskuläre Demenz verursachende Krankheiten und ihre Labordiagnostik

* Lipidstoffwechselstörungen:
  Cholesterin, HDL, LDL, Triglyceride, Homocystein
* Kollagenosen:
  BSG, Rheumafaktoren, ANAs, ANCAs, Lupusantikoagulans,
  paraneoplastische AK
* Gerinnungsstörungen:
  Quick, PTT, AT III, Fibrinogen, Protein S u. C, APC-Resistenz
* Diabetes mellitus:
  Glukose, HbA_{1C}, Glukose im Urin

ist, daß die vaskuläre Demenz eine sekundäre Krankheit ist und die Risikofaktoren hierfür untersucht werden müssen, um ein Fortschreiten der Krankheit zumindest etwas eindämmen zu können. Zum anderen ist in der Demenzdiagnostik immer daran zu denken, daß Demenzen anderer Ätiologie durch eine zusätzliche vaskuläre Komponente verschlechtert werden können.

Wir sind der Auffassung, daß mit einigen wenigen Parametern Hinweise auf die meisten vaskulären Krankheitsursachen zu finden sind (Tabelle 6).

Diese Untersuchungen sind unserer Ansicht nach bei jeder Demenz unverzichtbar, da die Ergebnisse enorme therapeutische Konsequenzen haben können.

3.3 Reversible Demenzen

Die sogenannten reversiblen Demenzen (Tabelle 7) sind häufig nicht reversibel, vielmehr sind die Ursachen dieser Demenzen reversibel und bieten

Tabelle 7. Potentiell reversible Demenzen modifiziert nach Ackermann (1998)

1. **Zerebrale Erkrankungen und Läsionen:**
   Morbus Wilson, multiple Sklerose, Infektionskrankheiten.

2. **Zerebrale Hypoxie:**
   Pneumonien, chronisch-obstruktive Lungenerkrankungen.

3. **Metabolische und endokrinologische Störungen:**
   Hyper- und Hypothyreoidismus, Hypo- und Hyperglykämie, Phäochromozytom,
   Elektrolytstörungen (Kalium, Natrium), Azidose, Leberversagen, Mangelzustände,
   z. B. Avitaminosen, Porphyrie.

4. **Hämatologische Erkrankungen:**
   Polyzythämie und andere Hyperviskositätssyndrome, schwere Formen der Anämie.

5. **Kollagenerkrankungen und Vaskulitiden:**
   Sarkoidose, systemischer Lupus erythematodes, Arteriitis temporalis,
   Polyarteriitis nodosa.

6. **Intoxikationen:**
   Äthyl- oder Methylalkohol, Schwermetalle (Quecksilber, Blei, Arsen),
   Kohlenmonoxid, organische Phosphate, Medikamentenüberdosierung
   (Herzglykoside, Betablocker, Antihypertensiva (Clonidin, Prazosin), Phenytoin,
   Psychopharmaka (Sedativa, Antidepressiva, Neuroleptika, Lithium,
   Anticholinergika, Analgetika).

somit zumindest einen Ansatzpunkt, die dementielle Entwicklung zu stoppen oder in manchen Fällen tatsächlich zu heilen. Für den Labordiagnostiker sind die reversiblen Demenzen ein großes Be(s)tätigungsfeld, da die meisten ursächlichen Krankheiten labordiagnostisch erfaßt werden können.

ad 1: Beim Morbus Wilson ist der Coeruloplasmin- und Gesamtkupfergehalt des Serums erniedrigt und die Kupferausscheidung im Urin erhöht. Multiple Sklerose wird als Ursache einer Demenz immer wieder genannt, spielt allerdings diagnostisch keine Rolle, da zum Zeitpunkt des Auftretens von kognitiven Defiziten im Sinne einer Demenz die Diagnose schon gestellt sein dürfte. Interessant bei den zerebralen Erkrankungen sind die Infektionen, besonders ist auf HIV, Lues und Borreliose hinzuweisen. Zum Beweis einer spezifischen ZNS-Infektion ist selbstverständlich immer die Liquorpunktion durchzuführen, weil nur durch diese das infektiöse Agens nachgewiesen werden kann.

ad 2: Bei pulmonalen Krankheiten, die zu einer Hypoxie führen können – insbesondere ist bei kognitiven Defiziten an chronisch hypoxische Zustände zu denken –, steht sicherlich die Labordiagnostik nicht an erster Stelle. Blutgasanalysen können allerdings in manchen Fällen der erste wegweisende Befund sein.

ad 3: Die Stoffwechselerkrankungen und endokrinologischen Störungen sind geradezu prädestiniert, labordiagnostisch erfaßt zu werden. Dabei ist nicht nur an die Serumuntersuchungen zu denken, sondern auch an die Urinuntersuchungen, wie z. B. bei der Porphyrie. Dabei müssen der klinische Untersuchungsbefund und die Anamnese über die Ausführlichkeit der Untersuchungen entscheiden.

ad 4: Viele der hämatologischen Erkrankungen werden schon mit den Routineuntersuchungen erfaßt, manche erst durch Spezialuntersuchungen.

ad 5: Hinweise auf eine der vielen Kollagenerkrankungen und Vaskulitiden findet man mit einer kleinen Palette von Zusatzuntersuchungen, wie schon unter Punkt 3.2 angeführt (BSG, Rheumafaktoren, ANAs, ANCAs, Lupusantikoagulans, paraneoplastische AK).

ad 6: Bei Patienten, die eine dementielle Entwicklung aufweisen, handelt es sich meistens um ältere Patienten, die häufig viele Medikamente einnehmen, welche alleine oder in Kombination zu Nebenwirkungen oder auch demenzähnlichen Intoxikationen führen können. Außerdem sollte immer daran gedacht werden, daß Alter nicht vor Substanzmißbrauch schützt („geriatrische Junkies") und immer eine toxikologische Untersuchung des Serums und des Urins in Erwägung gezogen werden muß.

Tabelle 8. Vorläufiger Laborstandard Demenz

Serum: Blutbild, Glukose, HbA_{1C}, ALAT, ASAT, γ-GT, Ammoniak, Kreatinin, Harnstoff, Natrium, Kalium, Kalzium, Chlorid, Magnesium, Kupfer, Coeruloplasmin, Phosphat, PTH, P-Amylase, Lipase, Äthanol, CDT, TSH, BSG, CRP, Rheumafaktoren, ANAs, ANCAs, Lupusantikoagulans, paraneoplastische AK, Quick, PTT, AT III, Fibrinogen, Protein S u. C, APC-Resistenz, Cholesterin, HDL, LDL, Triglyceride, Homocystein, Vitamin B1, B12, Folsäure, Niacin, TPHA, Borrelien-, HIV-, Herpes-, Masern- und Rötelantikörper oder -antigen, (Plasmodien, Trypanosomen).

Liquor cerebrospinalis: Zellzahl, Gesamteiweiß, Lactat, Glukose, Immunglobuline, oligoklonale Banden, TPHA, Borrelien-, HIV-, Herpes-, Masern- und Rötelantikörper oder -antigen, NSE, Tau-Protein, S100b-Protein, (Protein 14-3-3).

Urin: Glukose, Kalzium, Phosphat, Kupfer, Porphyrine, Delta-ALS, Kortisol.

Toxikologie: Medikamenten- und Drogenscreening, Medikamentenspiegel.

Genetische Untersuchungen: ApoE-ε4-Allel, Präsenilin 1.

3.4 Laborstandard Demenz

Bei den in Tabelle 8 genannten Laborparametern stellen sich die beiden Fragen, ob erstens so viele Laborparameter notwendig sind und zweitens ob diese Untersuchungen als Standard zu bezeichnen sind. Bei der ersten Frage ist klarzustellen, daß so viele Untersuchungen nie notwendig sind. In den wenigsten Fällen erscheinen genetische Untersuchungen als sinnvoll. Außerdem müssen diejenigen Parameter nicht untersucht werden, die für Krankheiten stehen, welche man klinisch ausschließen kann. Entscheidet man sich gegen eine Liquoruntersuchung, so reduzieren sich die Untersuchungen auf nur noch „wenige" Parameter. Andererseits ist immer daran zu denken, was man will, und zwar diagnostische Sicherheit und eine therapeutische Grundlage.

Die Frage, ob es sich bei Tabelle 8 um einen etablierten Standard handelt, ist einfach, und zwar mit nein, zu beantworten. Es handelt sich zunächst noch um ein nicht ganz vollständiges Sammelsurium von Laborparametern, die zwar wohldurchdacht sind, aber dennoch nur eine Einzelmeinung darstellen und ein Standard nur im Konsensus als solcher bezeichnet werden sollte.

4. Infektionsdiagnostik am Beispiel der Borreliose

Jeder kennt die Borreliose und kann spontan einige Symptome und Syndrome mit ihr assoziieren. So auch der Patient, der mit einer bunten Symptomkonstellation und der Frage, ob er nicht an einer Borreliose leide, den Fachmann (Arzt) aufsucht. Dieser nimmt Blut ab und findet Borrelien-Antikörper, die ihn die Diagnose einer Borreliose stellen läßt, und behandelt den Patienten unter Umständen erfolgreich. Hatte der Patient überwiegend psychopathologische Symptome, sind dem Untersucher gleich zwei elementare, eventuell folgenschwere Fehler unterlaufen.

Tabelle 9. Psychiatrische Symptome und Krankheiten bei Neuroborreliose (Fallon et al. 1992, 1993, 1995; Voelker 1989; Loggian et al. 1990; Pfister et al. 1993; Ackermann et al. 1989)

Krankheiten:
Anorexia nervosa, bipolare Störungen, Demenz, Depression, Panikattacken, schizophreniforme und andere Psychosen.

Symptome:
depressive Stimmung, Desorientierung, Merkfähigkeitsstörungen, Konzentrationsstörungen, Reizbarkeit, Aggressivität, Tagesmüdigkeit, Schlafstörungen, Wortfindungsstörungen.

Erstens bedeuten positive Antikörper-Titer, auch wenn der IgM-ELISA positiv ist (gerade dieser Test ist sehr kreuzreagibel), nicht gleich frische, behandlungsbedürftige Borreliose, und zweitens kann eine Neuroborreliose, die für die meisten psychopathologischen Symptome verantwortlich ist, nur durch eine Liquoruntersuchung bewiesen werden. Abgesehen davon ist die psychopathologische Symptomatik bei der Neuroborreliose so vielfältig und eher unspezifisch, daß zunächst doch an andere, wahrscheinlichere Diagnosen gedacht werden muß.

Von den vielfältigen psychiatrischen Symptomen und Syndromen der Neuroborreliose werden in Tabelle 9 einige genannt. Zu den psychiatrischen Manifestationen hat Fallon mehrere ausführliche Arbeiten veröffentlicht (Fallon et al. 1992, 1993, 1995), die in ihrer Zusammenschau die meisten Aspekte der Problematik abhandeln. Allerdings geht Fallon nicht auf die „Lyme disease Hysteria" (Voelker 1989) ein.

Neuropsychologische Untersuchungen belegen eine Abnahme der Symptome nach antibiotischer Behandlung (Halperin et al. 1988).

In der folgenden Tabelle 10 nennen wir Möglichkeiten, eine Neuroborreliose als Ursache psychiatrischer Krankheiten zu erkennen.

Handelt es sich um die Erstmanifestation einer Psychose, kommt nicht nur die Borreliose in Frage, sondern man sollte selbstverständlich auch an andere Infektionen denken (s. Tabelle 11).

Tabelle 10. Vorgehen, eine Neuroborreliose als Ursache einer psychiatrischen Krankheit zu erkennen

---

1. Bei nicht ganz typischen (selbstverständlich auch typischen) Symptomkonstellationen und Verdacht auf eine organische Ätiologie kann eine Borreliose vorliegen.

2. Klärung, ob die Möglichkeit (Endemiegebiet) und Hinweise (Stich, Erythem usw.) auf eine Infektion bestehen.

3. Fahndung nach auch nur diskreten fokal neurologischen Defiziten und Herdsymptomen, auch durch Zusatzuntersuchungen wie EEG.

4. Untersuchungen des Liquor cerebrospinalis und Serums in einem qualifizierten Labor.

Tabelle 11. Ausgewählte Infektionserreger, die Ursache einer psychiatrischen Krankheit sein können (mod. n. Fallon 1995)

Bakterien	β-hämolysierende Streptokokken, Pneumokokken, Haemophilus, Meningokokken, Leptosiren, Borrelien, Treponemen, Mykobakterien und Tropheryma whippelii
Viren	Coxsackie-, Zytomgalie-, Entero-, Epstein-Barr-, Herpes simplex, Human immunudeficiency, Influenza-, Masern-, Papova-, Polio-, Tollwut- und Toga-Viren.
Protozoen	Toxoplasmen und Plasmodien
Pilze	Cryptococcus, Coccidioides, Histoplasma
Parasiten	Taenien (Zystizerkose)

5. Liquordiagnostik

Es ist daran zu erinnern, daß neben dem Neurologen Nonne der Psychiater Nissl die Liquordiagnostik etabliert hat, also Kollegen aus den beiden Fachgebieten, in denen die Liquordiagnostik auch heute noch wesentlicher Bestandteil der Diagnostik ist. Die Liquordiagnostik schien allerdings im Fachgebiet der Psychiatrie zeitweise in Vergessenheit geraten und erst im Rahmen der Demenzdiagnostik wiederentdeckt worden zu sein. Heute in der Zeit der atraumatischen Punktionsnadeln und der Zeit, in der kaum noch ein Patient die Liquorpunktion (LP) mit einer Pneuencephalographie assoziiert, gibt es keine Gründe, einer LP ablehnend gegenüber zu stehen.

Die Liquordiagnostik ist in jedem Fall anzustreben, wenn ein Krankheitsbild unklar ist, es hirnorganische Hinweise gibt sowie bei Erstmanifestation von Psychosen in atypischem Alter.

Die Liquordiagnostik und die zu untersuchenden Parameter unterscheiden sich nicht von denen in der Neurologie.

Unverzichtbar sind Zellzahl und -differenzierung, Gesamteiweiß, Lactat, Glukose, Immunglobuline und oligoklonale Banden.

Die routinemäßige Untersuchung von Infektionsparametern macht keinen Sinn und ist erst bei begründetem Verdacht auf eine ZNS-Infektion oder auffälligen Liquorparametern, wie Zellzahlerhöhung oder „positiven" oligoklonalen Banden anzuraten. Welche Infektionsparameter untersucht werden sollten, ist problematisch und sollte immer individuell entschieden werden (z. B. TPHA, Borrelien-, HIV-, Herpes-, Masern- und Rötelantikörper oder -antigen).

Ob weitere Untersuchungen, die zum Teil recht teuer sind, durchgeführt werden müssen, richtet sich nach der Fragestellung (z. B. NSE, Tau-Protein, S100b-Protein, Protein 14-3-3).

6. Zusammenfassung

Psychiatrische Patienten, vor allem solche mit eingeschränktem Bewußtsein, Störung der Orientierung, des Affektes, der Merkfähigkeit, Konzentration und des Denkens, können oft nicht mehr über zusätzlich bestehende Krankheiten berichten, was unter Umständen lebensbedrohlich ist.

In manchen Fällen stellt sich sogar die „organische" Krankheit als Ursache der psychopathologischen Symptome heraus, was oft nur labordiagnostisch erfaßt werden kann. Das Wichtigste an der Labordiagnostik ist, daß man sich die Bedeutung der verschiedenen Parameter in Erinnerung ruft und deren Nutzen für den Patienten erkennt.

Führt man Laboruntersuchungen durch, dürfen selbstverständlich die Infektionskrankheiten, wie z. B. Borreliose, nicht vergessen werden. Hin und wieder sollte auch eine Liquoruntersuchung in Erwägung gezogen werden. Ein Problem ist allerdings eine noch mangelhafte Standardisierung der Laboruntersuchungen in der Psychiatrie.

Literatur

1. Practice parameter for diagnosis and evaluation of dementia. (summary statement) Report of the Quality Standards Subcommittee of the American Academy of Neurology. Neurology 44(11):2203–2006, 1994 Nov
2. Bachman DL, Wolf PA, Linn R, Knoefel JE, Cobb J, Belanger A, D'Agostino RB, White LR (1992) Prevalence of dementia and probable senile dementia of the Alzheimer type in the Framingham Study. Neurology 42(1):115-119
3. Wells CE (1978) Chronic brain disease: an overview. Am J Psychiatry 135(1):1-12
4. Buch K, Riemenschneider M, Bartenstein P, Willoch F, Mueller U, Schmolke M, Nolde T, Steinmann C, Guder WG, Kurz A (1998) Tau-Protein: Ein potentieller biologischer Indikator zur Früherkennung der Alzheimer-Krankheit. Nervenarzt 69(5):379-385
5. Awad AG (1986) The Thyroid and the Mind and Emotions/Thyroid Dysfunction and Mental Disorders. Thyrobulletin 7 (3)
6. Leo RJ, Bottermann-Fauce JM, Pickhardt D, Cartagena M, Cohen G (1997) Utility of thyroid function screening in adolescent psychiatric inpatients. J Am Acad Child Adolesc Psychiatry 36(1):103-111
7. Bauer J (1994) Klinische Diagnostik und Therapiemöglichkeiten der Demenz vom Alzheimer-Typ. Fortschr Neurol Psychiatr 62(11):417-432
8. Zubenko GS, Winwood E, Jacobs B, Teply I, Stiffler JS, Hughes HB 3rd, Huff FJ, Sunderland T, Martinez AJ (1999) Prospective study of risk factors for Alzheimer's disease: results at 7.5 years. Am J Psychiatry 156(1):50-57
9. Slooter AJ, Cruts M, Kalmijn S, Hofman A, Breteler MM, van Broeckhoven C, van Duijn CM (1998) Risk estimates of dementia by apolipoprotein E genotypes from a population-based incidence study: the Rotterdam Study. Arch Neurol 55(7):964-968
10. Mayeux R, Saunders AM, Shea S, Mirra S, Evans D, Roses AD, Hyman BT, Crain Bl (1998) Utility of the apolipoprotein E genotype in the diagnosis of Alzheimer's disease. N Engl J Med 338(8):506-511
11. Growdon JH (1999) Biomarkers of Alzheimer Disease. Arch Neurol 56(3):281-283
12. Sunderland T et al (1999) Longitudinal stability of CSF tau levels in Alzheimer patients. Biol Psychiatry 46(6):750-755
13. Andreasen N et al (1999) Sensitivity, spezificity, and stability of CSF-tau in AD in a community-based patient sample. Neurology 53(7):1488-1494
14. Andreasen N, Hesse C, Davidsson P, Minthon L, Wallin A, Winblad B, Vanderstichele H, Vanmechelen E, Blennow K (1999) Cerebrospinal fluid beta-amyloid(1–42) in Alzheimer disease: differences between early- and late-onset Alzheimer disease and stability during the course of disease. Arch Neurol 56(6):673-680
15. Hulstaert F, Blennow K, Ivanoiu A, Schoonderwaldt HC, Riemenschneider M, De Deyn PP, Bancher C, Cras P, Wiltfang J, Mehta PD, Iqbal K, Pottel H, Vanmechelen E,

Vanderstichele H (1999) Improved discrimination of AD patients using beta-amyloid(1–42) and tau levels in CSF. Neurology 52(8):1555–1562

16. Jensen M, Schroeder J, Blomberg M, Engvall B, Pantel J, Ida N, Basun H, Wahlund LO, Werle E, Jauss M, Beyreuther K, Lannfelt L, Hartmann T (1999) Cerebrospinal fluid A beta42 is increased early in sporadic Alzheimer's disease and declines with disease progression. Ann Neurol 45(4):504–511

17. Monte SM, Ghanbari K, Frey WH, Beheshti I, Averback P, Hauser SL, Ghanbari HA, Wands JR (1997) Characterization of the AD7C-NTP cDNA expression in Alzheimer's disease and measurement of a 41-kD protein in cerebrospinal fluid. J Clin Invest 100(12):3093–3104

18. Ackermann H (1998) Demenz. In: Brandt T, Dichgans J, Diener HC (Hrsg) Therapie und Verlauf neurologischer Erkrankungen. Kohlhammer: Stuttgart, Berlin, Köln

19. Fallon BA, Nieds JA, Burrascano JJ, Liegner K, DelBene D, Liebowitz MR (1992) The neuropsychiatric manifestations of Lyme Borreliosis. Psychiatr Q 63(1):95–117

20. Fallon BA, Schwartzberg M, Bransfield R, Zimmerman B, Scotti A, Webber C, Liebowitz M (1995) Late-stage neuropsychiatric Lyme Borreliosis differential diagnosis and treatment. Psychosomatics 36: 295–300

21. Fallon BA, Nields JA, Parson B, Liebowitz MR, Klein DF (1993) Psychiatric manifestations of Lyme Borreliosis. J Clin Psychiatry 54(7):263–268

22. Voelker R (1989) Separating symptoms from Hysteria. Am Med News 22(29):9–11

23. Loggian EL et al (1990) Chronic neurologic manifestations of Lyme Disease. N Engl J Med 323:1438–1444

24. Pfister HW et al (1993) Catatonic syndrome in acute severe encephalitis due to Borrelia burgdorferi infection. Neurology 43:433–435

25. Ackermann R et al (1989) Chronic neurologic manifestations of Erythema migrans borreliosis. Ann N Y Acad Sci 539:16–23

26. Halperin JJ, Pass HL, Anand AK, Luft BJ, Volkman DJ, Dattwyler RJ (1988) Nervous system abnomalities in Lyme Disease. Ann N Y Acad Sci 539:24–34

Die Schwierigkeiten mit den psychiatrischen Lehr-, Lern- und Studienbüchern – ein unsystematischer Überblick

K. Peter und K. Petereit

Klinik für Psychiatrie und Psychotherapie, HELIOS Klinikum Erfurt, Deutschland

1. Einleitung

Angeregt zu der vorliegenden Publikation wurden wir durch zwei Arbeiten von Hoffmann-Richter (1997). In diesen Texten wurde eine umfangreiche Analyse der deutschsprachigen psychiatrischen Lehrbücher vorgenommen.

Die Autorin stellte fest, daß 1990 drei Lehrbücher, zwei Kompendien, zwei Repetitorien und ein Kultbuch auf dem Buchmarkt angeboten wurden, 1996 hatte sich diese Zahl mindestens verdoppelt. So war es ihr möglich, 13 Bücher zu rezensieren. In ihrer Einteilung verweist sie auf sechs Lehrbücher, drei Kompendien, zwei etablierte und eine Unzahl nicht etablierter Repetitorien, ein Kult- und ein Handbuch. Die schon im Vergleich der Jahre 1990 und 1996 zu beobachtende Entwicklung der Vervielfachung des psychiatrischen Lehrbuchangebotes hat sich in den letzten Jahren fortgesetzt, sogar noch beschleunigt.

Ende 2000 fanden sich auf dem Markt inzwischen mindestens 27 deutschsprachige Lehr-, Lern- und Studienbücher. In der vorliegenden Arbeit wurde der Lehrbuchbegriff im weitesten Sinne angewandt und zusätzlich um die oben genannten Begriffe von Lern- und Studienbuch erweitert, da sie einerseits selbst von den Autoren in die Literatur eingeführt wurden, andererseits der Begriff des Lehrbuches unscharf ist und sich nur schwer abgrenzen läßt. Diese Gegebenheiten haben dazu geführt, daß ein kaum überblickbares Angebot an psychiatrischer Aus- und Weiterbildungsliteratur zur Verfügung steht. Für die im psychiatrischen und psychotherapeutischen Fach Tätigen und Auszubildenden sowie auch Interessenten aus den Nachbardisziplinen ergeben sich naturgemäß erhebliche Schwierigkeiten, eines ihren Bedürfnissen gerecht werdendes Buch zu finden.

Im vorliegenden Text soll aufgrund der Analyse der auf dem Markt erhältlichen Werke dazu Hilfestellung gegeben werden.

Nicht unerwähnt bleiben soll auch ein deutlich zunehmendes Angebot psychiatrischer Lehrinhalte in audiovisuellen Medien, die aber in dieser Analyse nicht berücksichtigt werden.

2. Anforderungen und Buchbewertungen

2.1 Allgemeine Aspekte

Die Autoren des vorliegenden Textes haben bezüglich der Kriterien von Lehrbuchinhalten und in Vorbereitung der Erarbeitung dieser Übersicht eine Vielzahl von Literaturquellen nachgesehen.

Neben Recherchen in den üblichen Datenbanksystemen wurden auch insbesondere Internetrecherchen durchgeführt, z. B. der Deutsche Bildungsserver nachgesehen und eine Vielzahl von Lektoren im medizinischen Fachbuchbereich konsultiert. Außerdem wurden Empfehlungen von studentischen Fachschaften berücksichtigt, die im Internet Hinweise zum Erwerb von psychiatrischen Lehrbüchern unter Berücksichtigung von Kosten-Nutzen-Aspekten geben.

Im Ergebnis all dieser Arbeiten läßt sich zusammenfassend feststellen, daß einheitliche Kriterien für die Gestaltung von medizinischen Lernbüchern, insbesondere psychiatrischen Lehrbüchern, nicht zu finden sind.

Obwohl in der Literatur viele Hinweise zur Effektivitätsbeurteilung des Lehrbetriebes an Universitäten und Hochschulen gegeben werden, scheint die Bewertung von Lehrmaterialien, insbesondere Büchern, davon praktisch ausgeschlossen zu sein. Lediglich zwei Literaturverweise konnten gefunden werden, die dem Anliegen, zumindest in Teilaspekten, entsprechen.

In Abb. 1 sind die Merkmale hinsichtlich von Buchbewertungen, die als Publikation des Thieme-Verlages erhältlich war, zusammengestellt.

1. Technische Qualität
Testbücher, Papier, Einband und Bindung, Satzspiegel,
Gesamtbewertung

2. Allgemeine Kriterien
Sprache, Gliederung und Schrift, Abbildungen, Tabellen,
Fotos, Inhaltsverzeichnis und Register
Gesamtbewertung

3. Lernerfolg
Eignung, Lernhilfen, Anteil der lösbaren Examensfragen,
Gesamtwertung

4. Inhaltlicher Vergleich
Inhalt insgesamt, Wertung, Einzelwertung,
Gesamtwertung

5. Unterm Strich
Gesamtwertung, Preis-Leistungs-Vergleich

Abb. 1. Buchbewertung (nach Via medici, Thieme Verlag, Stuttgart 1998)

Diese Kriterien, die auf Lehr- und Lernbücher abzielen, umfassen neben Kennzeichen der technischen Qualität allgemeine Merkmale, aber auch den Lernerfolg, die inhaltliche Ausgestaltung und eine Gesamtbewertung, in die auch das Preis-Leistungs-Verhältnis eingeht.

Diese Übersicht ist eher nach Marketinggesichtspunkten gestaltet und vermeidet natürlich die sonst üblichen wissenschaftlichen Angaben. Nichtsdestoweniger dient sie auch als Anhalt beim Vergleich der hier einbezogenen Bücher.

Auch in einem Werbematerial des Springer-Verlages von 1998, das zur Verfügung gestellt wurde, finden sich Hinweise zum Kauf von Lehrbüchern (Abb. 2). Hier handelt es sich um kundenorientierte Befragungen, die zum Teil am Design der Lehrbücher orientiert sind.

	sehr wichtig			unwichtig	
Didaktik	□	□	□	□	□
Preis	□	□	□	□	□
Autorenrenommee	□	□	□	□	□
positive Besprechungen	□	□	□	□	□
Inhalt an GK orientiert	□	□	□	□	□
farbige Abbildungen	□	□	□	□	□
fester Umschlag	□	□	□	□	□

Was hat Sie zum Kauf des vorliegenden Lehrbuches bewogen?

□   die Empfehlung eines Dozenten
□   die Empfehlung eines Kommilitonen
□   stand schon lange auf meiner Wunschliste
□   habe ich im Buchhandel gesehen und spontan gekauft

Was hat Ihnen am vorliegenden Lehrbuch gefallen? _______________________

____

____

Was hat Ihnen gefallen? ____

____

____

Wie wichtig sind Ihnen folgende didaktische Lernhilfen?

	sehr wichtig			unwichtig	
Kapiteleinleitungen	□	□	□	□	□
merksatzartige Überschriften	□	□	□	□	□
Fallbeispiele	□	□	□	□	□
Randspalten	□	□	□	□	□
Lernhilfen auf beigelegter Diskette	□	□	□	□	□

Abb. 2. Kriterien beim Kauf von Lehrbüchern (Werbematerial, Springer 1998)

Mit Abb. 3 fassen wir die Problematik in einigen wenigen Merksätzen zusammen.

 ♦   **wenige systematische Anforderungen**

 ♦   **keine Lehrbuchleitlinien**

 ♦   **keine gesicherten Qualitätsstandards**

 ♦   **erhebliche Autorenkreativität**

 ♦   **Gestaltungsspielräume der Designs**

Abb. 3. Definitorische Anforderungen – Lehr-, Lern- und Studienbücher

2.2 Spezielle Einteilungen

Wie schon in der Einleitung erläutert, haben wir in unserer Arbeit den klassischen Lehrbuchbegriff um die Aspekte Lern- und Studienbuch erweitert, da keine vollständig zutreffenden definitorischen Abgrenzungen vorliegen. Hoffmann-Richter (1997) hat zur Definition des Lehrbuchbegriffes den Brockhaus genutzt und dort den Verweis auf „Denkstil" gefunden. Danach soll nicht nur durch das Lehrbuch der Wissensstoff vermittelt werden, sondern Denkrichtungen und Arbeitsweisen der Autoren nahegebracht werden. Unabdingbar mit den Problematiken der Definitionen sind die Charakteristika der Bücher verbunden, die zum Teil in den Einleitungen beschrieben oder in anderer Weise von den Autoren gekennzeichnet werden. Das umfaßt auch die Begriffe von Kompendium und Repetitorium. In unserer Übersicht haben wir sechs Bücher als Kompendien oder alleinige Kompendien und neun Bücher als Repetitorien oder Bücher mit Repetitoriumscharakter klassifiziert. Nur wenige Bücher haben jedoch nach unseren Kriterien, angelehnt an die Autoren, die gleichzeitige Bewertung als Kompendium und Repetitorium erhalten. Sehr interessant sind die durch die Verfasser gewählten Titel der Bücher. Von den 27 Büchern, die der jetzigen Analyse zugrunde gelegt wurden, verwendeten acht Autorengruppen in den Titeln die Bezeichnung Lehrbuch. Der Begriff des Kompendiums wurde in originärer Weise nur durch Stafford-Clark und Smith (1991) sowie Freyberger und Stieglitz (1996) verwandt, während nur einmal durch Gastpar et al. (1996) der Begriff des Repetitoriums in den Titel aufgenommen wurde. Bei Möller et al. (1996) gehört das Repetitorium zur marginalen Ausstattung, das heißt, es ist grundlegendes Gestaltungsprinzip der dualen Reihe.

Von einzelnen Autoren wurden zum Teil völlig neue Begrifflichkeiten geprägt, die bisher zur Benennung der Bücher in der Psychiatrie nicht zu finden waren. So bezeichnen Dilling et al. (2001) ihr Buch als Basiswissen für Psychiatrie und Psychotherapie. Es finden sich ebenso Charakteristiken als Buch zum Gegenstandskatalog wie bei Frank (2000) oder als Leitfaden bei Friedemann und Thau (1992) oder auch Möller (2000). Ebert und Loew (1997) nennen ihr Buch „Psychiatrie systematisch". Häfner (1991) charakterisiert sein Buch als „Lesebuch für Fortgeschrittene". Huber (1999) wählt ausdrücklich die Bezeichnung „Lehrbuch für Studium und Weiterbildung". Durch Laux und Möller (1998) wird der Begriff „MEMO" eingeführt, von Payk und Thamer (1998) und auch Schöpf (1995) wird der „Praxisbegriff" verwandt. Möglicherweise sollen mit diesen neueren Bezeichnungen und Ergänzungen der Titel die Zielgruppen definitiver angesprochen und erreicht werden. Dies entspricht der Entwicklung der Gewohnheiten auf dem allgemeinen Lehrbuchmarkt.

2.3 Praktische Gesichtspunkte

Auch in Hoffmann-Richters erster Arbeit von 1997 wird das Kapitel „Praktisches" eingeführt und sich dabei zu Beginn mit der Preissituation auseinandergesetzt. Da wir einer anderen Gliederung folgen, wollen wir uns hier im wesentlichen nur mit den Preis-Leistungs-Gesichtspunkten befassen.*

Während Hoffmann-Richter noch die Preise zwischen 32 und 148 DM beschreiben konnte, fanden wir in unserer Liste das teuerste Buch mit annäherungsweise 300 DM von Möller et al. (2000). Weitere Bücher über 150 DM oder in deren Nähe waren die von Berger (1999), Faust (1995) und der mit hinzugenommene Förstl (1997).

Bei den neueren Büchern wurden in die Preisregion um 50 DM Dilling et al. (2001), Ebert und Loew (1997), Frank (2000) mit 44 DM, Freyberger und Stieglitz (1996) mit 52 DM, Haring (1995) mit annähernd 50 DM und noch weitere eingeordnet.

In einer Reihe von anderen Büchern fand sich ein Spektrum zwischen 70 und 150 DM, z.B. bei Machleidt et al. (1999). Eine sinnvolle Bewertung dieser geforderten Preise muß unbedingt mit den Zielstellungen und Inhalten der Bücher und den Designs verknüpft werden. Die teuersten Bücher dieser Übersicht haben auch das Ziel, praktisch kompakt ein facharztnahes Publikum zu erreichen und sind unter diesen Aspekten sicher auch vom preislichen Aufwand her vertretbar.

Bücher unter 50 DM mit eher studentischer und Anfängerklientel in den Fachgebieten sind entsprechend diesen Zielausrichtungen preislich angemessen.

---

* nach EURO-Einführung werden sich die Preise halbieren.

3. Aufbau und Inhalte

3.1 Überblick

Im Folgenden soll, nachdem schon einzelne Aspekte erläutert wurden, in einem Überblick das hier erfaßte Gesamtangebot vorgestellt werden.

Dieses, als Teil I des Literaturverzeichnisses (siehe Anlagen 2) plaziert, haben wir unter Nutzung der Arbeiten von Hoffmann-Richter (1997) und Verfolgung unserer Grundgedanken nach einer alphabetischen Ordnung der Angebote zusammengestellt. Diese Übersicht dient damit zu einer ersten Orientierung in Auseinandersetzung mit dem Angebot. Um die Spannweite der psychiatrischen Studienliteratur zu verdeutlichen, ist auch ein solches Buch wie der Crashkurs von Grüner aufgenommen worden. Mit der Aufnahme des Lehrbuches der Gerontopsychiatrie und des Lesebuches für Fortgeschrittene unterstreichen wir die Tendenz, daß auch Teilgebiete des Faches Psychiatrie inzwischen lehrbuchmäßig dargestellt werden können. Hier dürfen Tendenzen der Separierung im Fachgebiet, die sicher auch in Zukunft noch zunehmen werden, nicht außer acht gelassen werden.

Mit Tabelle 1 (siehe Anlage 1) geben wir dann einen Überblick über den Charakter der Bücher, wobei wir uns für eine Auswahl entschieden haben.

In dieser Tabelle werden Format und Seitenzahl der erfaßten Bücher sowie die Zielgruppen – wie sie insbesondere in den Vorworten erwähnt werden – bestimmt, der Buchcharakter, sowohl aus Autorensicht als auch Bewertung in der vorliegenden Arbeit benannt.

Auffällig ist, daß praktisch bei allen Büchern fast immer auch Studierende angesprochen werden, und sei es für Teilkapitel in den vorliegenden Werken. Ansonsten sollen viele Zielgruppen erreicht werden, die am besten zu jedem Buch in unserer Übersicht nachgesehen werden können.

3.2 Grundgedanken und Gliederungen

Für die Verfasser stellen die in Tabelle 2 (siehe Anlage 1) mitgeteilten Grundgedanken, die wir als Leitideen zu beschreiben versucht haben, wesentliche Merkmale der vorliegenden Lernliteratur dar. Nirgendwo sonst können die individuellen Anliegen der Autoren der Bücher deutlicher gemacht werden. Der Blick auf die Leitideen zeigt, daß sowohl in der Tradition der Neurowissenschaften und deren Integration Bücher entstehen, wie von Andreasen und Black (1999), als auch solche mit sehr klinikrelevanten Leitideen, wie zum Beispiel von Ebert und Loew (1997). Mit den Leitideen, die zum Teil von den Autoren selbst formuliert wurden bzw. von uns herausgestellt werden konnten, zeigen die Verfasser ihre Sicht auf Psychiatrie und Psychotherapie. Sie demonstrieren, inwieweit ihre Auffassungen kongruent den gegenwärtigen klinischen Klassifikationsmöglichkeiten sind oder ob sie selbst in originärer Weise eigene Sichtweisen einbringen und diese zum Beispiel auch an die neueren Vorgaben in den Fachgebieten adaptieren. Praktisch in allen Büchern wird deutlich (insbesondere in den Auflagen aus den letzten Jahren), daß zwangsläufig die

Orientierungen an der ICD-10, zum Teil auch am DSM-IV oder an Querverweisen zum DSM-IV, in den deutschsprachigen Büchern unabdingbare Notwendigkeiten geworden sind, um diese für ein Ausbildungs- oder Informationspublikum nützlich zu machen. Diejenigen Autoren, die in irgendeiner Weise an Systematiken vorheriger Auflagen festhalten, begründen dies meist ausführlich. Zum Beispiel vertritt Tölle die Auffassung, daß ein Lehrbuch nicht den Klassifikationsschemata folgen könne und in der klinischen Wirklichkeit auch andere Dinge erlebbar wären, als sie in Lehrbüchern vermittelt werden könnten. Doch ganz im Gegensatz dazu finden sich auch relativ stringente Orientierungen an den neuen Klassifikationsleitlinien, wie zum Beispiel bei Schöpf. Gerade deswegen hat er sein Buch in der besonderen Herausforderung, das erste ICD-10-orientierte Buch zu gestalten, herausgegeben. Obwohl verschiedene Autoren zeigen, daß Psychotherapie schon immer eminenter Bestandteil ihres Denkens oder ihrer Werke gewesen ist, fordert die Neuausrichtung der Facharztausbildungen eine noch konsequentere Darbietung dieser Inhalte. Auch dem wird in unterschiedlichster Weise nachgekommen.

Das Verhältnis ausgewiesener Kapitel zueinander zeigen wir mit Tabelle 3. (siehe Anlage 1). Zuerst werden die grundlegenden Kapitel in ihren Dimensionen aufgelistet, dann klinische Abschnitte berücksichtigt und schließlich die Therapien eingeführt. Insbesondere der Umfang der Psychotherapien und deren Verhältnis zur Somatotherapie unterscheidet die genannten Entwicklungstendenzen in dieser Fachliteratur.

3.3 Schwerpunkte und Besonderheiten

Neben den Leitideen, die wir als wesentliche grundlegende Merkmale der Bücher beschrieben haben, vertiefen die speziellen Aspekte und Besonderheiten die individuellen Charakteristiken jeden Buches. In Tabelle 4 (siehe Anlage 1) haben wir ergänzende Kapitel für wichtige Bücher der späten neunziger Jahre zusammengestellt, diese präzisiert, um besondere Aktualitäten oder Fokussierungen, die uns aufgefallen waren, und den – soweit vorhandenen – Anhang eingeschlossen. Kein Buch gleicht dem anderen. Die vielfältigen Unterschiede, die bereits bei den Leitideen deutlich wurden, werden hier praktisch fortgeschrieben. Trotzdem lassen sich z. B. bei den ergänzenden Kapiteln gewisse Muster erkennen, die sich z. B. um Probleme von Suizidalität, Notfallpsychiatrie, den Konsiliardienst, die Kinder- und Jugendpsychiatrie oder auch forensische Aspekte zentrieren. Selbstverständlich ist es in den umfangreicheren Büchern besser möglich, Erweiterungen vorzunehmen. Ganz wichtig für die klinische Arbeit sind auch klinisch-praktische Ergänzungen, wie die sich bei Laux und Möller (1998) findende Paraklinik mit neuen Entwicklungen, die Evidence-Based Medicine oder das Qualitätsmanagement. Andere Bücher werden durch entsprechend interessante Kapitel zur Psychoedukation, Selbsthilfe oder ähnlichem ergänzt, wobei insgesamt der Eindruck bleibt, daß beispielsweise die für die Klinik so wichtige Problematik der komplementären Psychiatrie mit wenigen Ausnahmen nicht besonders ausführlich behandelt wird, was vielleicht auch nicht die Aufgabe dieser Art von Literatur sein muß. In dem Buch von Faust, das ja als Handbuch gekennzeichnet werden kann, werden natürlich auch zeitnahe psychiatrische Themen abgebildet, die z. T. erst in den letzten Jahren auch für die Klinik wichtig geworden sind. Möller et al. (2000) machen es möglich, eine ausführliche Allgemeine Psychiatrie zu erhalten, die sonst praktisch immer ungenügend vermittelt wird. Allein dies ist besonders positiv zu bewerten. Schwierig war es auch, das Augenmerk auf Fokussierungen zu lenken. Hervorgehoben werden sollen z. B. bei Dilling et al. (2001) die klinische Falldichte, die differentialdiagnostische Arbeit bei Ebert und Loew (1997) oder auch die Möglichkeit der Darstellung von Ausbildung und Supervision bei Freyberger und Stieglitz (1996). Der Vergleich von unterschiedlichen Rechtspraktiken in den Psychiatrien der verschiedenen Länder, wie er durch Hinterhuber und Fleischhacker (1997) erfolgt, ist ein grundsätzlicher Gewinn. Im Anhang zeichnen sich Freyberger und Stieglitz (1996) durch ein kommentiertes Literaturverzeichnis aus, auch Huber (1999) bringt das ausführlich, manche Bücher sind hier eher karg geraten. Hinterhuber und Fleischhacker (1997) erläutern auch Fachausdrücke. Auf die Problematik der Lernhilfen oder integrierten Repetitorien ist schon verwiesen worden. Der verbale Vergleich von Schwerpunkten und Besonderheiten ist sicher gerechtfertigt. In der Praxis wird es jedoch nur dann stimmig, wenn Schwerpunkte und Besonderheiten im Zusammenhang mit den anderen Kapiteln beurteilt werden und dann für die Lesenden den eigentlichen Gewinn oder auch Verzicht darstellen.

4. Design und Ausstattungen

4.1 Übersicht

Ziel der Buchgestaltungen und Ausstattungen ist das Erreichen der avisierten Zielgruppen. Sicherlich soll hier auch die Aufmerksamkeit auf die einzelnen Werke unter dem Aspekt der ästhetischen Bedürfnisbefriedigung gerichtet werden.

4.2 Einbandgestaltungen und Formatvergleiche

Mit Abb. 4 geben wir einen Überblick über ausgewählte Einbandgestaltungen in den von uns besprochenen psychiatrischen Büchern. So variierend wie die inhaltlichen Themenaufbereitungen sind die farblichen Einbandgestaltungen, die individuell geprägt oder in den Traditionen der entsprechenden Lehrbuchreihen der Verlage gestaltet wurden. Bei den freien Ausführungen fällt zumindest auf, daß in einem Teil der Bücher grafische Darstellungen oder künstlerische Produktionen genutzt werden, die in Synergie mit dem Text wirksam werden sollen. Bei den eher limitierten Bandgestaltungen, wie zum Beispiel im Lehrbuch von Kasper und Linden, wird der Nutzen sofort durch die Handschrift der Reihengestaltung klar. Diese sichert Wiedererkennbarkeit, vielleicht auch eine Methode, um Neugierde zu wecken.

Künstlerische Produktionen, kreative Gestaltungen oder schon bekannte künstlerische Werke werden grundsätzlich immer auf die Titelseiten der Einbandgestaltungen projiziert. Diese können großflächig (wie bei Frank und Tölle) angeordnet sein, oder auch nur einen begrenzten Raum der Einbandgestaltungen einnehmen (wie bei Haring). Auf der Rückseite der Einbandgestaltung findet sich meistens ein Kurztext, der die Werke beschreibt und die Zielgruppen anspricht.

Bei den als Teil von Reihen produzierten Büchern finden sich uniformere Einbandgestaltungen. Das Prinzip der Darstellung des Inhaltes auf den Rückseiten wird jedoch auch beibehalten.

Schaut man sich die einzelnen Bücher unter dem Aspekt der Farbigkeit an fällt auf, daß alle kräftige Farben bevorzugen. Blau- und Grün-Töne dominieren, wenn sich auch vereinzelt Weiß-, Grau- und Rot-Töne dazwischenschieben. Die überwiegend gelbe Einbandgestaltung bei Huber (1999) stellt fast eine Rarität dar.

In der Abb. 5 zeigen wir nun einige Formatvergleiche der hier vorgestellten Bücher.

Die 12 ausgewählten und aufeinandergelegten Bücher der Abb. 5 zeigen eindrucksvoll die unterschiedlichsten Formate, vor allem werden auch die Umfänge der Texte drastisch verdeutlicht (Abb. 5).

Das unterste, als neustes und umfangreichstes Buch der Autoren Möller et al. (2000), trägt wahrhaftig und sinnbildlich die Last aller anderen Bücher. Es umfaßt praktisch alle inhaltlichen Aspekte, die in den anderen Büchern naturgemäß ausgewählt und begrenzt bearbeitet werden können. Diese bildhafte Darstellung soll einfach zur Veranschaulichung dieser Tatsachen dienen.

4.3 Ausgestaltungen und Didaktik

So unterschiedlich wie sich inhaltliche Besonderheiten und Schwerpunkte nachweisen ließen, die sowohl dem Charakter der Bücher entsprechen sollten als auch zielgruppenorientiert eingebracht wurden, läßt sich das ebenfalls für Ausstattungen und Didaktik zeigen. Beide Merkmale sind unter dem Aspekt von Lehr- und Lernmitteln engstens miteinander verknüpft. Kasper und Linden (1996) stellen in ihrem Einbandtext fest, daß Standardlehrbücher des Faches vielfach veraltet wären. Aus diesem Grunde hatten sie sich für die didaktischen Mittel des dualen Konzeptes entschieden und einen ausführlichen Text mit einem Kurztext als Repetiertext gemischt. Andere Autoren und Gruppen verwenden eine breite Palette von didaktischen Kunstgriffen, um ihre Anliegen und die inhaltlichen Konzeptionen ihrer Bücher zu vertreten. Dennoch lassen sich bei der Durchsicht der Bücher zweifelsfrei bestimmte didaktische Schwerpunkte herausarbeiten. Sowohl das eben erwähnte Lehrbuch aus dem de Gruyter-Verlag als auch das Lehrbuch aus der dualen Reihe um Möller favorisieren die Dualidee.

Eines der fast kleinsten Bücher, das von Dilling et al. (2001), enthält besonders umfangreich didaktische Mittel. So werden textnah und anders-

Abb. 4. Einbandgestaltung ausgewählter Lehr-, Lern- und Studienbücher

farbig Fallbeispiele angeführt, oder es wird der Weg des umfangreichen Anhangs gegangen, der neben Klassifikationsmerkmalen Testverfahren, weiterführende Literatur, Zeitschriftenverzeichnis und Sachverzeichnis enthält. Weitere grafische und andersfarbige Marker wurden in Texte und Tabellen eingefügt und sollen die Erarbeitung der Inhalte erleichtern. Allerdings ist bei der Formatwahl auch wahrscheinlich eine Ausstattungsgrenze erreicht, die sich als Benutzungsgrenze definieren läßt.

Deutlich wird beim Buch von Tölle, in der hier vorliegenden 12. Auflage, die gleiche Verlagshandschrift wie beim Vorgänger.

So findet sich eine Ähnlichkeit in den didaktischen Merkmalen, wobei das Buch von Tölle, welches wirklich exakt der selbst vorgegebenen Konzeption entspricht, langsamer und vielleicht gründlicher bearbeitbar ist, mit Querverweisen vertiefend wirkt und durch deutliche Farbmarkierungen im Text eindeutig auch repetierenden Charakter hat. Besonders spannend ist, daß man das Buch auch nach dem Gegenstandskatalog oder nach der ICD-10 durcharbeiten könnte.

Abb. 5. Formatvergleiche

Die Psychiatrie, Psychosomatik und Psychotherapie von Machleidt et al. (1999) hat in der Neuauflage auch didaktisch unglaublich gewonnen. Besonders angenehm wirkt eine gewisse Sachlichkeit und Sparsamkeit beim Einsatz der didaktischen Mittel. Trotz dieser Modernität bleibt der Lehrbuchcharakter immer gewahrt.

Die designbeinhaltenden Merkmale sind von uns in der Tabelle 2 (siehe Anlage 1) für die Auswahl der Bücher zusammengestellt. Wir haben sie dort in Fortsetzung von Grundgedanken und Gliederungen aufgenommen, um Übersichtlichkeit und Vergleichbarkeit schnell und kompakt zu ermöglichen.

5. Zielgruppenorientierte Empfehlungen

Mit den zielgruppenorientierten Empfehlungen, die wir in Tabelle 5 (siehe Anlage 1) vorstellen, soll dem Ausbildungspublikum ein summarischer Überblick gewährt werden. Keinesfalls sind diese Empfehlungen als

Rangreihen zu betrachten. Dazu ist die gesamte Materie viel zu komplex, und es wurden im vorliegenden Text und in den Tabellen viel zu differenzierte Sichtweisen in der Betrachtung der jeweiligen Bücher entwickelt.

Bei den vielfachen Möglichkeiten der Einteilung solcher Empfehlungen haben wir uns am Ausbildungsstand des Zielpublikums orientiert. In einer solchen Betrachtung können dann auch nahtlos die beim Preis-Leistungs-Vergleich erwähnten Merkmale Eingang finden. Ausbildungsorientierte Einschätzungen schließen ja grundsätzlich nicht aus, daß Einzelkapitel in unterschiedlichen Büchern studiert oder gesonderte Interessen auch in anderen Büchern bedient werden können. Die weitere Entwicklung von Fachgebietsspezifika, mit einer schon vermuteten weiteren Separierung der einzelnen psychiatrischen und psychotherapeutischen Teildisziplinen, könnte noch zu mehr speziellen Anforderungen führen, die in den hier besprochenen oder auch anderen Büchern Niederschlag finden werden. Dennoch werden auch im Vergleich mit anderen Fachgebieten kleinere oder umfangreichere Gesamtdarstellungen der Einzelfächer erhalten bleiben. Bei vielen der hier besprochenen Bücher ist zu vermuten und auch zu hoffen, daß auch unter solchen Gesichtspunkten Nachauflagen überarbeitet und gestaltet werden können.

6. Zusammenfassung und Schlußfolgerungen

Das spezielle Feld des psychiatrischen Buchmarktes, das wir hier versucht haben darzustellen, weitet sich in unglaublicher Geschwindigkeit aus. Diese Entwicklung ist 1990 eingeleitet worden und hat in den letzten Jahren interessante Fortsetzungen erfahren. Die vor einigen Jahren noch sicher richtige Anmerkung, daß viele Lehrbücher vor allem in didaktischer Form veraltet waren, ist jetzt keinesfalls mehr gültig. Die Inhalte spiegeln die fachlichen Entwicklungen wider und sind auch Anhaltspunkt für weitere Arbeiten und Forschungen. Für die meisten Bücher mit Auflagen in den letzten Jahren ist dies uneingeschränkt gültig. Inhaltliche Unterschiede lassen sich insofern feststellen, daß sie sich durch die Schwerpunkte der Autoren unterscheiden. Trotz einer gewissen Uniformität, die sich aus den neueren Klassifikationen ableiten läßt, werden weiterhin selbständige und z. T. auch originäre Sichtweisen in den Buchinhalten beibehalten. Für die Leser ist dies ein unglaublicher Gewinn, da damit gerade auch die Persönlichkeiten der Autoren als Lehrende nahegebracht und zugänglicher werden. Die didaktischen Mittel und die sich im Design zeigende Ausgestaltung der Bücher sind ebenfalls ganz vielfältig geworden und bedienen damit die Interessen und Bedürfnisse unterschiedlicher Lesergruppen und auch Lesegewohnheiten. Dem Publikum bleibt es überlassen, sich an den strengeren Lehrstoff vermittelnden Reihen zu orientieren oder mehr zu solchen Titeln zu greifen, die das Wissen auch indirekt über Falldarstellungen einbringen. Allen Autoren verbleibt der Verdienst, sich mit diesen Titeln entscheidend in den Wissensvermittlungsprozess der Psychiatrie und Psychotherapie eingebracht und in bestimmter Weise Schwerpunkte gesetzt zu haben. Der

Differenzierung des Lehrbuchangebotes entspricht die Differenzierung der angestrebten Zielgruppen vom Lernenden bis zum Erfahrenen in den Fachgebieten. Dieses jetzt vorliegende Lehrangebot mag gerade noch überblickbar und in seinen Anforderungen beurteilbar sein, eine Fortsetzung der in den neunziger Jahren eingeleiteten Entwicklungen würde jedoch dies nicht mehr ermöglichen. Weitere Lehrbücher werden dann erst sinnvoll, wenn sie auf völlig neue Weise oder unter Nutzung weiterer Medien die Lernstoffe aufbereiten können oder entscheidende Wissenszuwächse dies zwingend erfordern.

Anlagen 1

Tabelle 1. Lehr-, Lern- und Studienbücher der Psychiatrie (deutschsprachig) – Auswahl

1. Andreasen, Black (1999) Neuauflage, Psychologie-Verlagsunion Weinheim, Format: A4, 477 Seiten, Zielgruppe: Studierende, Lehrbuch
2. Berger, Stieglitz (41) (1999) 1. Auflage, Urban & Schwarzenberg, München, Format: A4, 1089 Seiten, Zielgruppe: AssistentenInnen, FacharztInnen, FÄ Allgemeinmedizin, PsychologInnen, Lehrbuch
4. Dilling, Reimer, Arolt (5) (2001) 4. Auflage, Springer, Heidelberg, Format: A5–A6, 359 Seiten, Zielgruppe: Studierende, AssistentenInnen, GebietsärztInnen, Lehrbuch, Kompendium
6. Ebert, Loew (1997) 2. Auflage, UNI-MED, Bremen, Format: A4, 383 Seiten, Zielgruppe: Studierende, KlinikerInnen, PsychologInnen und PädagogInnen, Niedergelassene, Lehrbuch, Repetiorium
7. Faust (1995) 1. Auflage, Fischer, Stuttgart, Format: A4, Zielgruppe: Nervenärzte, Psychiater, PsychologInnen, andere Disziplinen, TherapeutenInnen, Lehrbuch
9. Frank (2000) 14. Auflage, Urban & Fischer, München, Format: A4–A5, 307 Seiten, Studierende, PsychologInnen, PädagogInnen, TherapeutInnen, Interessierte, Lehrbuch, Kompendium, Repetitorium
10. Freyberger, Stiglitz (24) (1996) 10. Auflage, Karger, Basel, Format: A5, 578 Seiten, Zielgruppe: Studierende, ÄrztInnen, PsychotherapeutInnen, Lehrbuch, Kompendium
12. Gastpar, Kasper, Linden (1996) 1. Auflage, de Gruyter, Berlin, Format: A4, 393 Seiten, Zielgruppe: Studierende, ExamensprüferInnen, Lehrbuch, Repetitorium
13. Grüner (1997) 1. Auflage, Börm Bruckmeier, Grünwald, Format: A6, 128 Seiten, Zielgruppe: Studierende, TherapeutInnen
15. Haring (1995) 2. Auflage, Enke, Stuttgart, Format: A4–A5, 348 Seiten, Zielgruppe: Studierende, AssistentInnen, PsychologInnen, JuristInnen, Lehrbuch, Repetitorium
16. Hinterhuber, Fleischhacker (12) (1997) 1. Auflage, Thieme, Stuttgart, Format: A4, 313 Seiten, Zielgruppe: Studierende, ÄrztInnen, Lehrbuch
17. Huber (1999) 6. Auflage, Schattauer, Stuttgart, Format: A4–A 5, 780 Seiten, Zielgruppe: Studierende, AssistentInnen, GebietsärztInnen, FachärztInnen, PsychologInnen, Lehrbuch, Repetitorium
18. Kaplan, Sadock (2000) 1. Auflage, Hogrefe, Göttingen, Format: A4, 516 Seiten, Zielgruppe: Studierende, FachvertreterInnen, Lehrbuch
19. Laux, Möller (3) (1998) 1. Auflage, Enke, Stuttgart, Format: A5–A6, 512 Seiten, Zielgruppe: Studierende, KlinikerInnen, Kompendium, Repetitorium

Tabelle 1. (Fortsetzung) Lehr-, Lern- und Studienbücher der Psychiatrie (deutschsprachig) – Auswahl

20. Machleidt, Bauer, Lamprecht, Rose, Rohde-Dachser (17) (1999) 6. Auflage, Thieme, Stuttgart, Format: A4–A5, 504 Seiten, Zielgruppe: Studierende, ÄrztInnen, PsychologInnen, Professionelle Helfer, Kompendium, Repetitorium
21. Möller, Laux, Deister, (5) (1996) 1. Auflage, Hippokrates, Stuttgart, Format: A4, 574 Seiten, Zielgruppe: Studierende, Lehrbuch, Repetitorium
23. Möller, Laux, Kapfhammer (66) (2000) 1. Auflage, Springer, Berlin, Format: A4, 1.838 Seiten, Zielgruppe: FachärztInnen, PsychologInnen, PsychotherapeutInnen, Studierende, Lehrbuch
25. Schöpf (1996) 1. Auflage, Springer, Berlin, Format: A4–A5, 376 Seiten, Zielgruppe: Studierende, Fachvertreter, PsychologInnen, Lehrbuch
26. Stafford, Smith (1991) 2. Auflage, Thieme, Stuttgart, Format: A5–A6, 324 Seiten, Zielgruppe: Studierende, Gebietsärzte, Kompendium
27. Tölle (2) (1999) 12. Auflage, Springer, Berlin, Format: A4–A5, 441 Seiten, Zielgruppe: Lernende, Nachschlagende, Lehrbuch, Repetitorium

Tabelle 2. Grundgedanke – Gliederung – Design

Nr.	Leitidee	Inhalts-verzeichnis (Seiten)	Haupt-/ Unter-kapitel	Lernhilfen, Didaktik
1. Andreasen Black	Integration der Neuro-wissenschaften, DMS-III-R orientiert	2	4/24	Zweispaltig, Tabellendichte Skalenanhang
2. Berger	Mehrdimensionale integrative Psychiatrie	2	3/31	Zweispaltig, Kapitelinhalts-verzeichnis, Resümees, Fett-drucke, Einstellungen
4. Dilling Reimer Arolt	Fallintegrierte, klassiche Psychiatrie, zeitgemäß ausgerichtet	7	4/23	2-farbiges Layout, Grafik-elemente, Fallbeispiele textorientierte Literatur-angaben ständiges fortlau-fendes Inhaltsverzeichnis
6. Ebert Loew	Klinikrelevante, ICD-10 orientierte Systematik mit Handlungsanleitungen	4	5	mehrfarbiges Layout, mehrere Funktionselemente, Fettdruck, Regelangaben als Repetitorium
7. Faust	Spektrum der Psychiatrie heute Fachübergreifende Variationen	3	5/83	Zweispaltig, Grauraster
9. Frank	Gegenstandskatalogsorientierte Psychiatrie	7	8/36	Zweispaltig, mehrfarbiges Layout, Fettdruck, Hilfspunkte Prüfungsrelevante Merkhilfen
10. Freyberger Stieglitz	ICD-10 orientierte Differenzie-rung, und erweiterte Anwen-dungsorientierung	8	37	mitlaufendes Inhaltsver-zeichnis, Grauschattierung, Fettdruck
12. Gastpar Kasper Linden	Adaptierte und wissen-schaftsintegrierte Einzel-kapitel mit Repetitorium	4	19	Duales System, Durch-gehendes Text und Marginalienrepetitorium, mehrfarbiges Layout

Tabelle 2. (Fortsetzung) Grundgedanke – Gliederung – Design

Nr.	Leitidee	Inhalts-verzeichnis (Seiten)	Haupt-/ Unter-kapitel	Lernhilfen, Didaktik
13. Grüner	Fastkurs	4	12	Einfarbig, einspaltig, Lernzeitangabe
15. Haring	Psychopathologisches Diagnostizieren	8	5/39 8	Zweispaltig, 2-farbiges Layout, Merkraster
16. Hinter-huber Fleisch-hacker	Neurowissenschafts-integrierte, klinisch-kompakte Psychiatrie, auch in den histo-rischen Demensionen	7	15	Zweispaltig, 2-farbiges Layout, Grau- und Fettdruck, Merkraster
17. Huber	Klassische Psychiatrie im Gewande des Wandels	10	13	Merksätze, Graphik-elemente, Fettdruck, viele Querverweise
18. Kaplan Sadock	DSM-IV orientierte klinische Psychiatrie	6	27	Ausgeprägte Gliederung Tabellenvielfalt
19. Laux Möller	Kompakter psychiatrischer Leitfaden	2	3/23	Farbraster, Merkpunkte, Tabellendichte
20. Machleidt Bauer Lamprecht Rose Rohde-Dachser	Psycho-Fächer in Studieneinheiten	6	13/56	Lernziele, Lernkontrollen, Merksätze markiert, Tabellen-vielfalt, zweifarbiges Layout
21. Möller Laux Deister	Zeitgemäße Psychiatrie, auch als Therapiefach mit moderner Didaktik	7	6/27	Duales Prinzip, Viel-farbiges Layout Merksätze, Merkraster reichhaltige Abbildungen, auch historischer Fotos
23. Möller Laux Kapf-hammer	Kompaktierte/Integrierte Darstellung von Psychiatrie und Psychotherapie, auch von den Randgebieten her	2	15 Sektionen 73	Zweispaltig, Kapitel-inhaltsverzeichnisse Grau- und blaufarbige Zusammenfassungen, Tabellen und Textmarker
25. Schöpf	ICD – 10 Lehre	3	8	Grauraster
26. Stafford Smith	Erfahrungspsychiatrie	7	19	Tabellen
27. Tölle	Pluridimensionale Psychiatrie	5	3/31	Blauraster, Merksätze fortlaufende Seitenzahl-verweise, Repetitorium mit Lernfragen, Gegenstandskatalog

Tabelle 3. Umfang ausgewählter Kapitel (Seitenzahlen)

Nr.	Untersuchung/ Befundung	Psycho- pathologie	Diagnose/ Klassifikation	Schizophrenie/ verwandte Psychosen	Affektive Psychosen schizoph. Psychosen
1. Andreasen Black	30		13	16/10	30/2
2. Berger	26 (z. T. in Kap.)		30	51/23	82/5
4. Dilling Reimer	18	23		16/10	11/2
6. Ebert Loew	32	13	4	28/10	48/4
7. Faust	25	16	13	17	49/8
10. Freyberger Stieglitz	22	11	21	23/7	27/1
12. Gastpar Kasper Linden	17	8	5	12/6	19/1
13. Grüner		13		9	5
15. Haring	9	77	3	13/3	11/2
16. Hinterhuber Fleischhacker	2	2 (Kap.)	4	28/2	19/1
17. Huber	28	90 (Kap.)	2 (Kap.)	130/10	82/3
18. Kaplan Sadock	23	4	12	20/12	21/2
19. Kisker Freyberger Rose Wulff	7	1 (Kap.)	3	32	45/0
20. Machleidt Bauer Lamprecht Rose Rohde- Dachser	6	Kap. z.T. Sympto.	6	28/39	38/2
21. Möller Laux Deister	7	16	7	25/6	38/2
23. Möller Laux Kapfhammer	87	17 (und in anderen Kapiteln)	180	71/27	79/5
25. Schöpf	13	10	4	50	47/3
26. Stafford Smith	12	Kap.	3	18	25
27. Tölle	11	Kap.	10	43/5	30/4

Tabelle 3. (Fortsetzung) Fortsetzung Süchte und Therapien

Nr.	Alkoho-lismus	Drogen- und Medikamenten-abhängigkeit	Weitere Süchte	Somatotherapie	Psychotherapie
1. Andreasen Black	12	12		32	20
2. Berger	16	33	Tabak, Glücksspiel, Brandstiftung, Stehlen, Trichotillomanie	34 (Kap.!)	85 (Kap.!)
4. Dilling Reimer	9	13		22	19
6. Ebert Loew		17	Psychotrope Substanzen	6	5
7. Faust	15	53	Glücksspiel, Tabak bei Ärzten	53	40
10. Freyberger Stieglitz		25	Glücksspiel Pyromanie, Kleptomanie	37	85
12. Gastpar Kasper Linden	9	27	Medikamente, Nikotin	28	14
13. Grüner	7	2	Organische Lösungsmittel	8	6
15. Haring	6	16	Organische Lösungsmittel Medikamente	23	18
16. Hinterhuber Fleischhacker	8	18	Koffein, Tabak	25	8 (Kap.!)
17. Huber	14	14	Glücksspielsucht, Tabak	30	20
18. Kaplan Sadock	9	17	Glücksspiel, Pyro- und Kleptomanie	55	9
19. Kisker Freyberger Rose Wulff	8	14		35 (Kap.!)	25
20. Machleidt Bauer Lamprecht Rose Rohde-Dachser	6	12	Nicht stoffgebundene Süchte	40 (Kap.!)	28
21. Möller Laux Deister	39	16	Spielen, Kleptomanie	42	34
23. Möller Laux Kapfhammer	37	43	Spielsucht, Inhalation, Eß-Brech-Sucht (in verschiedenen Kapiteln)	108	207 (mehrere weitere Kap.)
25. Schöpf	14	23	Lösungsmittel, Tabak Designerdrogen	12	14
26. Stafford Smith	7	7		20 (Kap.!)	30
27. Tölle	13	10	Tabak, Drogen bei Jugendlichen	22	19

Tabelle 4. Spezielle Aspekte

	Ergänzende Kapitel	Aktualitäten/ Fokussierungen	Abschluß/Anhang Besonderheiten
1. Andreasen Black	Suizid Erworbene Immunschwäche (AIDS) Störungen in der Kindheit und Adoleszenz	– ausführliche Paraklinik – Behandlungs- und Umgangsempfehlungen – fehlende Forensik	8 Skalen
2. Berger	Geronto- und Konsiliarpsychiatrie Ethische Probleme Qualitätsmanagement Evidence-based Medicine Anpassungsstörungen Antifizielle Störungen	– ausführliche Paraklinik – Integration der Psychotherapie – störungsspezifische Psychotherapie – Patientenratgeber und Selbsthilfemanuale	Ethik Qualitätssicherung Evidence-based Medicine
4. Dilling Reimer Arolt	Konsiliarpsychiatrie Kinder- u. Jugendpsychiatrie Suizidalität und Krisenintervention, Ethik, Historie	– klinische Falldichte – Übersichten und Therapieregeln, 3. Auflage mit studentischem Beirat	Klassifikation, Testverfahren, kapitelorientierte Literatur
6. Ebert Loew	Notfälle Forensik	– ICD-10 Orientierung – Fragetechnik Differentialdiagnosen Therapieschemata	Medikamentenübersicht ICD-10 Spektrum
7. Faust	Transkulturelle Aspekte Kinder- u. Jugendpsychiatrie Trauer, Scheidung Frau, Verwitwung Arbeitslosigkeit Indoktrination Schwerhörigkeit	– Zeiterfordernis Psychiatrie	Glossar Onkologie, Blindheit
9. Frank	Kinder- und Jugendpsychiatrie Suizidalität Forensik Notfallpsychiatrie	– Mehrdimensionalität und Multifunktionalität	ICD-10 Übersicht, Anamneseerhebung und psychischer Befund zum Abschluß, keine Literaturverweise
10. Freyberger Stieglitz	Sozialpsychiatrie Forensik Gerantopsychiatrie Psychosomatik Konsiliarpsychiatrie	Therapie und Verlaufsrelevanz – Mortalität und Suizidalität – Ethik Ausbildung und Supervision	Kommentiertes Literaturverzeichnis Zeitschriftenverzeichnis
12. Gastpar Kasper Linden	Kinder und Jugend Soziotherapie und Rehabilitation Geschichte	– Verbindung ICD-10 mit älterer Nomenklatur	Kapitalgebundenes Literaturverzeichnis
13. Grüner	Kinder u. Jugend Suizidalität	– Klassische Psychiatrie	Repetitorium
15. Haring	Kinder und Jugend Psychodynamik Suizidalität	– ICD-10 Anpassung	Rechtliche Grundlagen

Tabelle 4. (Fortsetzung) Spezielle Aspekte

	Ergänzende Kapitel	Aktualitäten/ Fokussierungen	Abschluß/Anhang Besonderheiten
16. Hinterhuber Fleischhacker	Kinder und Jugend Psychiatrische Rehabilitation Psychiatrische Überbauphänomene, Gerontopsychiatrie	– Individuelle Kapitelgebung – Klinische Fälle – Ländervergleiche	Glossar der Fachausdrücke
17. Huber	Oligophrenie, Suizidalität Sozialpsychiatrie, Psychiatrische Rechtkunde	– Orientierungs- und Grundsatzdiskussionen	ICD-10 Kategorien der klinischen Diagnose Gegenstandskatalog umfangreiche Literatur
18. Kaplan Sadock	Psychosomatische Störungen Kinder- und Jugendpsychiatrie Gerontopsychiatrie, Trauer und Tod, Medikamenteninduzierte Bewegungsstörungen, Rechtliche Fragen	Strenge DSM-IV-Systematik, jeweils mit Definition, Diagnose, Epidemiologie, Ätiologie, Verlauf und Prognose, Behandlung	Diagnostische Verfahren mit Handlungsanweisung und Kommentaren, DSM-IV-Klassifikation
19. Laux Möller	Paraklinik Suizidalität	– Zeitaktuelle Handlungsvorschläge, – krankheitsverbundene Therapiedarstellung	Rechtsaspekte, Qualitätssicherung Weiterbildungsordnung, Literatur, Fachzeitschriften Psychopharmaka
20. Machleidt Bauer Lamprecht Rose Rohde-Dachser	Sozialgeschichte Transkulturelle Psychiatrie Komplementäre Psychiatrie Recht	Komplexität der Psychiatrie, Therapievielfalt und Interventionssicht	Glossar der Fachausdrücke Lernkontrolle Klassifikation Literatur in den Kapiteln
21. Möller Laux	Kinder und Jugend Belastungsstörungen Schlafstörungen Soziotherapie	– durchgehende Klassifikationsvergleiche – Therapievielfalt – Kostenträger	Integriertes Repetitorium mit Zeitbedarfsangabe Glossar
23. Möller Laux Kapfhammer	15 Kapitel Allgemeine Persönlichkeits-, Intelligenz und Entwicklungsstörungen, Kinder- und Jugendpsychiatrie Suizidalität, Notfall-, Konsiliär- und Gerontopsychiatrie, forensische Psychiatrie	Umfassende Integration psychotherapeutischer Schulen, Berücksichtigung der neuesten Entwicklungen in allen Bereichen	umfangreicher Anhang, z. B. Ausbildungsrichtlinien, Gesetze, Gesellschaften, Zeitschriften
25. Schöpf	ICD – 10 Kapitel	– Zeitaktualität	Medikamentenliste umfangreiches Literaturverzeichnis
26. Stafford Smith	Kinder und Jgend Psychomatik Epilepsie	– vielfältige Persönliche Untersuchungen – Klinische Falldichte	Reflexionen
27. Tölle	Suizid, frühkindliche Psychosen Wahnthematik, Hirnkrankheiten Epilepsie, Notfälle, Behandlungskette, kompementäre Psychiatrie rechtliche Aspekte	– Disziplinendarstellung – krankheitsfokusierte Einzelkapitel – Behandlungsinstitutionen	Repetitorium, Gegenstandskatalog, Ausführliches Literaturverzeichnis auch für Betroffene u. Angehörige

Tabelle 5. Zielgruppenorientierte Empfehlungen (Hauptzielgruppen, Auflagen nach 1996)

Studierende:	Dilling/Reimer/Arolt; Frank; Gastpar/Kasper/Linden; Hinterhuber/Fleischhacker; Möller; Tölle; Machleidt/Bauer
KlinikerInnen	
Anfänger:	Andreasen/Black; Ebert/Loew; Möller/Laux/Deister; Machleidt/Bauer
Fortgeschrittene:	Berger/Stieglitz; Huber; Möller/Laux/Kapfhammer
Interessierte:	Freyberger/Stieglitz; Kaplan/Sadock; Schöpf

Anlagen 2

Literatur Teil 1

1. Andreasen N C, Black D W (1999) Lehrbuch Psychiatrie, Neuauflage, 477 S. Beltz: PVU Weinheim, ISBN: 3-6212-7141-4
2. Berger M (1999) Psychiatrie und Psychotherapie. 1098 S. Urban und Schwarzenberg, ISBN: 3-5411-8131-1
3. Bleuler E (1983/1995) Lehrbuch der Psychiatrie. 15. neubearb. Aufl. unveränd. Nachdruck, 719 S. Springer: Heidelberg, ISBN: 3-5401-1833-0
4. Dilling W, Reimer Ch, Arolt V (2001) Basiswissen Psychiatrie und Psychotherapie. 4. überarb. u. aktual. Aufl., 359 S. Springer: Heidelberg, ISBN: 3-5406-7395-4
5. Dörner K, Plog U (1996) Irren ist menschlich. Lehrbuch der Psychiatrie/Psychotherapie Neuausgabe, 606 S. Psychiatrie-Verlag: Bonn, ISBN: 3-8854-18-X
6. Ebert D, Loew Th (1997) Psychiatrie systematisch. 2. Aufl., 383 S. UNI-MED: Bremen, ISBN: 3-8959-9140-6
7. Faust V (1995) Psychiatrie. Ein Lehrbuch für Klinik, Praxis und Beratung. 1006 S. Urban & Fischer: München, ISBN: 3-4370-0759-9
8. Förstl H (1997) Lehrbuch der Gerontopsychiatrie. 537 S. Enke: Stuttgart, ISBN: 3-4322-7441-6
9. Frank W (2000) Psychiatrie zum Gegenstandskatalog 3. 14. Aufl., 307 S. Urban & Fischer: München, ISBN: 3-4374-2600-1
10. Freyberger H J, Stieglitz R D (1996) Kompendium der Psychiatrie und Psychotherapie. 10. neubearb. u. erw. Aufl., 578 S. Karger: Basel, ISBN: 3-8055-1766-1
11. Friedemann A, Thau K (1992) Leitfaden der Psychiatrie, 4. Aufl., 217 S. Maudrich: Wien, ISBN: 3-8517-5570-7
12. Gastpar M T, Kasper S, Linden M (1996) Psychiatrie. Lehrbuch mit Repetitorium. 393 S. de Gruyter: Berlin, ISBN: 3-1101-1027-X
13. Grüner S (2000) Psychiatrie fast, der 4,5h-Crashkurs. 2. Aufl., 154 S. Bruckmeier: Bonn, ISBN: 3-9297-6564-1
14. Häfner H (1991) Psychiatrie. Ein Lesebuch für Fortgeschrittene. 315 S. Urban & Fischer: München, ISBN: 3-4370-0640-1
15. Haring C (1995) Psychiatrie. 2. neubearb. Aufl. 348 S. Enke, Stuttgart. ISBN: 3-4329-78 31-6
16. Hinterhuber H W, Fleischhacker W (1997) Lehrbuch der Psychiatrie. 313 S. Thieme: Stuttgart, ISBN: 3-1319-3151-4
17. Huber G (1999) Psychiatrie. Lehrbuch für Studium und Weiterbildung. 6. Aufl. 780 S. Schattauer, Stuttgart. ISBN: 3-7945-1857-8

18. Kaplan H I, Sadock B J (2000) Klinische Psychiatrie. 516 S. Hogrefe: Göttingen,ISBN: 3-8017-1075-0
19. Laux G, Möller H-J (1998) MEMO Psychiatrie und Psychotherapie. 512 S. Enke: Stuttgart, ISBN: 3-4322-7921-3
20. Machleidt W, Baur M, Lamprecht F, Rose H K, Rohde-Dachser C (1999) Psychiatrie, Psychosomatik und Psychotherapie. 6. neubearb. Auflage, 504 S. Thieme, Stuttgart
21. Möller H J, Laux G, Deister A (1995) Psychiatrie. 574 S. Hippokrates: Stuttgart, ISBN: 3-7773-1166-9
22. Möller H J (2001) Psychiatrie. Ein Leitfaden für Klinik und Praxis. 3. Aufl., 493 S. Kohlhammer: Stuttgart, ISBN: 3-1701-6664-6
23. Möller H-J, Laux G, Kapfhammer HP(2000) Psychiatrie und Psychotherapie. 1838 S. Springer: Berlin, ISBN: 3-5406-4719-8
24. Payk Th, Thamer U (1998) Psychiatrie Praxis. 216 S. Schattauer: Stuttgart, ISBN: 3-7945-1848-9
25. Schöpf J (1995) Psychiatrie für die Praxis. Mit ICD-10-Diagnostik. 376 S. Springer: Berlin, ISBN: 3-5405-8242-8
26. Stafford-Clark D, Smith A C (1991) Psychiatrie. 2. überarb. u. erg. Aufl., 324 S. Thieme: Stuttgart, ISBN: 3-1369-3901-8
27. Tölle R (1999) Psychiatrie, einschließlich Psychotherapie. 12. neu verf. und erg. Aufl., 441 S. Springer: Berlin, ISBN: 3-5406-5791-6

Literatur Teil 2

1. Hoffmann-Richter U (1997) Was ist Psychiatrie? Die Psychiatrie in den deutschsprachigen Lehrbüchern – Teil 1. Psychiatrische Praxis 24: 99–105
2. Hoffmann-Richter U (1997) Was ist Psychiatrie? Die Psychiatrie in den deutschsprachigen Lehrbüchern – Teil 2. Psychiatrische Praxis 24: 200–204

Betrachtungen zu Goethes Begegnung mit Napoleon in Erfurt

L. Haesler

Hofheim am Taunus, Deutschland

Die Tagung der Gesellschaft Thüringer Nervenärzte wird in diesem Jahr in der altehrwürdigen Stadt Erfurt ausgerichtet. Wir befinden uns noch im „Goethejahr", im zurückliegenden August haben wir den 250. Geburtstag des Universalgenies Goethe gefeiert. Was Wunder, daß die Organisatoren dieser Tagung die Idee hatten, zum Abschluß, nach harter wissenschaftlicher Arbeit gleichsam als eine Art Satyrspiel mit einem gesonderten Referat auf Goethe Bezug zu nehmen und dies zugleich mit der altehrwürdigen Stadt Erfurt zu verbinden. Diese Stadt, dem „kurzen und schmalen Land" (Venet. Epigramme 17) unmittelbar benachbart, dem Goethe als Geheimer Rat und Minister diente, war ihm wohlvertraut. Allerdings dürfte jenes Ereignis am 2. Oktober 1808 alle anderen Begegnungen Goethes mit dieser Stadt Erfurt in den Schatten stellen: Jenes Aufeinandertreffen zweier Genies, wie sie die Welt selten zusammen gesehen hatte und bis heute wohl nie mehr gesehen hat: Das Zusammentreffen des dichterischen Genies Goethe mit dem politisch-militärischen Genie, mit dem Kaiser Napoleon.

Napoleon, dieses unheimliche Genie, dem alles zu gelingen schien und dem nach einer ganzen Kette exorbitanter Siege als Feldherr und Politiker die gewonnenen Reiche von mehr als halb Europa zu Füßen lagen, begeisterte viele seiner Zeitgenossen, nicht zuletzt auch solche, die sich einiges auf ihren eigenen Rang einbilden durften. Nach seiner Begegnung mit Napoleon in Erfurt zählte Goethe zweifelsohne auch zu ihnen, auch wenn er nicht dermaßen in die Harfe griff wie Georg Friedrich Hegel, welcher schrieb: „... den Kaiser, diese Weltseele sah ich durch die Stadt zum Rekogniszieren hinausreiten; es ist in der Tat eine wunderbare Empfindung, ein solches Individuum zu sehen, das hier auf einen Punkt konzentriert, auf einem Pferde sitzend, über diese Welt übergreift und sie beherrscht ..."

Die Französische Revolution hatte in Frankreich das Ancien régime hinweggefegt. Der König war enthauptet worden. An seiner Stelle erwuchs nach schrecklichen Wirren, der „Schreckensherrschaft" und dem, was danach folgte, der Kaiser, ein Usurpator höchsten Ranges, der sich nicht nur an die Spitze Frankreichs, sondern ganz Europas, der ganzen Welt zu stellen und diese mit seinen Ideen neu zu ordnen und zu beherrschen trachtete. Die Welt veränderte sich rasch. Schon in Valmy hatte sich dies mit einer Niederlage gegen die französischen Revolutionstruppen angekündigt, ein Wetterleuchten, dessen weitreichende Bedeutung Goethe seinerzeit als erster wohl erahnt hatte. Unsicherheit und Zweifel ergriffen alle jene, die in vertrauten politischen, wirtschaftlichen und kulturellen Verhältnissen des 18. Jahrhunderts ihren Ort gefunden hatten und die den durch die Französische Revolution sich abzeichnenden rapiden Veränderungen ihrer Welt mit großem Mißtrauen und mit Befürchtungen um den Verlust der ihnen vertraut gewordenen Ordnung und nicht zuletzt auch ihres Besitzstandes begegneten. So war auch Goethes Haltung Napoleon gegenüber und der vor allem unter seiner Herrschaft sich rapide verändernden Welt von Unsicherheit und Zweifel geprägt geblieben – bis zu jener denkwürdigen Begegnung in Erfurt an jenem 2. Oktober 1808, die alle Unsicherheit und Zweifel gleichsam hinwegfegte und einer tiefen Bewunderung für diesen „außerordentlichen Menschen", der einem „Halbgott" gleich schien (an Eckermann), Platz machte, eine Bewunderung, die auch dann noch überdauerte, als dieser Halbgott, der „um eines großen Namens wegen fast die halbe Welt in Stücke geschlagen" hatte, schließlich endgültig gescheitert und nach St. Helena verbannt worden war.

Goethe selbst war gewiß keine Heldennatur. Heldengestalten waren für ihn, den Dichter, keine Sache. Goethe hat nie solche Heldengestalten in seinen Dichtungen gebildet, auch nicht, als Napoleon ihn später dazu aufforderte. Sein Heldentum trug er im Felde des Dichterischen aus, um menschliche Beziehung, Leiden und Konflikt, um Schicksalsmächte und um mit diesen Schicksalsmächten ringende Gestalten. Hier, im Bereich des Dichterischen war er „Held", „Fürst", Dichter, darin von seinem Herzog einzigartig verstanden und gefördert. Europa lobte ihn, der *schwer! meine Gedichte bezahlt* hatte, nach dem *niemals ... ein Kaiser* frug, um den *kein König* sich *bekümmert* hatte; nur sein Herzog, der ihm *August und Mäcen* geworden war (vgl. Venet. Epigramme 17).

Als Dichter war er nicht nur im deutschsprachigen Raum, sondern in ganz Europa berühmt geworden, als der Dichter des *Werther*, des einzigen Romans der deutschen Literatur, dem es gelungen ist, über die Grenzen des deutschen Kulturraums hinaus breiteste Beachtung und Wirkung zu erlangen. Als Dichter des *Werther* war das dichterische Genie Goethe dem politischen und militärischen Genie Napoleon bekannt und in höchstem Maße voller Bewunderung vertraut. So kam es, daß das Genie Napoleon das Genie Goethe zu sehen verlangte.

Der Vormarsch der französischen Truppen war für Goethe, wie auch für seine Vetrauten im Geheimen Weimarer Konsilium Anlaß zu größter Sorge gewesen. Man sah die Krise des Heiligen Römischen Reiches Deutscher Nation heraufziehen, die dann auch tatsächlich eintrat und alles gegen das Ancien régime zu wenden schien. Da das „französische Ungewitter" lange Zeit noch jenseits des Thüringer Waldes dahinstreifte, mochten die Dinge für den, der die Welt eher nach Art des Bürgers im Osterspaziergang betrachtete, noch in Ordnung sein. Goethe pflegte in dieser Zeit eher sein dichterisches Genie. Er beschäftigte sich vor allem mit seinem *Wilhelm*

Meister, mit der Arbeit an der Übersetzung der Erinnerungen des künstlerischen Renaissance-Genies Benvenuto Cellini sowie der Gemeinschaftsarbeit mit Schiller an den Xenien. Und dennoch hatte Goethe besorgt das Kriegstheater verfolgt, das dem Territorium und der Herrschaft seines Herzogs immer bedrängender nähergerückt war. Nach der verlorenen Doppelschlacht bei Jena und Auerstädt war er nur um Haaresbreite physischer Gewalttätigkeit und der Plünderung seines Hauses durch siegestrunken marodierende französische Soldaten entgangen.

Möglicherweise sind hier die Gründe zu finden, die dazu führten, daß Goethe vor seiner denkwürdigen Begegnung mit Napoleon am 2. Oktober 1808 einer Begegnung mit Napoleon wiederholt ausgewichen war. Zwei Gelegenheiten, Napoleon zu treffen, hatte Goethe ausgeschlagen, die erste unmittelbar nach der Doppelschlacht von Jena und Auerstädt, die Goethe wegen angeblichen Unwohlseins absagte, die zweite wegen einer Kur in Karlsbad, die er als Hinderungsgrund vorgeschoben hatte. Der Audienz, zu welcher der Begleiter des Herzogs Carl August von Sachsen-Weimar an jenem 2. Oktober 1808 auf ausdrücklichen Wunsch seiner Majestät von Frankreich im Erfurter Schloß zu erscheinen hatte – ein Kaiser fragte nun nach ihm –, konnte, mochte er sich nicht mehr widersetzen. Und so traf er auf den „Erben der französischen Revolution" (an Eckermann), auf den selbstgemachten politischen Fürsten, auf den Usurpator, den Freund großer Kunstwerke, der alles in seine Metropole entführte, was irgendwie Bedeutung hatte, ein Heldengenie, dem alles zu gelingen schien: „dieses Kompendium der Welt" (an Eckermann). Goethe hat diese Audienz knapp und mit spürbarer Zurückhaltung beschrieben:

„Marschall Lannes und Minister Maret mochten günstig von mir gesprochen haben ... Ersterer kannte mich seit 1806. Ein dicker Kammerherr, Pole, kündigte mir an zu verweilen.

Die Menge entfernte sich. Präsentation an Savary und Talleyrand. Ich werde hereingerufen. In demselben Augenblicke meldete sich Daru, welcher sogleich eingelassen wird. Ich zaudere deshalb.

Werde nochmals gerufen – trete ein. Der Kaiser sitzt an einem großen runden Tische frühstückend; zu seiner Linken ziemlich nah Daru, mit dem er sich über die Kontributionsangelegenheiten unterhält.

Der Kaiser winkt mir heranzukommen. Ich bleibe in schicklicher Entfernung vor ihm stehen.

Nachdem er mich aufmerksam angeblickt, sagte er: „Vous êtes un homme." Ich verbeuge mich. Er fragt: „Wie alt seid Ihr?" „Sechzig Jahr"

„Ihr habt Euch gut erhalten – Ihr habt Trauerspiele geschrieben."

Ich antworte das Notwendigste.

Der Kaiser ... wandte sodann das Gespräch auf den „Werther", den er durch und durch mochte studiert haben. Nach verschiedenen ganz richtigen Beobachtungen bezeichnete er eine gewisse Stelle und sagte. „Warum habt Ihr das getan? Es ist nicht naturgemäß", welches er weitläufig und vollkommen richtig auseinandersetzte.

Ich hörte ihm mit heiterem Gesichte zu und antwortete mit einem vergnügten Lächeln, daß ich zwar nicht wisse, ob mir jemand denselben

Vorwurf gemacht habe; aber ich finde ihn ganz richtig und gestehe, daß
an dieser Stelle etwas Unwahres nachzuweisen sei. Allein, setzte ich
hinzu, es wäre dem Dichter vielleicht zu verzeihen, wenn er sich eines
nicht leicht zu entdeckenden Kunstgriffs bediene, um gewisse Wirkungen
hervorzubringen, die er auf einem einfachen natürlichen Wege nicht hätte
erreichen können.

Der Kaiser schien damit zufrieden, kehrte zum Drama zurück und machte sehr bedeutende Bemerkungen, wie einer der die tragische Bühne mit der
größten Aufmerksamkeit gleich einem Kriminalrichter betrachtet, und dabei
das Abweichen des französischen Theaters von Natur und Wahrheit sehr tief
empfunden hatte.

So kam er auch auf die Schicksalsstücke, die er mißbilligte. Sie hätten
einer dunklen Zeit angehört: „Was", sagte er, „will man jetzt mit Schicksal,
die Politik ist das Schicksal."

Er wandte sich sodann wieder zu Daru und sprach mit ihm über die großen Kontributionsangelegenheiten; ich trat etwas zurück und kam gerade
an den Erker zu stehen, in welchem ich vor mehr als dreißig Jahren zwischen mancher frohen auch manche trübe Stunde verlebt, und Zeit hatte zu
bemerken, daß rechts von mir, nach der Eingangstüre zu, Berthier, Savary
und sonst noch jemand stand. Talleyrand hatte sich entfernt. Marschall
Soult war gemeldet.

Diese große Gestalt, mit stark behaartem Haupte, trat herein, der Kaiser
fragte scherzend über einige unangenehme Ereignisse in Polen, und ich
hatte Zeit, mich im Zimmer umzusehen und der Vergangenheit zu geden-
ken. Auch hier waren es noch die alten Tapeten.

Aber die Porträtes an den Wänden waren verschwunden. Hier hatte das
Bild der Herzogin Amalie gehangen, im Redoutenanzug eine schwarze
Halbmaske in der Hand, die übrigen Bilder von Statthaltern und Familien-
mitgliedern fehlten alle.

Der Kaiser stand auf, ging auf mich los und schnitt mich durch eine Art
Manoevre von den übrigen Gliedern der Reihe ab, in der ich stand.

Indem er jenen den Rücken zukehrte und mit gemäßigter Stimme zu mir
sprach, fragte er, ob ich verheiratet sei, Kinder habe? und was sonst
Persönliches zu interessieren pflegt. Eben auch über meine Verhältnisse zu
dem fürstlichen Hause, auch Herzogin Amalia, dem Fürsten, der Fürstin
und sonst; ich antwortete ihm auf eine natürliche Weise. Er schien zufrieden
und übersetzte sich's in seine Sprache, nur auf eine etwas entschiedenere
Art, als ich mich hatte ausdrücken können.

Dabei muß ich überhaupt bemerken, daß ich im ganzen Gespräch die
Mannigfaltigkeit seiner Beifallsäußerungen zu bewundern hatte; denn selten hörte er unbeweglich zu, entweder er nickte nachdenklich mit dem
Kopfe oder sagte „oui!" oder gar „c'est bien", oder dergleichen; auch darf
ich nicht vergessen zu bemerken, daß, wenn er ausgesprochen hatte, er
gewöhnlich hinzufügte: „Qu'en dit Mr. Göt."

Und so nahm ich die Gelegenheit, bei dem Kammerherrn durch eine
Gebärde anzufragen, ob ich mich beurlauben könne? die er erwiderte, und
ich dann ohne weiteres meinen Abschied nahm."

Dieser knappe, betont nüchtern gehaltene, zugleich hochverdichtete Bericht über Goethes Begegnung und Unterredung mit Napoleon (oder müßte man zutreffender sagen: über Napoleons Unterredung mit Goethe?) läßt vordergründig kaum erkennen, wie tief diese Begegnung Goethe im Innersten beeindruckt und bewegt hat.

Sie legt zugleich einen Zwiespalt im Wesen Goethes zwischen dem Dichtergenie und der konkreten menschlichen und politischen Person Goethes offen, wie sie aber auch recht eindrucksvolle Einblicke in die Mentalität des anderen Partners dieser historischen Unterredung, des Kaisers, des kaiserlichen Genies erlaubt, der bei dieser Begegnung zugleich seine Palladine vom weltberühmten diplomatischen Genie Talleyrand abwärts herumkommandierte, die Gesprächssituation souverän beherrschte und inmitten der militärischen und administrativen Geschäfte gebildet über den Werther, über Tragödiendichtung, Schicksal und Politik etc. verständig zu reden verstand. Er hatte am Werther getadelt, daß neben dem Motiv der *unglücklichen Liebe* auch das Motiv der *Ehrenkränkung* mitwirke, was er, wie wir aus Goethes Bericht entnehmen können, als „nicht naturgemäß" verstand.

Goethe, der „Dichterfürst", politisch aktiver und verantwortlicher Diener seines Herrn Carl-August, der im Gegensatz zu Goethe nie zum Bewunderer Napoleons zählte, vielmehr alle Hände voll zu tun hatte, um sein kleines Herzogtum über die Wirrnisse der napoleonischen Zeit vor allem gegen Napoleons Herrschaftsanspruch zu retten, war eigentlich Gegner der Revolution, ein Anhänger der alten Ordnung, des Ancien ré-gime, in dem die Ordnung des Gemeinwesens von der dafür allein zuständigen Obrigkeit besorgt zu werden hatte. Er blieb bei diesem politischen Verständnis, auch wenn er nach der Begegnung mit Napoleon für diesen schwärmte und fortan von ihm als „Mein Kaiser" zu sprechen pflegte. In Goethes Bericht über diese Begegnung wird dieser innere Zwiespalt um die Bewunderung für den „Neuen" repräsentierenden, gebildeten, interessierten Kaiser und um die innere Bindung Goethes an die alte Ordnung, deren Untergang durch Napoleon eingeläutet worden war, wird die Wehmut Goethes um den drohenden, sich mit der siegreichen Ausdehnung der Herrschaft Napoleons bereits realisierenden Verlust der alten Ordnung unmittelbar deutlich. So spricht er von seinen Erinnerungen an frohe, auch an „manche trübe Stunde", die er dreißig Jahre zuvor im Erfurter Schloß erlebt habe. Eine Gesprächspause bietet ihm Gelegenheit, der Vergangenheit nachzuhängen; er läßt die Blicke wandern und stellt fest, daß vieles vom Altvertrauten noch vorhanden sei, „auch hier waren es noch die alten Tapeten". Aber die „Porträtes" der Repräsentanten der alten Ordnung an den Wänden „waren verschwunden".

Kaum aber, daß dies ihm offenkundig geworden ist, wendet sich der Kaiser ihm schon wieder zu. Und er wird ganz persönlich, fragt ihn nach seinen Verhältnissen, schließlich auch nach jenen zum Herrscher der alten Ordnung, dem er dient. Goethe bleibt in seiner „auf eine natürliche Weise" gehaltenen Antwort eher zurückgenommen, und wechselt dann in seinem Bericht schnell wieder zur „Mannigfaltigkeit" der (offensichtlich seinem dichterischen Genie geltenden) „Beifallsäußerungen" Napoleons, die er seinerseits „zu bewundern hatte". Auf dieser Ebene scheint der innere Zwiespalt offensichtlich aufgehoben: Das umfassend gebildete politische Genie, das eine neue Ordnung in Europa einzuführen trachtete, huldigte dem dichterischen Genie. Und dieses dichterische Genie fand in dieser kaiserlichen Huldigung an den „Dichter", die zugleich seiner Eitelkeit schmeichelte, gleichsam eine Möglichkeit, den inneren Zwiespalt aufzuheben: Napoleon als Erbe der Revolution, der über den *Werther* diskutierte, „äußerst liebenswürdig gegen mich war und den Gegenstand... traktierte wie es sich von einem so grandiosen Geiste erwarten ließ" (an Eckermann), schien hier eine glückhafte Verbindung zu verkörpern, die den Zwiespalt um die alte und neue Ordnung in einer Art Quadratur des Kreises in seiner Person aufheben und politisch durchsetzen könnte. So wurde aus dem Kaiser, dem er anfänglich mit Unbehagen und Zurückhaltung begegnet war, „Mein Kaiser".

Und der unbedingten Bewunderung für „seinen" Kaiser, die aus dieser Begegnung erwuchs, entsagte er auch dann nicht, als Napoleon schon längst geschlagen und nach St. Helena verbannt war: „Da war der Napoleon ein Kerl! – Immer erleuchtet, immer klar und entschieden und zu jeder Stunde mit der hinreichenden Energie begabt um das, was er als vorteilhaft und notwendig erkannt hatte, sogleich ins Werk umzusetzen. Sein Leben war das Schreiten eines Halbgottes von Schlacht zu Schlacht, von Sieg zu Sieg.

Von ihm könnte man sehr wohl sagen, daß er sich in dem Zustand einer fortwährenden Erleuchtung befunden, weshalb auch sein Geschick ein so glänzendes war, wie es die Welt vor ihm nicht sah und vielleicht auch nach ihm nicht sehen wird", „Ja ja, mein Guter, das war ein Kerl, dem wir es freilich nicht nachmachen können" (an Eckermann).

Aber nicht nur die zahlreichen Bemerkungen, die Goethe in seinem späteren Leben über Napoleon gemacht hat, vermitteln den Eindruck einer tiefen, bleibenden Bewunderung. Auch mancherlei poetische Umsetzungen dieser Bewunderung für das kaiserliche Genie sind uns von Goethe überliefert. So lesen wir in dem keine zwei Jahre nach der Erfurter Begegnung verfaßten *Ihro der Kaiserin von Frankreich Majestät* im Namen der Bürgerschaft von Karlsbad dedizierten Huldigungsgedicht aus Anlaß der Geburt des *roi du Rome*, des ersten Sprosses aus der Verbindung Napoleons mit einer Tochter Habsburgs:

... So unser Blick hinauf sich wendet, / Wird vom Verein der Majestät geblendet. / Und staunet nun, denn alles ist vollbracht, /

Die holde Braut in lebensreichem Scheine – / Was Tausende verwirrten, löst der Eine.

Und dann folgen nach vielen Zeilen grandioser Bewunderung und Verklärung des Herrschergenies:

... Worüber trüb Jahrhunderte gesonnen, / Er übersieht's in hellstem Geisteslicht, / Das Kleinliche ist alles weggeronnen, / ... / Den das Geschick zum Günstling auserwählt, / Und ihm vor allen alles aufgedrungen, / Was die Geschichte jemals aufgezählt; / Ja reichlicher als Dichter je gesungen! –

/ Ihm hat bis jetzt das Höchste noch gefehlt; / Nun steht das Reich gesichert wie gegründet, / Nun fühlt er froh im Sohne sich gegründet.

Und in einer Anspielung auf den Titel des neugeboren Kaisersprosses spricht Goethe dann davon, daß das kaiserliche Genie *Roma selbst zur Wächterin* bestellt habe, daß Vater und Sohn zusammen *des Glücks genießen* und – hier artikuliert sich schließlich auch eine explizite Friedenshoffnung, die der verklärte Herrscher nun erfüllen möge – den Janustempel zu schließen, der zu Zeiten Roms nur zu Friedenszeiten geschlossen wurde.

Und wie als Resümee dieser Friedenshoffnung von 1810, nachdem Napoleon halb Europa niedergeworfen hatte und nach seinen Vorstellungen und Interessen eine neue Ordnung aufzuprägen begann, beschließt Goethe diese Eloge auf „seinen" Kaiser mit einer Anrufung:

Den Himmel auf zu ew'gem Sonnenschein! / Uns sei durch sie (die Kaiserin, Mutter des *roi du Rome*) *das letzte Glück beschieden – /
Der alles wollen kann, will auch den Frieden.*

In dieser von grenzenloser Bewunderung getragenen politischen Hoffnung und Erwartung, daß der kriegerischen Ungewitter nun genug seien und daß der eigentliche Urheber dieser Ungewitter nun zum Friedensfürsten werde, verkennt Goethe völlig den imperialen Anspruch seines Kaisers, der sich der Logik seines expansiv imperialen Selbstverständnisses und Anspruchs entsprechend in dieser Zeit bereits mit den Plänen für einen neuen, gewaltig grausamen Feldzug beschäftigte, ein Feldzug, in dem er Hekatomben von Menschen in den Tod führen und dessen Mißlingen seinen Untergang einläuten sollte. Goethes Bewunderung für das kaiserliche Genie machte ihn für solche sich anbahnenden politisch-militärischen Entwicklungen eher blind. So konnte er noch vor der Völkerschlacht bei Leipzig eine Wette abschließen, daß der Kaiser wohl gewiß siegen werde. Und noch anläßlich der beginnenden Bewegung der Befreiungskriege sprach Goethe, Revolutionäres witternd, geradezu erzürnt gegen die sich bildenden Freiwilligenkorps, so zum Vater des jungen Freiwilligen Theodor Körner: „Schüttelt nur an Euren Ketten, dieser Mann ist Euch zu groß. Ihr werdet sie nicht zerbrechen."

Bei einer zweiten von drei Begegnungen lud der Kaiser den Dichter nach Paris ein und forderte ihn auf, in Konkurrenz zu Voltaires *Tod des Caesar* einen *Brutus* zu schreiben. Diesem Ansinnen entzog sich Goethe, der in seinen Dichtungen ja nie Heldengestalten gebildet hatte, wie er sich wohl auch nie für eine Heldennatur hielt. Das Kreuz der Ehrenlegion allerdings nahm er von „seinem Kaiser" gerne an und trug es wohl nicht ohne Stolz. Wilhelm von Humboldt spottete später darüber: „Ohne Legionskreuz geht Goethe niemals, und von dem, durch den er es hat, pflegt er immer ‚Mein Kaiser' zu sagen!" Reichlich vier Jahre später, im Oktober 1813, als Napoleons Stern im Sinken war und dem Untergang entgegensteuerte, war aus der Auszeichnung ein Problem geworden. Nachdem ihn ihretwegen ein Patriot beschimpft hatte, fragte der irritierte Goethe bei Humboldt an, ob er das Band nun wohl ablegen müsse, nur weil der Kaiser „eine Schlacht verloren" habe. Und er verband diese Frage mit der Bitte an Humboldt, ihm zum Ersatz für das unpassend und zur Belastung gewordene Kreuz der Ehrenlegion einen österreichischen Orden zu verschaffen, der ihm nach langem, bangem Erwarten schließlich auch verliehen wurde – was für eine politische Blindheit, was für ein bürgerlicher Zug in Goethes Wesen! Muß man hier nicht gar von Opportunismus sprechen?

Goethes Bewunderung für Napoleon, dem er später wohl etwas Dämonisches zuerkennen mochte, („in höchstem Grade, so daß kaum ein anderer mit ihm zu vergleichen ist". Dann aber wiederum „... dämonische Wesen solcher Art rechneten die Griechen unter die Halbgötter", [an Eckermann]), hielt bis zu seinem Tode an, auch wenn „Mein Kaiser" um „eines großen Namens wegen fast die halbe Welt in Stücke geschlagen" und entsetzliche Realitäten über Europa gebracht hatte, „aber der Held wird dadurch nicht kleiner, vielmehr wächst er, so wie er an Wahrheit zunimmt ..."(an Eckermann). Humboldt meinte, Goethe habe von Napoleon wirklich eine große Idee gehabt, und sie sich über dessen Sturz hinaus bewahrt. Napoleons Scheitern sah Goethe darin begründet, daß dieser der „gefährlichen" Neigung erlegen sei, „sich ins Absolute zu erheben und alles der Ausführung einer Idee zu opfern ..." (an Eckermann).

Was wir an Goethes Haltung dem Kaiser gegenüber als opportunistisch verstehen mögen, war wohl eine Mischung aus verwirrter Bewunderung für den Kaiser, für den übergroßen dämonischen Halbgott, den gebildeten, geistreichen Künder der neuen Ordnung, der allem die alte Ordnung, ja jegliche Ordnung mit Zerstörung bedrohenden Revolutionärem Einhalt geboten hatte und Einhalt gebieten sollte, dem Kaiser, der nach ihm, Goethe, dem „Dichter" gefragt hatte, und andererseits einem nicht geringen Schuß Eitelkeit. So können wir in Goethe das dichterische Genie erkennen, dem Menschliches durchaus nicht fremd blieb, nicht nur in seinen realen menschlichen Beziehungen, sondern auch in seinem Verhältnis zu dem größten Herrscher seiner Zeit – dem er zum ersten Mal hier in dieser Stadt, im Erfurter Schloß begegnet ist.

Literatur

1. Boyle N (1998/99) Goethe, I, II, 1790–1803. C. H. Beck: München
2. Friedenthal R (1963) Goethe, sein Leben und seine Zeit. Piper: München
3. Eckermann JP (1975) Gespräche mit Eckermann. Brockhaus: Wiesbaden
4. Trunz E (Hrsg) Goethes Werke (Hamburger Ausgabe). C. H. Beck: München

Sachverzeichnis

SpringerMedizin

Peter Riederer, Gerd Laux, Walter Pöldinger (Hrsg.)

Neuro-Psychopharmaka

Ein Therapie-Handbuch

Band 5:
Parkinsonmittel und Antidementiva

Zweite, neu bearbeitete Auflage.
1999. XIX, 827 Seiten.
Zahlreiche, zum Teil farbige Abbildungen.
Gebunden **EUR 110,–**, sFr 166,50
Vorzugspreis: EUR 88,–, sFr 136,50
(bei Abnahme der Bände 1–6)
ISBN 3-211-83173-8

Zu den häufigsten Alterserkrankungen zählen heute die Parkinson'sche Erkrankung sowie Demenzen. Eine Reihe neuer Erkenntnisse der Grundlagenforschung sowie die Entwicklung neuer Neuro-Psychopharmaka für die genannten Indikationen machten eine Neubearbeitung des Bandes erforderlich.

In gewohnter Form illustrieren zahlreiche Tabellen und Abbildungen die einzelnen Parkinsonmittel und Antidementiva (Nootropika). In Übersichtstabellen finden Sie Einzelpräparate – farblich abgesetzt mit wichtigen praktisch-klinischen Angaben – zur raschen Information. Ergänzend widmen sich mehrere Exkurse speziellen Fragen wie z. B. der Therapie von Dystonien oder der Chorea Huntington.

Band 4:
Neuroleptika

Zweite, neu bearbeitete Auflage.
1998. XIV, 536 Seiten. 135 Abbildungen.
Gebunden **EUR 82,–**, sFr 127,–
Vorzugspreis: EUR 65,60, sFr 101,70
(bei Abnahme der Bände 1–6)
ISBN 3-211-82943-1

Fünf Jahre nach Erscheinen des Bandes 4, Neuroleptika liegt nun die 2., neubearbeitete Auflage vor, in die die bahnbrechenden neuen Erkenntnisse der vergangenen Jahre eingearbeitet wurden. Kaum eine andere Psychopharmaka-Substanzklasse hat innerhalb weniger Jahre eine derartige Wissenserweiterung erfahren.

Nach zwei einführenden Kapiteln über die allgemeinen Grundlagen zur Pharmakologie und Klinik der Neuroleptika werden im speziellen Teil die pharmakologisch-neurobiochemischen Besonderheiten der neueren Substanzen mit ihren klinischen Implikationen umfassend dargestellt.

SpringerWienNewYork

A-1201 Wien, Sachsenplatz 4–6, P.O. Box 89, Fax +43.1.330 24 26, e-mail: books@springer.at, Internet: **www.springer.at**
D-69126 Heidelberg, Haberstraße 7, Fax +49.6221.345-229, e-mail: orders@springer.de
USA, Secaucus, NJ 07096-2485, P.O. Box 2485, Fax +1.201.348-4505, e-mail: orders@springer-ny.com
Eastern Book Service, Japan, Tokyo 113, 3–13, Hongo 3-chome, Bunkyo-ku, Fax +81.3.38 18 08 64, e-mail: orders@svt-ebs.co.jp